熱帯雨林コネクション

マレーシア木材マフィアを追って

ルーカス・シュトラウマン 著
鶴田由紀 訳

緑風出版

MONEY LOGGING

ON THE TRAIL OF THE ASIAN TIMBER MAFIA

by LUKAS STRAUMANN

目　次

熱帯雨林コネクション

マレーシア木材マフィアを追って

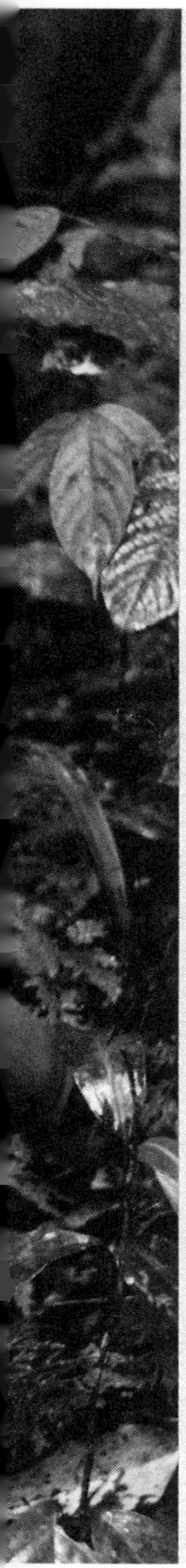

ブルーノ・マンサー（1954～2000）を追悼して

ドイツ人写真家ヘッダ・モリソン撮影

「1950年頃ジャングルの奥深くで出会ったペナン人」

銀塩写真

オーストラリア国立美術館所蔵

キャンベラ

ヘッダ・モリソン遺贈品

1992年

序文

ムタン・ウルド

私は、トム・ハリソン*の言う「ハート・オブ・ボルネオ（ボルネオの奥地）」の村で生まれた。マレーシア、サラワク州の人里はなれたリンバン川上流だ。ボルネオの雨林ほど美しいものは、この世にない。私はそこで、子ども時代をすごした。そこは私たちの遊び場でもあり、スウィーツ・ショップでもあった。私たちはハチミツや地面に落ちた果物を探し、あるいは果物の木やツタにのぼって、甘い物へのあふれる欲求を満たした。山々に囲まれた土地で育った私たちにとって、森はただ一つの世界だった。うっそうとした天蓋の下で、昼間でも夕暮れのように暗い森では、鳥やセミの鳴き声だけが唯一、時間を知る手立てだった。ボルネオの原生林は、数万種の昆虫、数百種の鳥類のすみかでもある。そして、他のどこにもいない哺乳類が数多く生息する。ボルネオの森わずか一ヘクタールをとってみても、そこに生息する樹種はヨーロッパのすべての森を凌ぐほどだ。

一九七〇年代に若者となった私が目にしたのは、伐採業者が森そのものを破壊するだけでなく、買収という手口で森のコミュニティを分断する様子だった。彼らはまるで夜盗のようだった。実際、彼らはとても急いでいて、夜中でも日曜日でも伐採機械の音が聞こえた。私たちの先祖伝来の神聖な土地は汚され、私たちの歴史は抹消された。いや、失われたのは私たちの起源の記憶そのものだった。年若く、理想に燃えていた私は、こんな犯罪が行なわれるのを黙って見ていられなかった。一九八〇年代の終わりに、私はブルドーザーとチェーンソーの襲来を阻止する運動に関わった。私はサラワク先住民族同盟（SIPA：Sarawak Indigenous Peoples' Alliance）を結成し、先住民族の抵抗運動のための砦とした。私たちの故郷で起きていることを世界の人々に知らせるため、多少気おくれしながらも一三カ国二五都市を巡った。サラワクでは警察が私たちの抵抗運動を攻撃し、多くの人が刑務所に送られた。私も逮捕され、尋問され、独房に入れられた。私は釈放後すぐにマレーシアを発ち、リオデジャネイロで行なわれた地球サミットでこの環境犯罪について講演した。一九九二年、先住民族の土地の権利を守るために、ニューヨークの国連総会で演説した。もはや故郷には戻れなかった。私はカナダで人類学を学び、失われたものをいくらかでも取り戻すために、新たな技能を身につけた。

逮捕される恐れがあったため、私は二十年もの間、故郷に戻らなかった。ようやく故郷に戻った時、環境犯罪はますます激しさを増していた。私の愛した森のほとんどは、失われていた。四万年以上もの長きにわたって人類を育み続けた雨林は、わずか三十年かそこいらで破壊されてしまった。サラワクの太古の森の九〇％近くは、すでにない。原生林の一一％が残っているにすぎない。一体、何が起こったというのだ？

＊トム・ハリソン（一九一一～一九七六）　イギリス人研究家、探検家、ジャーナリスト、サラワク博物館館長。長年サラワクですごし、サラワクの鳥類と人類学の研究を発表した。サラワクのミリにあるニア洞窟を発掘調査したことでも知られる。

親愛なる同志ルーカス・シュトラウマンが、全精力を傾けて事実を調べ上げ、この本を執筆してくれたことに喝采を送りたい。彼の調査によって、私が故郷と呼ぶ場所を破壊した非道な守銭奴の悪行が暴露されている。

この本は二つの犯罪について扱っている。第一は、アブドゥル・タイブ・マームドというたった一人の男が、一握りの大富豪政治家やビジネスマンたちと共に、地球上で最も豊かな生態系をどのように破壊したのかという問題だ。その生態系は彼らの所有物ではない。彼らの行為は、地元民や世界中の人に抗議された。国際法規にも反している。にもかかわらず、破壊は行なわれた。一言で言えば、私たちの森の木々を盗んだのは誰か、という問題だ。

第二の犯罪は、簡単に言い表わすことができない。私たち森の民は、生態系や伝統的な生活手段、きれいな飲み水、森を歩く権利を奪われた。本来なら、替わりに得るものがあって良いはずだ。だが何もなかった。サラワクの先住民族の多くは、私が生まれた頃と同じように貧しいままだ。切り倒された木材の値段は五〇〇億ドルを超えるというのに。この利益は汚職を生み、独裁政治に権力を与え、更なる犯罪に利用された。彼らの資産は国際金融システムを通してチューリッヒ、ロンドン、シドニー、サンフランシスコ、オタワなどのはるか遠い場所へと人知れず送られた。

ルーカス・シュトラウマンは、この史上最悪の環境犯罪が単なる木材泥棒の話ではないということを本書で示した。これは権力の問題である。もっと厳密に言えば、腐敗した独裁政権が国家権力を維持するために森をどうやって死に至らしめたか、という問題だ。私たち森の民にとっても、これは単なる森の木の問題に留まらない。奪われた文化の問題なのだ。

銀行を利用する人、不動産を購入する人、株式市場に投資する人にとって、この本は必読書である。雨林が、シアトルのＦＢＩ本部ビルなど、はるか彼方の建物に姿を変えることがあると理解しなければ、世界中の自然と、そこに住む先住民族を脅かす汚職を食い止める戦いに希望を見出すことはできないだろう。

モントリオール　カナダ
二〇一四年七月

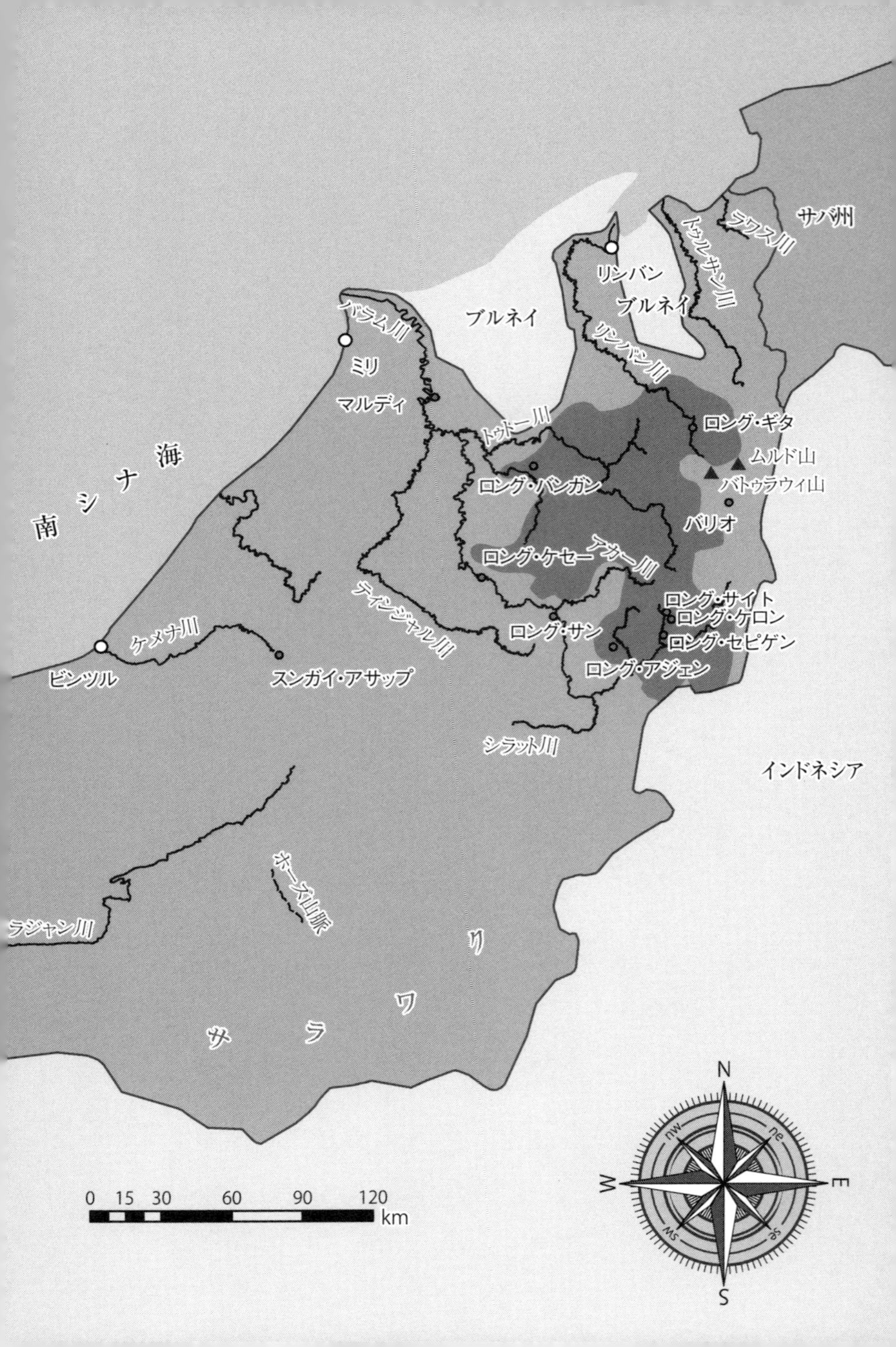
サバ州
ラワス川
トゥルサン川
リンバン
ブルネイ
ブルネイ
リンバン川
バラム川
ミリ
マルディ
トゥトー川
ロング・ギタ
ムルド山
バトゥラウィ山
南シナ海
ロング・バンガン
バリオ
ロング・ケセー
アカー川
ティンジャル川
ロング・サイト
ロング・ケロン
ロング・サン
ロング・セピゲン
ケメナ川
ビンツル
スンガイ・アサップ
ロング・アジェン
シラット川
インドネシア
ホーズ山脈
ラジャン川
サラワク
0 15 30 60 90 120
km
N
E
S
W
nw
ne
sw
se

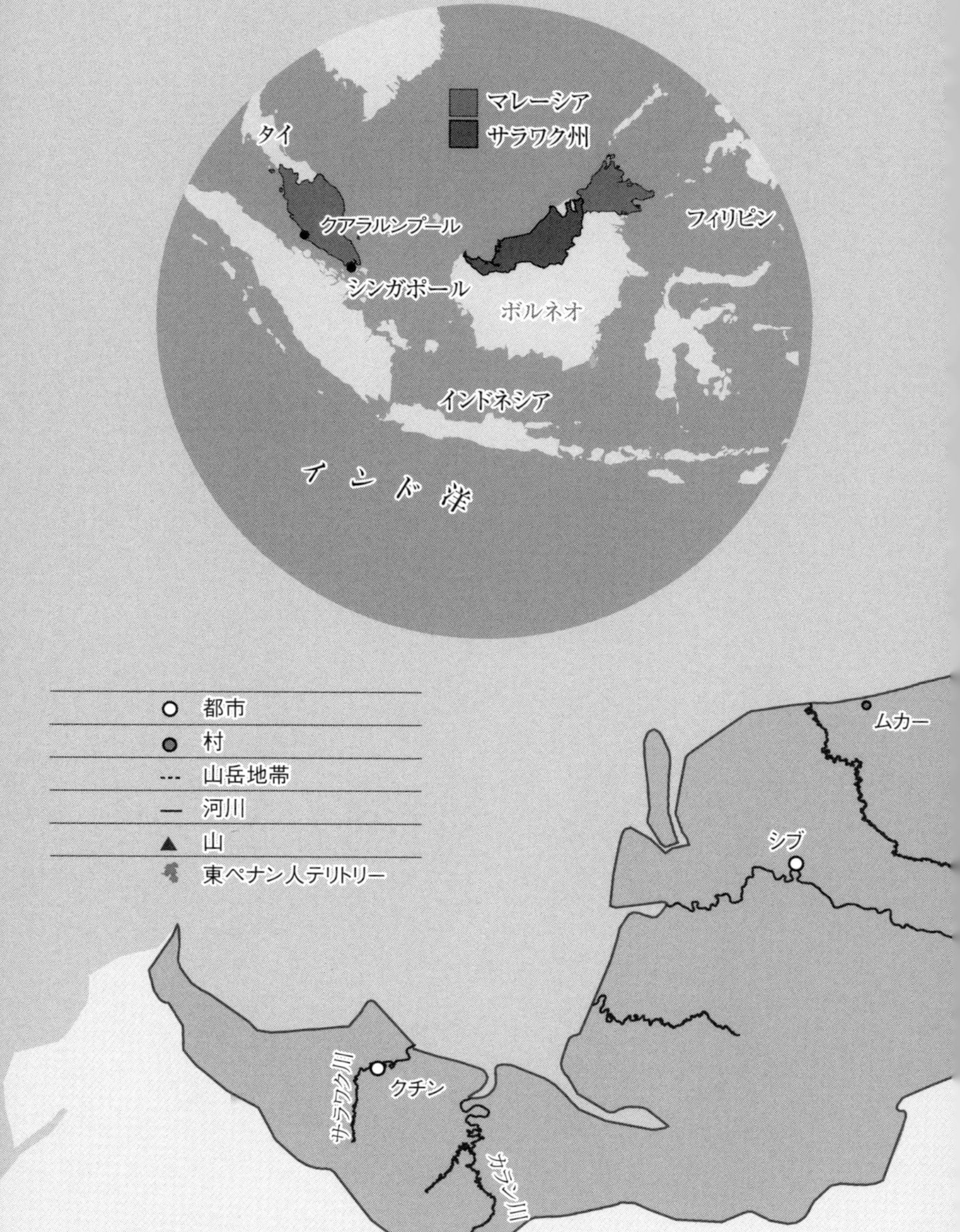
マレーシア
サラワク州
タイ
クアラルンプール
シンガポール
フィリピン
ボルネオ
インドネシア
インド洋
都市
村
山岳地帯
河川
山
東ペナン人テリトリー
ムカー
シブ
サラワク川
クチン
カラン川

【凡例】

〔　〕内はすべて訳注。

第一章

金の動きを追え

１人の内部告発者がすべてを語る。雨林の支配者タイブは、全世界に数億ドル相当の不動産帝国を築いた。ＦＢＩもタイブのテナントの１つだ。彼の不動産帝国の中枢はカナダの首都オタワの高額所得者の住む郊外にある。内部告発者は私たちにそうした秘密を暴露し、やがて悪夢のような最期を迎える。

タイプの知られざる不動産帝国

二〇一〇年六月二十日、クレア・ルーカッスルのスマートフォンが光った。受信メールボックスに、こんな奇妙なメッセージが届いた。「私は十二年間、アメリカにあるスライマン・タイブの会社の最高執行責任者〔企業の事業運営の業務執行を統括する取締役〕でした。機密情報を持っています。それをあなたにお知らせしようと思っています。だが、あなたにはタイブと戦う覚悟がありますか？　用心してください。私の電話は盗聴されています。パソコンは傍受されています。ロス・ボイヤート」

この四カ月後、ロス・ボイヤートは死亡する。

元ＢＢＣ記者クレア・ルーカッスルは、ロス・ボイヤートから連絡を受けると、迷わずブルーノ・マンサー基金に連絡してきた。「すぐにボイヤートと会いましょう」。彼女は電話で私にそう言った。「この人はタイブの不動産帝国の秘密を握っている。できるだけ早く、アメリカに行きましょう。彼を見つけられるとは思わなかったわ」。その二日後、私はロサンゼルスに向かう便の機内にいた。

クレア・ルーカッスルは、元イギリス首相ゴードン・ブラウンの弟の妻だ。今はロンドンに住んでいるが、子ども時代をマレーシアのサラワクで植民地政府の役人の娘としてすごした。八歳の時マレーシアを離れ、家族と共にイギリスに戻った。二〇〇五年末、ある環境会議に出席するためにサラワクを訪れ、変わり果てたこの国の姿にショックを受けた。サラワクで木材用に伐採可能な森の九〇％はすでに切り倒されたあとだった。かつて稠密な雨林に覆われていた大地は、オイルパーム・プランテーションになっていた。先住民族のロングハウス〔定住先住民族の住む木造の長屋〕は取り壊され、その場所に木材伐採業者のキャンプができていた。森に暮らす民族は、クレアが子どもの頃よりもずっと貧しくなっていて、暮らし向きは惨憺たる有様だった。それとは対照的に、町には有力政治家や木材王たちのまばゆい豪邸が建っていた。

三十年以上もの間、サラワクは一人の男によって支配されてきた。その男の名はアブドゥル・タイブ・ビン・マームド。マレーシアでは、「タイブ・マームド」もしくは簡単に「タイブ」として知られている。タイブ一族は、二五の国やオフショア金融センター〔金融機関が非居住者に対し非課税または低税率でサービスを提供するエリア〕に四〇〇社以上の株を保有し、国際ビジネスを展開している。タイブの総資産は一五〇億ドル〔本訳書では「ドル」は特に但し書きがない限りアメリカドル〕と言われている。東南アジアで最も金持ちで、最も権力を持った人物だ。[原注1] タイブの支配によってサラワクは、世界の熱帯雨林破壊の震源地となった。[原注2]

クレア・ルーカッスルがスイスのバーゼルにあるブルーノ・マンサー基金をはじめて訪れたのは、二〇〇九年だった。その時私たちは、タイブ一族の犯罪を暴露するために協力を約束した。ジャーナリストとして情熱にあふれたクレアは、二〇一〇年初頭、ブログ『サラワク・レポート』を立ち上げた。するとたちまち、マレーシアで最も購読者数の多いニュースサイトとなった。タイブの国際ビジネスについて情報を得ようと、私たちはインターネットで調査を始めた。クレアはその拠点であるロンドンで、私はバーゼルの自分のオフィスで。すぐさま、タイブが木材貿易で何十億ドルも不正に稼ぎ出し、その金を外国に蓄えていることがわかった。しかしどこに？　それがわかれば、サラワクの雨林を守る戦いに必要な証拠へと一歩近づくことになる。「金の動きを追え」が私たちの合言葉になった。そして今、何の前ぶれもなく突然、タイブの海外投資の動きをつかむことになった。

ロス・ボイヤートの存在自体は知っていた。カリフォルニアのNGOザ・ボルネオ・プロジェクトを通じて彼のことは聞いていた。しかし、いくら彼を探し出そうとしても、できなかった。私たちには彼の生死すらわからなかった。彼から連絡をもらうまでは。

二〇一〇年六月二十三日水曜日の午前八時、ロサンゼルス・エアポート・マリオットのバーで私たちはロス・ボイヤートと妻のリタ（仮名）に会った。一九七〇年代に建てられたこの高層ホテルは、だいぶ年季が入っていた。クレアと私は、その前の晩に飛行機でヨーロッパから到着していた。ボイヤート夫妻はファッショナブルな人たちだった。どちらも六十歳前後で、デザイナーズブランドに身を包んでいた。

黒髪で眉の濃いロスは、力強い印象を与えた。彼は嬉しそうに私たちに挨拶をした。金髪で上品なリタは、黒っぽいドレスに真珠のネックレスをしていた。彼女もまた、私たちに会えてとても嬉しそうだった。「いつ到着するかを事前にこちらに知らせないでください。ここに着くまで、電話をしてはいけません」とロスは電話で言ってきた。「連絡をくだされば、すぐに空港に向かいます。尾行されずに会うには、それしかありません。タイブ一族を相手に訴訟を起こして以来、私たち一家の生活は地獄と化しました」。

自己紹介がすむと、私たちは急いでホテルの地下にある会議室に向かった。そこなら誰にも邪魔されずに話ができる。会議室に入る間際に、ロスはふり返って心配そうにホテルの正面玄関を見た。だが、そこに人影はなかった。

「本当に悲惨な状況なのです。昼も夜もつけられています」。会議室のドアが閉まるとすぐ、リタ・ボイヤートは堰を切ったように言った。

ロスはこうつけ加えた。「タイブとその一味は、私たちをボルネオの雨林と同じ日にあわせようとしているのです。破壊、殺戮、盗み、裏切り。私たちを破滅させるためなら彼らは何でもします。私にはもう将来はありません。そしてそれこそが、彼らの望むところなのです」。

クレアは常にジャーナリストとしてぬかりがない。会話を録音し始め、彼らにいくつも鋭い質問をした。私はただその様子を見、会話に耳を傾けていた。

「タイブはサンフランシスコやシアトルに八〇〇〇万ドル相当の不動産を所有しています」とロスは説明した。「そして私は、十二年間、彼の息子スライマンのためにそれを管理していました。サクティ・インターナショナル・コーポレーション、ウォリソンズ・インク、W・A・ボイルストンなどは、タイブ一族が所有する企業です。これらの会社を通じて、アメリカ西海岸に不動産を所有しています。これらの企業はタイブの子どもたちや弟妹たちの名義で登記されていますが、実際には彼個人の持ち物です。これが証拠です[原注3]」。

ロス・ボイヤートは革のカバンに手を入れてコピーの束を取り出した。彼は書類を一部抜き出して、大きな会議机の真ん中においた。タイトルは「サクティ・コーポレーション定款」。一九八七年三月五日に不動産会社を設立した証書だ。

ロスは書類をパラパラとめくり、それから次の文書を手に取った。タイトルは「定款変更証書」。一番下に、カリフォルニア州の公印が押してある。サクティ・コーポレーションが一九八七年九月十日にその名称をサクティ・インターナショナル・コーポレーションに変更したことを証明する文書である。社名変更は、同社の当時の取締役たちの立派なサインによって承認されていた。取締役たちとは、タイブの二人の弟オンとアリプ、そしてアブ・ベキルとして知られる長男のマームド・アブ・ベキルである。

「しかし本当の証拠はこれです」とロスは言った。彼は立ち上がって、「書面によるサクティ・インターナショナル・コーポレーション取締役会全員一致決議による行動」という長たらしいタイトルのついた、一九八八年四月八日付の二ページの文書を誇らしげに指さした。この文書は、一株一ドルでサクティの株を一〇〇〇株発行することを報告したものだ。株は五人の人間に割り当てられていた。タイブの二人の弟オンとアリプ、タイブの三人の子どもアブ・ベキル、ジャミラ、スライマン・アブドゥル・ラーマンだ。

「表向きは、すべての株をタイブの弟たちと子どもたちが所有しています」とロス・ボイヤートは説明した。「だが、そのうち半分についてはタイブの株を預託されている形にするというトリックを使っているのです。彼の名は、株主名簿には出ていません。だが彼がサクティの筆頭株主なのです」。「株式数」という見出しの列を見ると、タイブの弟たちや子どもたちが誰のために株を保有しているのかが明らかになる。オンの四〇〇株の下に「そのうち二〇〇株はアブドゥル・タイブ・マームドの株式の預託分」とある。アリプと二人の子どもたちの場合はタイブの分がそれぞれ一〇〇株となっており、株主五人のうちこの四人が五〇〇株をタイブのために預かっていることになっている。密かに五〇%の株式を保有する者がいるとなれば、誰が会社をコントロールするかは明白だ。タイブ・マームド州首相、彼一人だ。まずこれで、私たちは州首相の隠された財産に関する証拠を手に入れた。

ロス・ボイヤートはクレアと私にそれらの書類を手わたした。そして彼は再び腰掛けた。彼の中に激しく燃え上がっていた炎が突然、消えてしまったかのようだった。彼は再び、とても不安そうな表情をした。

そしてゆっくりと静かに、そしてためらいがちに、この窓のない地下の会議室で、ロス・ボイヤートと妻のリタはアメリカにおけるタイプのエージェントとしての生活を語り始めた。

アメリカン・ドリーム

ロス・ボイヤートは一九五〇年にカリフォルニアで生まれ、ポーランド出身の両親のもとで育った。若い頃は大変な苦労をしたが、それでもロスはロサンゼルスの南カリフォルニア大学で学業を修了した。彼は自分の両親よりも良い生活がしたいと思っていた。そして、会計士という堅実ながら収入の良い職業を選択し、中でも不動産管理の道へと進んだ。

学生時代、ロス・ボイヤートは未来の映画スター、カート・ラッセル〔映画『バックドラフト』などに出演した俳優〕とアパートで同室だった。彼は、将来有望な若者たちと親交を深めた。ハリウッドが近く、その隆盛の中、娯楽に不自由しない、きらびやかで魅力的な生活を謳歌した。アメリカン・ドリームはわが掌中にあり、と思えた。三十歳になった時、良い仕事にめぐり会い、石油の町テキサス州ヒューストンへと移り住んだ。そこで一九八四年、リタ・ノヴァク（仮名）と結婚した。彼と同じく、ポーランド移民の子だった。夫妻は次の年、一人娘に恵まれた。

ロスはテキサスとカリフォルニアの不動産業界で名を上げていった。そうして一九九四年末、四十歳代半ばの脂の乗り切った頃に、タイプのサクティ・インターナショナル・コーポレーションのサンフランシスコ本社に関わることになった。その時、同社は深刻な資金難に陥っていた。

「タイプの息子が短期間に巨額な資金を浪費し、サクティは倒産寸前だったのです」とロスは私たちに語った。「タイプが彼にいくつもの事業を任せていたのですが、彼はビジネスにまったく何の経験もなく、どうして良いか見当もつかない有様でした。それで経験豊富な不動産管理者が、どうしても必要だったのです。私にうってつけの仕事でした[原注4]」。

ロスはタイブの次男坊スライマン・アブドゥル・ラーマンに雇われた。彼はアメリカではラーマンまたは「レイ」と呼ばれ、本国マレーシアでは「スライマン」として知られている（タイブの叔父のラーマンと混同しないように、本書では「スライマン」で統一する）。タイブの三番目の子どもスライマンは、一九六八年生まれだ。一九八〇年代の終わりに彼はカリフォルニアに留学した。サラワク州首相の息子である彼は、望みうる限りの財力を持っていた。アメリカンライフを極限までエンジョイしようと心に決めていた彼は、熱烈な自動車マニアでもあった。

学生時代のフィリピン人の友人が当時を振り返り、スライマンについてこう書いている。「とんでもない数の超エキゾチックな自動車を持っていた。あれほどの数の車を持っている人を見たことがない。二、三週間に一台は新車を買っていたようだった。ひいきにしている販売店とレンタルガレージ店が、彼の気まぐれに振り回されていた。一〇〇万ドル以上もするメルセデス・ベンツKタイプのようなクラシックカー、SLガルウィング、フェラーリF355スパイダー、ロールスロイス・コーニッシュ、マセラティ・カムシンから、『普通の』メルセデスS500まで、あらゆる車を持っていた。あまりにも買うものだから、ごちゃごちゃのガレージを整理するために定期的に車をサラワクに送っていた[原注5]」。サラワクから来た留学生スライマンは、金に不自由することなど金輪際なかった。ある日、スライマンの通帳を覗き見た彼の知人は、その残高が四〇〇万ドルだったと言っていたそうだ。おそらくそれも、父親タイプから送られたほんの小遣い程度のものだったのだろう。

一九九一年、二十三歳のスライマンは二十歳のエリサ（のちにアニサに改名）・チャンと結婚した。エリサはサラワクの華人政治家ジョージ・チャンの娘だ。ジョージ・チャンはそれからまもなく、タイブの極めて重要な同志となり、州副首相の地位にまでのぼり詰める。[原注6]サラワク政界の大物を結びつけるこの婚姻は、その年の記念すべきイベントとして七〇〇〇本のバラと二万人の招待客によって盛大に祝福された。有力政治家の忠実な下僕であるマスコミは結婚披露宴をでかでかと伝え、何メートルもの高さのウエディングケーキを前に微笑む新郎新婦の写真を紹介した。夫妻はその後、四人の子を儲ける。

しかしプレイボーイのスライマンは、ダークな部分も併せ持っていた。「カッとなって、ブガッティをぶち壊したことがあるんです。世界最高級の車を消火器で、ですよ」とロス・ボイヤートは回顧した。「叩き壊されたそのスポーツカーを、この目で見ました。フロントガラスとボンネットが大破していました。ショッキングな光景でしたよ」。後年、スライマンは妻にも手を上げる（数年ののち、彼女は離婚を申請した）。さらに二〇〇三年、スライマンはまたもや新聞の見出しを飾る。今度は自分のガールフレンドに乱暴したという記事だった。テレビ番組の司会者として有名だった彼女は、クアラルンプールのバーでさんざん殴られ、病院に担ぎ込まれた。[原注7]

二十六歳のスライマンは、二十歳近く年上のロス・ボイヤートのことを、アメリカ西海岸に一族が所有する不動産を管理する上で用心深く有能な人物だと思っていた。ロスは遅滞なく仕事をこなした。はじめは自宅から出勤していたが、数カ月後にはサンフランシスコの金融街にあるサクティ本社の事務所の一室に転居した。玄関の前を路面電車がガタガタ通り過ぎるような場所だった。カリフォルニア・ストリート二六〇にある古めかしい建物は、一九〇六年の大地震直後の、まだ町全体が廃墟の中にある時に建てられた。タイブ一族はこの一一階建てのエレガントなビルを、一九八八年に一三〇〇万ドルで手に入れた。[原注8]

ロスがこの職に就いてすぐ、スライマンは家族と共にアメリカを離れ、マレーシアに帰った。ロスとは電話やファックスで連絡を取りあった。ロスはシンガポールやクアラルンプールのさまざまな宛て先に、サクティの財務状況を報告しなければならなかった。常に極秘に仕事を進めるよう求められた。したがって他の人間がサクティ・インターナショナルの所有権に関する詳細情報を知ることは不可能だっただろう。

一九九五年末、「その調子で引き続きよろしく！」とスライマンはロスにマレーシアから暖かいねぎらいの言葉を書いてよこした。彼はロスにマレーシアでの暮らしぶりを知らせようと、末の娘が生まれたことを報告したり、写真を送ったりした。当時、ロスはサクティのためにひたすら働いていた。ローンを組んだり、テナントになりそうな顧客と交渉したり、サンフランシスコやシアトルにタイブが所有する不動産で手直しが必要な物件の改装工事を監督したりしていた。

サクティでの仕事はロス・ボイヤートに大きな富をもたらした。基本給一一万五〇〇〇ドルの他、ローンの交渉や賃貸契約がうまくいくと、ボーナスが出た。[原注9] 一九九九年はロスにとって最も順調な年で、七〇万ドル以上の「報奨金」を手に入れた。誰もが彼の仕事ぶりに満足していた。

ボイヤート一家は、タイブから受け取る大金のおかげで社会的地位が上がったので、アメリカで最上級のインテリたちと近づきになろうと考えた。一九九九年春、彼らはサンフランシスコを離れ、高級住宅街アザートンへと転居した。サンフランシスコから五〇キロメートルほど南下したところだ。そこで彼らは、大木に囲まれた一〇〇万ドル以上もする不動産を購入した。一人娘は専用の馬を買い与えられ、学費の高い私立学校へと通った。だがまもなく、カリフォルニアの空に暗雲が立ち込める。ロスにとっての破滅の種は、彼の大成功の中にすでに撒かれていた。

トップシークレット　タイプ一族とFBI

ロス・ボイヤートは一九九八年末、一世一代の大仕事で成功をおさめた。その時、FBI（アメリカ連邦捜査局）が北西本部のための新しい物件を緊急に必要としていた。ロスによれば、彼はアメリカ連邦政府を相手にアブラハム・リンカーン・ビルディングの長期賃貸契約交渉をした。その七年前、学生だったスライマンが州首相の父のために一七〇〇〇万ドルで購入したシアトルの高層ビルだ。[原注10] 建物の改修工事に一〇〇〇万ドル以上が必要となり、すぐに調達しなければならなかった。この時点でスライマンはロスに対し、もし追加資金なしに改修工事が完了すれば、利潤の五〇％をくれると約束したとロスは言う。それは口約束で、スライマンは書面で確約することはしなかった。それはいつものことで、彼はロスと雇用契約書も交わしていなかった。

サード・アベニュー１１１０Ｅの改修工事は一年で完了し、ＦＢＩが入った。犯罪と戦うアメリカ最高峰の組織の「信義・勇気・保全」というモットーが書かれ、一三個の金の星を周囲に配した巨大なＦＢＩの紋章は、それ以来ずっとそのビルに掲げられている。ロスが自分の不動産にこんな立派なテナントを入れたことに、タイプはさぞ満足したことだろう。

「そうして私はＦＢＩビルの管理者となりました。そのビルに立ち入るために『トップシークレット』取り扱い許可が必要でした」とロスは誇らしげな声の調子で説明した。「シアトルは国際テロリズムと戦う第二の拠点ですからね〔ＦＢＩ総本部はワシントンＤ・Ｃにある〕」。ロスは海外旅行のたび、帰国時にＦＢＩから質問され、旅行の目的、日程、日数を詳しく説明しなければならなくなった。

シアトル本部の建物の持ち主がマレーシアの汚職政治家一族だということを、ＦＢＩが知らなかったとは思えない。ＦＢＩシアトルのホームページでは「あらゆる汚職と戦う」ことが最優先事項の一つだと自慢しているが、かといってタイブの存在がＦＢＩの上級スタッフたちの悩みの種だったことを示す証拠もない。[原注11] これまで政界やビジネス界のお偉方たちと関係を深めてきたタイブのことだ、おそらく裏で彼らの助けを借りて、ことなきを得ているのだろう。

ＦＢＩがアブラハム・リンカーン・ビルを借りたということは、タイブが関わったとされる汚職や陰謀が結局はそれほど悪いことではなく、自分とタイブ一族との関係をやましく思う必要はないのだとロスは思った。それでも彼は、今の自分を取り巻く世界のことがどうしても知りたくなり、普及したてのインターネットを使ってサラワク発信のニュースを調べ始めた。彼は、タイブがどうやってあんなにも多くの金を稼ぐことができたのか、なぜ何もかもをあれほど厳重に秘密にしなければならないのかと思い始め、もはやその疑問を抑えられなかった。

「スライマンはもちろん、甘やかされて育った無能な男です」とロスは過去を振り返って言った。「しかし私は彼のことを、気持ちの優しい若者だと思っていました。そしてライラ〔タイブの最初の妻〕や、他の人たちも、休暇でしょっちゅうアメリカに来ていましたが、みんなきちんとした人に見えました。当時はまだ、彼らがどんなに残酷な人間なのか、そして彼らのせいでどれほど酷い貧困が蔓延しているかを、知らなかったのです。私は自分にこう言い聞かせました。FBIがタイブの経歴を調べ、テナントになることに問題がないと判断したのだ。私が良心の呵責を感じる必要などあるものか、と」。

ロスが最初から我慢ならなかった人物は、タイブの義理の息子、カナダ人のショーン・マーレイだった。タイブの娘ジャミラの夫である。ショーン・マーレイの話題になると、ロスの声は苦々しそうになった。「初対面の時に、タイブ一族の資産は一〇億ドルを越えているなどと自慢したんです。しかしその後、改修工事に至急資金が必要になってみると、使える金などまったくなかった。だから資金調達を私がやらなければならなかったのです」。

一九九四年十二月八日のサクティでの最初の面接の時、ロスが「ショーン・マーレイ」という名前の下に走り書きした三つの電話番号がある。一つは、オタワにある姉妹会社サクト・コーポレーションのもの、もう一つは「住居」の番号、最後の一つは「ロンドン」、つまりショーンが大忙しで新しい不動産会社を設立している最中の場所だった。[原注12] 三カ月後のおだやかな二月の日曜日、ロスははじめて、この薄茶色の髪の三十二歳のカナダ人と対面した。彼は凍てつくオンタリオからサンフランシスコまで、四〇〇〇キロを旅してきたところだった。

政略結婚　または「人生は自分次第」

ショーン・マーレイは、アイルランド移民の子として一九六三年に生まれ、オタワ郊外の裕福な地域ロッククリフ・パークで育った。ショーンの父ティムは、ダブリンとリバプールで建築の勉強をし、一九五七年にアイルランドからカナダに移住した。四年後、ティムと兄のパットは建築事務所マーレイ・アンド・マーレイをオタワに設立した。

マーレイ兄弟は建築の仕事に才能を発揮し、カナダのアイルランド移民界に人脈を作ることにも長けていた。そしてオタワの有力者の中心的存在となっていった。彼らの評判はたちまち高まり、公共施設の契約を次々と獲得していった。オタワの国際空港の建設、由緒ある王立カナダ騎馬警察の本部ビルの改修、カナダ最高裁判所の近代化など。オタワ新市庁舎、サウジアラビア大使館、そして一九八四年のヨハネ・パウロ二世来加の際のローマ・カトリック教会改装も、マーレイの引いた設計図によるものだった。原注13

彼らは、息子たちをロッククリフ・パークの名門アシュバリー・カレッジ〔カレッジは中・高等学校〕に通わせた。ショーンと兄のサディ、そしてそのいとこ（パットの息子）のパトリック、ブライアン、クリストファーは皆、その高校を卒業した。ショーンの姉サラといとこのフィオナは、ロッククリフ・パークで同じように名門の女子高、エルムウッド・スクールに通った。エルムウッドの崇高なるモットーは「スンマ・スンマルム」（summa summarum：最上をめざせ）だ。マーレイ一家の多くは、のちにタイプ一族のビジネスで重要な役割を演じることになる。

ロッククリフ・パークは木々の生い茂る丘の上にある。カナダでも有数の豪奢な住宅街だ。人口は二〇〇〇人で、ある種の自治体のような権限を持つ一つの村のようなものだった。住民は互いに顔見知りで、スーパーリッチな豪邸にさえ塀などないのが自慢だった。大使館員の家族の隣りにはビジネスで大成功した者たちが住んでいるという具合で、たとえばソフトウエア王で飛行機コレクターのマイケル・ポッター

タイブ一族

＊ 生年

∞ タイブの妻（ライラは1959〜没年、ラガドは2010〜）

✦ 妹　■ 弟

◒ いとこ（女）　◓ いとこ（男）

∞ 配偶者（数字は何回目の結婚かを表わす）

出典: BMF 2012; The Taib Timber Mafia

の邸宅や、グラフィック・ソフトCorelDRAWで一財を成したマイケル・コープランドのガラスの宮殿が建っていた。ショーン・マーレイの叔父パットは、ロッククリフ・パークがオタワに併合されて自治権を失う二〇〇一年までの十五年間、ロッククリフ・パークの首長をしていた。

一九八〇年代初頭、マレーシアからある家族がロッククリフ・パークに移り住んだ。彼らは子どもたちのために良い学校を、そして彼らの資産の安全な隠し場所を探していた。その家族の長は、クアラルンプールで大臣として長年のキャリアを持ち、当時すでにサラワク州首相だった。莫大な資産を持っていたタイブ一族は、ロッククリフ・パークに両手を広げて歓迎された。

一九八一年夏、ショーン・マーレイはまだマレーシアのことなど何も知らなかった。十八歳の彼が、果たして世界地図からボルネオ島を探し出すことができたかすら疑問である。アシュバリー・カレッジの九年目を迎えた彼からは、まだ学生の匂いがぷんぷんしていたことだろう。彼は、家でシンセサイザーをひくか、友だちとロックバンドのライブをするのが好きだった。母校への情熱といえば、ラグビーとアイスホッケーのチームに対してくらいだった。クラスメートたちは彼をクラム（ハマグリ）と呼んだ。おそらく口数が少なかったからだろう。[原注14] いずれにしても、彼は学校なんて早く終わってほしいとしか思っていなかった。彼の夢はエンジニアになる勉強をすること、そして金持ちの美人を見つけることだった。

実際、彼の夢の女性はすぐに現われた。学生時代の最後の年、彼に新しいクラスメートができた。サラワクから来た十八歳のアブ・ベキルだ。彼はクラス一二Aに入った。[原注15] オタワには三歳上の姉ジャミラも一緒に来ていた。ジャミラは流れるような髪と輝く黒い瞳の、自信に満ちた若きレディだった。彼女の美しさは誰もが認めるところだった。ジャミラは、アシュバリー・カレッジからほんの数百メートルのところにあるエルムウッド・スクールの最終学年に編入した。[原注16] 皆、新しいクラスメートのことをマレーシア王室の末裔だと噂した。社交的なジャミラに「プリンセス」とあだ名がつくのに、そう時間はかからなかった。ロッククリフ・パークの男どもの多くは、ジャミラをものにしようとした。一九八二年夏、ショーン、ジャミラ、アブ・ベキルの三人は、卒業した。[原注17]

ショーン・マーレイがマレーシアから来たプリンセスをどうやって落としたかは、本書の物語とは関係がない。重要なのは、ショーンがエンジニアになる夢をあきらめて、代わりにオタワのカールトン大学でビジネス・マネージメントの勉強をすると決めたことだ。それはジャミラが選んだ進路だった。二人の若い恋人たちの情熱が、共にビジネスをする道を選択させたにちがいない。「人生は自分次第」というのは、ショーンの座右の銘だった。そして彼もジャミラも、それを実践したのだろう。

二人のつながりは、タイブ一族にとってもマーレイ一族にとっても極めて好都合だった。ボルネオの有力者の娘がアイルランド系カナダ人不動産王の息子と結ばれる。つまり東南アジアのフレッシュな資金がオンタリオの政治コネクションに注ぎ込まれるということだ。これはまさに、ロッククリフ・パークにおける夢の実現であった。

このカップルと仲の良かった学生たちによれば、ジャミラは二人でオタワの街をドライブできるように、愛するショーンに赤のメルセデス・コンバーチブルをプレゼントしたということだ。だが二人の関係は、他人が思うほど浮ついたものではなかった。卒業後五年で、彼らは結婚した。アイルランド系カトリックの先祖から受けついた信仰を捨て去るほど、ショーンの愛は強かった。彼はイスラム教に改宗し、一九八七年にモハンマド・ノル・ヒシャム・マーレイの名の下、サラワク州首相の娘と結婚した。この時から、マレーシア人の親戚たちは彼のことをヒシャムと呼んだ。だがショーン・マーレイがオタワでムスリム名を名乗ることはなかった。

ファミリー・ビジネス

「ジャミラとの結婚は、ショーンがタイブ一族のビジネスに参加するための入場券だったのです」とロス・ボイヤートは言った。「それでもタイブ一族は、ショーンを家族の一員として扱ったりはしませんでした。でも、もはやあと戻りはできない。彼はタイブ帝国に囚われ、外界に出たいと望んでも、生きて再び出ることはないでしょう」。これは、タイブ帝国から追放された男の言葉だ。帝国に戦いを挑み、その報復を一身に受けた男の。

結婚後まもない一九八七年十二月、ジャミラ（二十七歳）とショーン（二十四歳）はオタワに本社をおく会社を共同で立ち上げた。[原注18] この会社の目的は不動産、とりわけ「サクト・デベロップメント・コーポレーション（以下サクト）」が所有するビルの管理だった。サクトは、その四年前にタイブ一族がオタワに登記した会社だった。[原注19] 高校を卒業したわずか一年後の一九八三年、ジャミラは弟のアブ・ベキル、叔父のオンと共に、サクトの取締役に就任している。オンはタイブの弟の一人で、サラワクから輸出された熱帯木材に対して香港の金融機関に支払われるリベートの管理を仕事にしていた（第五章参照）。

タイブ一族の不動産ポートフォリオは、多岐にわたっていた。サクトは最初の一年で、オタワ内外の集合住宅を四〇〇戸以上購入した。[原注20] 翌年、タイブ一族はオタワ中心街の西部に広大な土地を手に入れ、総ガラス造りのオフィスビル建設を計画した。四六階建てで、総工費は一五〇〇万ドルだった。ビルは一九八九年に完成した。[原注21] サクトの資産報告書によれば、同社は最初の十年間にほぼ毎年のようにかなりの損金を出していた。しかしサクトの所有する不動産の価値は急速に上昇し、ほんの数年で一〇〇〇万ドル以上にもなった。[原注22] 自己資本わずか一万ドルにしては、上々の成果だ。

ジャミラと結婚して最初の数年間はショーンに試練が課せられたが、一九九〇年代初頭、彼は晴れてサクトの取締役となった。そこではまさに、現ナマが動いていた。しかし実際に決定権を持つのは、タイブの弟オン――もしくはその背後にいるタイブ自身――だった。一九九二年までに、サクトの不動産の価値は四〇〇〇万カナダドルにまで膨れ上がったが、総負債額は四八〇〇万カナダドルだった。[原注23] これらの借入金は一族自身や一族が香港やジャージー（タックスヘイブンとして知られるイギリス王室属領の島）に所有する秘密の金融会社からのものだった。これは「ローン・バック・スキーム」と呼ばれ、マネーロンダリングの古典的な手法の一つである。自分自身がコントロールするダミー会社から借金するという、企業犯罪だ。[原注24] その後サクトはさらに、カナダの大手金融機関マニュライフと七三〇〇万ドルのローン契約を結んだ。[原注25]

本書での私の主張の一つは、タイブとその一族がサラワクで犯罪に手を染める一方、その資産を海外に送るプロセスにおいても詐欺、脱税、マネーロンダリングなどの罪を犯しているということだ。誰がサクトの株主なのか、これまで公開されることはなかった。カナダの法規制はゆるいため、企業の株主を匿名にすることが可能だ。一九八九年、ジャミラは新聞のインタビューに答えて、サクトの株主はオーストラリア、香港、マレーシアの投資家グループで、彼らが「安全な長期的投資先と、信頼してそれを任せられ

1
タイプ
マレーシア
タイブ一族の
ゴッドファーザー
5
シティ・ゲート・インター
ナショナル・コーポレーション
オタワ
ジャミラ・タイブ
ショーン・マーレイ
サディ・マーレイ
100 %
6
リッジフォード・
プロパティーズ
ロンドン
クリス・マーレイ
7
サイトホストPTY
アデレード
ジャミラ・タイブ
ショーン・マーレイ
N

出典：*BMF 2013*

知られざるタイプの不動産帝国

2
3
4
5
6
2
サクティ・インター
ナショナル・グループ
サンフランシスコ
スライマン・タイブ
ショーン・マーレイ
4
サクト・グループ
オタワ
ジャミラ・タイブ
ショーン・マーレイ
アデレード・オタワ・コーポレーション
プレストン・ビルディング・ホールディング・コーポレーション
サクト・コーポレーション
サクト・デベロップメント・コーポレーション
タワー・ワン・ホールディング・コーポレーション
タワー・ツー・ホールディング・コーポレーション
アーバン・スカイ・インベストメンツ
アーバン・スカイ・ヨーロッパ
3
ウォリソンズINC
シアトル
スライマン・タイブ
ショーン・マーレイ
W・A・ボイルストン
W・A・エヴァレット
サクティ・インターナショナル・
コーポレーション

る人を探していたのだ」と発言している。[原注26]だが最初の最初からサクトは（カリフォルニアのサクティのように）タイブ一族のものであり、ロス・ボイヤートを信じるならば、タイブ個人がコントロールしていた会社だった。アメリカ同様にカナダでも、同社は政府機関をテナントにすることに成功している。カナダ連邦政府、そしてオンタリオ州政府の一一もの官庁が、タイブのビルに部屋を借りている。[原注27]当時その事実は、サクトのすべてを合法と見せかけるのに役立っていただろう。

尊敬を集める建築家の息子ショーンとジャミラの関係は、タイブ一族にとって理想的な隠れ蓑だった。そしてそれは、サクトのビジネスをステップアップさせる絶好の機会だった。サクトの不動産は有名な建築会社マーレイ・アンド・マーレイが所有していると多くの人は思った。マーレイ一族がサクト・グループの重役になっていくことで、その印象は強まった。ショーンの兄サディは、サクトの姉妹企業シティ・ゲート・インターナショナルの社長に就任した。いとこのクリスは、ロンドンのリッジフォード・プロパティーズのトップになった。もう一人のいとこブライアンは、オタワにあるサクトの賃貸部門を任された。

実のところ、有名な建築家であるショーンの父ティムと叔父のパットは、サクトで何の役割も与えられなかった。そして彼らがサクトに投資をしたことを示す証拠も何もない。後年、彼らはマーレイ・アンド・マーレイを国際的な大手建築会社に売却している。[原注28]

サクト・グループは今でも、姉妹企業であるカナダのシティ・ゲート・インターナショナル、ロンドンのリッジフォード・プロパティーズ、アメリカのサクティと共に、マーレイ一族の所有する企業グループのように見えている。だがロス・ボイヤートのような内部者は、それがカモフラージュだと知っている。本来の所有者であるタイブが数億ドルの国際不動産帝国を密かにコントロールしていることへの批判の目をかわすために、マーレイ一族が利用されているのだ。

リストラ

ロス・ボイヤートの話に戻ろう。「私が一九九四年の終わりにサクティに入った時、ショーン・マーレイとその義理の兄、オタワの建築家なんですが、その二人がサンフランシスコのサクティ本社の改装の仕事をしていました。だがその事業の資金が底をついてしまっていたので、私は新しい職場に入ってわずか数カ月という新参者の立場で、その事業をストップさせなければなりませんでした。[原注29]それでショーンに嫌われたのです。そうして私は、それ以降の十年間というもの、彼とまったく接触を持てなくなってしまいました」。

ロスとスライマンの接触もまた、しごく稀になった。「当時、電話でスライマンを捕まえるのは至難の業でした。中国かどこかに行っていると、いつも彼は言っていました。そしてようやく捕まえても、会話はせいぜい三〇秒で終わってしまうのです」。

当時ロスは、サクティの業務をほぼ自分の裁量でやっていた。スライマンに状況を報告することが、たまにあるくらいだった。タイブはマレーシアで重要な新規事業を、いくつもスライマンに任せていた。タイブはスライマンがお気に入りで、ゆくゆくは跡取りにと思っていた。

一九八二年当時、姉のジャミラ、兄のアブ・ベキルと共に、スライマンもオタワに来ていた。彼もオタワのアシュバリー・カレッジに通い、一九八六年に卒業した。タイブの義理の父であるリトアニア移民のアブ・ベキル・シャレキ〔タイプの最初の妻ライラの父〕も、オタワに永住権を得て住んでいた。退職医師である彼はオーストラリアのアデレードからカナダに移り住み、孫たちに監視の目を光らせていた。[原注30]自由を愛するスライマンが、その後まもなく、口うるさい祖父から逃れるために北米大陸の真反対に位置するカリフォルニアで勉強する機会をつかんだのも無理からぬことだった。

一九九〇年代半ば、スライマンがサンフランシスコでの遊び人学生としての生活を終えると——彼は経営管理学部を卒業した——、タイブは彼をマレーシアに呼び戻した。スライマン一家は一九九五年初頭に帰国し、スライマンはすぐさま一族の所有する企業チャヤ・マタ・サラワク（CMS）の取締役におさまった。[原注31]

マレーシアに戻った四年後、スライマンは金融業へと移り、一族が所有するウタマ・バンキング・グループ（UBG）の取締役になった。二〇〇三年五月、その頃までにはCMSの社長になっていた彼は、RHB銀行の会長にも就任した。このマレーシアで四番目に大きな銀行を、タイブはマレーシア人ビジネスマン、ラシド・フセインから一八億リンギット（約五億四〇〇〇万ドル）[原注32]でその二年前に買い取っていた。[原注33]マレーシア王室とタイブの強いコネのおかげで、スライマンはナイトに匹敵する「ダト・スリ（サー）」の称号まで受けている。

だが二〇〇五年に状況が激変し、当時三十七歳のスライマンは突然、壁に突き当たった。マレーシア国立銀行が、スライマンをRHB銀行会長として承認しなかったのだ。中央銀行であるマレーシア国立銀行は一九九七年に起こったアジア金融危機以降、何者にも影響されない強大な権限を持っており、スライマンが国内最大級の銀行のトップとしての責任を負うべき立場には適さない人間と判断したのだった。

タイプの秘蔵っ子スライマンの挫折は、彼に雇われ、その庇護の下にいたロス・ボイヤートにとって、破滅的な結果となった。タイプはスライマンのビジネスに対する見識にもはや信頼がおけないと判断し、海外の不動産ポートフォリオの見直しを決定した。二〇〇五年九月、母国カナダで事業を展開していたショーン・マーレイが、アメリカにあるタイプの不動産を任されることになった。ショーン・マーレイはロス・ボイヤートとの十年前の確執を忘れていなかった。彼はロス・ボイヤートに復讐したがっていた。

「タイプは私から会社の経営を乗っ取るように、ショーン・マーレイに直接指示しました」とロスは説明した。「はじめは私も、そんなに簡単に追い出されるとは思いませんでした。しかしスライマンは遂に、私に解雇通知書を送ってきたのです。私は大変なショックを受けました。あまりにも頭にきたので、スライマンを『ユダ』〔キリストを裏切った男〕と呼んだほどです」。

ロスはFBIシアトルの利益配分がどうなるのかが心配になった。スライマンは口約束しただけだったからだ。ロスはマーレイにビジネスを明けわたすまいと抵抗してみたが、無駄だった。二〇〇六年十月末、タイプの弁護士がロスに、サクティの株主全員の署名の入った文書を手わたした。その文書には、ショーン・マーレイを唯一の取締役〔社長、参事、財務責任者を兼務すること〕に任命することを承認すると書いてあった。[原注34]

ロスは事態の修復のために最後まで粘った。二〇〇六年末にタイプに長い手紙を書いて直訴した。サクティのために彼がやってきたことの証拠となる二〇〇ページもの文書を添付した。だがタイプは返事をよこさなかった。抵抗は無意味だった。彼は解雇された。二カ月後、彼はサンフランシスコのカリフォルニア上位裁判所に、元雇用者サクティとタイプ一族を相手取り、契約不履行、詐欺、労働法違反により裁判を起こした。訴状には、タイプがアメリカに所有する不動産に関する詳細な内容と、その所有者をカリブ海諸島やチャンネル諸島〔いずれもタックスヘイブンとして知られるイギリス王室属領の島々〕の企業であるかのようにごまかしている旨の説明もあった。[原注35]

「これが受難の始まりでした」と二年前を振り返ってロスは言った。「裁判を起こすと、自宅に何度も強盗が押し入り、車は叩き壊され、殺害予告状が何度も送られてきました。そして常に尾行がつくようになったのです。しかし私は後悔していません。正義のためにこの裁判を起こさなければならなかったのです。最後の最後までタイプと戦う決意です」。

ボイヤートは両手のこぶしを握りしめ、古代ギリシャの言葉を引用して話を終えた。「ペルシャの王クセルクセスが最後の戦いを終え、武器を差し出して降伏しろと言った時、スパルタのレオニダスは何と答えたか？　モロン・ラーベ！　欲しくば取りに来い！　私は決してあきらめない！」

ボイヤート夫妻の話を聞いていてわかったことがある。彼らは絶え間ないプレッシャーのために精神的にかなり参っていたので、緊急に助けが必要で、静養も必要だということだ。だが私たちは本当に彼らを手助けできる立場にいるのだろうか。ロスに関しては、手助けをしてももう間にあわないのではないかという予感がした。

被害妄想

その頃までにはカリフォルニア時間で正午をすぎていた。ボイヤート夫妻の話がどんなに衝撃的であったにしても、いい加減で休憩を取る必要があった。クレアはマイクのスイッチを切り、私たちはマリオットホテルの地下会議室を出た。

タイプがサクティ・グループを所有していることを証明する文書をどうやって保護するかが、私たちの最初に考えたことだった。クレアがボイヤート夫妻と一緒にいてくれている間に、私は書類の束をつかんで、ホテル一階のビジネスセンター〔パソコンやコピー機などを備えたホテルの情報受発信拠点〕に上がって行った。ブルーノ・マンサー基金とクレアのためにコピーを一部ずつとり、さらに、スキャンしたデータをCD二枚にコピーした。CDはそれぞれ別の封筒に入れ、ホテルのFedEx〔アメリカの国際宅配業者〕カウンターに持って行って、一つはロンドン、もう一つはスイスに送った。盗難と紛失に備えるためだ。いくつもコピーしておけば、この貴重な証拠物件をすべて失うことは避けられるだろう。

私はコピーをとっている最中に、やせた男がホテルのロビー周辺をうろついていることに気づいた。何気ないそぶりで、その男はビジネスセンターに入ってきた。男は落ち着かない様子で私と書類の束を見ていたが、一言も発しなかった。私はコピーのチェックに忙しかったので、その男にかまっている暇はなかった。しばらくして、男は姿を消した。

クレアとボイヤート夫妻がビジネスセンターにやって来た。ロスとリタは見るからに動揺していた。彼らもさっきの男を見たのだ。彼らはその男がタイプのスパイだと言った。「私たちの携帯電話にはGPSが仕組まれているんです」とリタが言った。「だからここにいるのがわかったんでしょう」。

一体全体、どうして携帯電話のスイッチを切らないんだろう、と私はまず考えた。すると私の心の声が聞こえたように、「見てください」とリタは言った。「この携帯電話のスイッチを切ることはできないんです」。リタは携帯電話のオフのボタンを押した。ディスプレイが暗くなった。しかし二〇秒もたたないうちに、ひとりでにスイッチが入ってしまった。電源が切れないようになっているのだ。

何度も強盗に押し入られているうちに、ある時、携帯電話が消えていたことがあった。だが突然、携帯電話は戻ってきた。GPSを仕組んだ同じ機種の携帯電話に、オリジナルの電話のデータをコピーして戻してきたのではないかと彼らは疑った。彼らを尾行している者たちは、彼らの電話を盗聴することができて、いつでも彼らの居所を突き止められる。携帯電話を遠隔操作することもできる。「私たちの持つ電子機器はすべて傍受されているんです」とロスは言った。「こんな状況には、もうずいぶん前から慣れっこになってしまいました。娘といつでも連絡がとれるように、こうしたことを受け入れなくてはならないことです。携帯電話を新しくしても、プライバシーが守れるのは、ほんの一時だけです」。

私たちに話さなかったが、ロスにはもう新しい携帯電話を買う余裕がなかった。そのことがわかったのは、私たちがボイヤート夫妻の黒いジャガーに乗ってホテルの駐車場を出る時だった。ジャガーは夫妻がかつて裕福だったことを示す、唯一のステータスシンボルだ。駐車場の出口で料金を支払うために車を停めると、ボイヤートはその数ドルを私に出してくれないかと言った。彼の財布は空だったのだ。破産してもなお、彼はジャガーに乗っていた。

私たちは、その日のうちに全員一緒に飛行機でサンフランシスコに向かうことになった。サンフランシスコに別の文書があり、ボイヤート夫妻がそれを私たちに見せたいと言ったからだった。だがまず、ロスは私たちをコスタメサに連れて行った。彼らが家を立ち退いてから一時的に滞在していたロサンゼルス郊外の都市だ。わずかな荷物をまとめ、犬を連れ出すほどの時間しかなかった。犬はスキピオという名のピンシャー犬だった。そうして私たちは、すぐにロサンゼルス空港に向かった。ロサンゼルスからサンフランシスコに向かう午後のヴァージン・アメリカ九三三便は、乗客がまばらだった。私たちは、後方の座席をとった。

機内で私たちは四人とも、タイブがカナダやイギリスやオーストラリアに所有する不動産の写真を眺めていた。クレアがインターネットで見つけて、プリントしたものだった。オタワの八階建てビル「ザ・アデレード」。総戸数一五八の豪華な集合住宅だ。カナダの首都オタワの「リトル・イタリー」として知られる地区の三つの巨大オフィス・タワー、ロンドンの高級地区フィッツロヴィアにある病院、イングランド銀行の隣りのトークンハウス・ヤードにある石灰岩の巨大な宮殿、オーストラリアのアデレードにあるヒルトンホテルなどなど。

ロス・ボイヤートと話していると、クレアも私も彼の健康のことがだんだんと心配になってきた。彼は突然、タイブが所有するシアトルのビルの賃貸契約をFBIと交渉したのは、本当に自分だったのか真剣に疑いを抱いていると言い出した。

彼は言う。「あのFBIとの契約を決定したのは本当に私だったのでしょうか。それとも実際の交渉は、私の知らないところでもっと上の人間がしたのでしょうか。アメリカ政府はタイブと内密に契約を交わしたのかもしれません。FBIやCIAやアメリカ政府の背後に、本当は誰がいるのでしょう。彼らはタイブのコントロール下にあるんじゃないでしょうか」。

ロスの被害妄想がそんなに深刻だとは、それまで考えてもいなかった。彼はずっと脅迫され続けたために、現実と空想の世界が心の中でごちゃまぜになっていた。サンフランシスコでさんざん追い回されたことの恐怖がどれほどのものか、私には想像もできなかった。

「あいつよ!」リタ・ボイヤートはシーッと言って、空港の出口近くにいる背の高いはげ頭の男を指さした。「あいつには、ずっとつけ回されているんです。休暇でハワイに行った時も、追いかけて来ました。何もかもから開放されたくて行ったのに。私たちがくつろいでいると、その辺のテーブルで、座ったままただニヤニヤ笑っているんです。わざと私たちの休暇を台無しにしたんです」。午前中に、私たちはリタとロスからその屈強な男の写真を見せられていた。その男が今は目の前にいる。気味が悪かった。

私たちはタクシーに乗り、その夜の宿を探した。車が走り出してまもなく、グレーの車が一定の距離をおいてつけてくるのに気づいた。

何度か角を曲がっても、その車はまだうしろにいた。ようやくエンバシー・スイーツ・ホテルにタクシーをつけた。だがあいにく満室だった。フロントの親切な女性が、近くにある同じチェーンのホテルを勧めてくれた。再び出発する前に、リタは自分の携帯電話をフロントに預けた。つけ回している連中をまくためだ。

さっき乗ったタクシーがまだホテルの入り口にいた。再び荷物を積み込んだ時、私は男がホテルのロビーから私たちのいる方を見ていることに気づいた。私はカメラを取り出し(ストーカーが本物でも気のせいでも、とにかく私の持つ唯一の武器だった)、シャッターを切った。一度、二度、三度。その男は、私のカメラが狙っているのが自分だと気づくと、すぐさまどこかへ行ってしまった。だがこれで、その男が幻ではなく、切れば血の出る肉体をもった本当の人間だという証拠ができた。誰かがそいつに金を払って、私たちを見張るように指示したのだ。

スカンクの攻撃

「私たちへの嫌がらせは、大掛かりでとても金がかかっています」とロス・ボイヤートが声を震わせて言った。「私たちの人格を破壊しようとしているのです。私たちは評判を落とされ、誰からも信用されなくなりました。私たちはタイプを訴えました。裏づけとなる証拠は十分にありました。だが彼らは私たちの評判を落とし、世の中がこの裁判を忘れるように全力を挙げています」。ロスが被害妄想になったということは、内部告発者への嫌がらせがゴールに近づいているということだ。

サンフランシスコの夜はふけた。私たちはボイヤート夫妻の宿泊部屋で夕食をとった。テレビの音量を上げて、会話を盗聴できないようにした。東ドイツの人々がシュタージ〔Stasi：東ドイツの国家保安省〕に対抗するために使った方法だ。自由を愛するここカリフォルニアで、遠くボルネオから長い腕を伸ばしてきた邪悪な支配者に対抗するために、私たちもその方法を使った。

ロス・ボイヤートは、この三年間どのように脅され、怯えさせられてきたかを詳しく語り始めた。私たちはその内容に愕然とした。高速道路を走行中、ホイールキャップが飛んできたことが二度ある。フロントガラスがめちゃめちゃに割られていたことが一度。車をわざとぶつけられたこともある。「私たちにそういうことをするのを、とても楽しんでいるんじゃないかと思うんです」とロスは言った。家に強盗が入ったことは何度もあるが、盗まれたものは何もなかった。壁にかけてある絵が裏返しにされていただけだった。こんな話を警察にして何になる？

嫌がらせの事例は枚挙に暇がなかった。ボイヤート夫妻の娘が、バーで出されたアルコール飲料を飲んで、気絶したことがある。リタ・ボイヤートには、ロスと離婚すればすべての嫌がらせを今すぐやめると電話がかかってきた。ボイヤート夫妻が悪事を働き、警察の取調べを受けたと、仕事仲間や知人の間に噂が流された。ボイヤート夫妻の友人たちは、徐々に背を向けはじめ、彼らに会いたがらなくなった。そんなにも多くのトラブルに見舞われている人間に、誰が関わりたいだろうか？　最終的に彼らは、完全に孤立してしまった。

ボイヤート夫妻は当時住んでいたアザートンの警察に何度も何度も被害届を出したが、当局は取りあわなかった。夫妻は何人もの政治家に助けを求めたが、真剣に対応してくれたのはホロコーストの生き残りのユダヤ人議員トム・ラントス〔一九八一年から没年までカリフォルニア州選出下院議員〕だけだった。だが二〇〇八年二月、ラントスは八十歳で亡くなり、夫妻の希望も絶たれてしまった。

夫妻の穏やかならぬ話を一日中聞いたため、私はその夜、なかなか寝つけなかった。サクティ関連の書類はスーツケースにしっかりとしまい込んだし、目覚まし時計はセットした。そう思って何とか寝入ることができた。すると真夜中に突然、異変に気づいて目を覚まし、頭もすぐに明瞭になった。部屋にガスの匂いが立ち込めていた。私は素早く明かりをつけ、フロントに通じる非常警報を鳴らして、パジャマのまま大急ぎで部屋を出た。タイプの雇ったチンピラが、この件に首を突っ込むなと警告しているのか？　はたまた私の妄想が、幻を見せ始めているのか？

「おそらくスカンクでしょう」としわがれ声のホテル従業員が言った。彼は私の部屋へやって来て窓を開け、新鮮な空気を入れたあとで、私に別の部屋のキーをわたした。

ホテルの六階の部屋の締め切った窓から、スカンクの匂いが入ってくるものなのかと私は訝しんだ。私は、ロビーで夜明かしすることにした。手早く着替えて、スーツケースに荷物をつめた。夜明けまであと二時間、時差ボケとコーヒーの目覚まし効果で、眠くはなかった。太陽が昇るのをこんなに嬉しく眺めたことはかつてなかった。宿泊客たちがビュッフェスタイルの朝食をとるために集まってきたのも嬉しかった。

深い悲しみの涙

チューリッヒ行きスイス・エアバスは満席だった。飛行機は滑走路を走り始めた。飛行機の加速でシートの背もたれに体が強く押しつけられるにつれて、呼吸が楽になっていった。そして北米の夜の空へと、飛行機は飛び立った。こんなに離れてホッとする場所もこれまでにそうはなかった。休暇をとってアメリカ滞在を数日延長しようという当初の計画など、どうでもよくなっていた。私はただひたすら、逃げ出したかった。

一時間前、私はクレアとボイヤート夫妻に別れを告げた。彼らはそれぞれロンドンとロサンゼルスに向けて、帰途に着いた。サンフランシスコでボイヤート夫妻は、タイブが所有する数々の不動産、そして彼らがアザートンで住んでいた家を私たちに見せた。家の庭は、芝が伸び放題で放置されていた。それからメンローパーク〔カリフォルニア州の都市〕へも行った。そこの貸し倉庫に、サクティのすべての文書のコピーが保管されていた。私たちはこの重要な文書をコピーし、のちにインターネットで公開した。

ロス・ボイヤートがタイプに忠実に尽くした十二年間は終わった。そして彼は、高い代償を支払わされた。「組織犯罪に積極的に関わった者の末路は、涙、悲しみ、死、監獄、血、そして貧困だ」[原注36]と言ったのはピエトロ・グラッソだった。イタリアのマフィア担当検事だ。タイプの環境破壊、汚職、マネーロンダリングの国際ネットワークにも似たようなことが言えるかもしれない。タイプの犯罪ネットワークにおけるロスの役割は、エキストラ程度にすぎない。しかし過酷な報復の引き金を引くだけの重大性は十分に持っていた。サクティで仕事を始めた日から、自分が危険なゲームに関わっていると認識すべきだったのだ。「彼らに殺されてしまう方が、こんな風にじわじわと頭がおかしくなるまで嫌がらせされるよりはずっと幸せでしょう」とリタ・ボイヤートは絶望的な様子で言った。しかしタイプにとっては、残酷に殺害する方がずっとリスキーなのだろう。タイプは彼らを心理的に追い詰め、友人たちから孤立させ、生活手段を破壊することを選んだ。だがアメリカで誰がタイプのためにこんなことを実行しているのだろうか。

カリフォルニアにボイヤート夫妻を訪ねたあとも、クレアと私は彼らと何度も話した。夫妻の金銭的窮状を見かねて数千ドルの寄付をする人が現われた。夫妻が危険に曝された時に備えて、カリフォルニアで警備員も雇った。しかしロスは、その警備員さえも新たな脅威になるかもしれないと恐れ、結局、解雇してしまった。

私たちはボイヤート夫妻をヨーロッパまで連れてきて、休養を取らせ、マレーシア出身の反タイプ派の人々と接触させてはどうかと計画した。だが土壇場になってロスは飛行機に乗ることもアメリカを離れることも拒絶した。彼は突然、クレア・ルーカッスルが信用できないと言い出した。彼女の義理の兄が要人であるため、イギリス政府か、別の闇組織が彼女のバックについているのではないかと思い始めたのだ。

彼は被害妄想に囚われ、出口を見出すことができなくなっていた。

私たちがアメリカを訪問した二カ月後、リタ・ボイヤートがクレアに電話で緊急のメッセージを告げた。ロスがジャガーに乗って衝突自殺を図り、今、精神病院にいるという。打ちのめされたロスのために何かできないかと、クレアはその日のうちにサンフランシスコに向かった。だがすべての努力は水泡に帰した。数週間後の二〇一〇年十月三日日曜日、タイプの望みは遂に実現した。ロス・ボイヤートがロサンゼルスのホテルで死亡しているのが発見されたのだ。頭からビニール袋をかぶり、首の周りをテープできつくしめて、窒息していた。自殺だった。

第二章

失われた楽園

太古の昔から、狩猟採集民族ペナン人はボルネオの雨林を自由に移動してきた。彼ら森の民と、彼らを取り巻くユニークな環境は、長年にわたって多くの研究者を魅了した。やがてそこに伐採業者が現われ、地上の最後の楽園を破壊し始めた。

首長の回想

ボルネオの雨林の夜はふけて、ロング・ギタの集落では小屋のトタン屋根に降り注ぐ雨粒の音が雷鳴のように響いた。巨木の森にとどろくセミの大合唱はすでに途絶え、今は遠くにアマガエルの鳴き声がかすかに聞こえるだけだ。サラワクでも特に人気の少ないこの場所で、夜の闇がその濃さを増した。

アロン・セガの顔が炎の光の中にくっきりと浮かび上がる。ペナン人〔先住民族については解説を参照〕の首長アロンの表情は悲しげで、少し疲れているようだった。思い出の品々が彼の波乱万丈の人生を物語る。サイチョウ〔ブッポウソウ目サイチョウ科の鳥〕の黒と白の羽で作ったアロンのヘッドドレスが、小屋を支える梁からぶら下がっている。木を丸くくり抜いた耳飾りは、彼の妻が籐で編んだマットの上におかれている。敏捷なハンター、アロンの吹き矢筒と銃は、質素な板張りの壁に立てかけてある。

アロンは炎を見つめて物思いに沈んでいた。彼は表情を変えずに、原生林での子ども時代を回想した。「私が生まれた時、役所に届けを出したりはしなかった。わかっているのは、もう七十歳を超えているということだけだ」。彼は一九三〇年代の終わりに雨林で生まれた。その頃、森の民が年数や時刻について口にすることはなかった。森に暮らすペナン人は、昔からずっと自然のサイクルだけに従って生きてきた。雨季と乾季。そして何年かに一度やって来る実り豊かな季節。その時、雨林の木々は、まるで目に見えない合図に呼応するかのように、一斉にたくさんの花を咲かせ、たわわに実をつける。

アロンが生まれた場所は、ロング・ギタからそう遠くない。当時、彼の親族グループが拠点としていたリンバン川上流だ。先住民族の言葉で、「ロング（long）」は河口を意味する。多くのペナン人は河口付近に定住したため、多くの村の名前には「ロング」、または水を意味する「バ（ba）」がついている。

六人兄弟の末っ子のアロンが父セガに狩りの手ほどきを受けたのは、まだ子どもの時だった。まず獲物を狙う練習のため、枝を折って槍を作り、竹で吹き矢筒を作った。小さなアロンはすぐに上達し、一人で動物の狩りを許された。

「吹き矢で獲物を狙うのがうまくなると、父が狩り場の近くで鳥の狩り方を教えてくれた。それからイノシシ狩り用の槍をくれた。サゴヤシの幹からデンプンを取る方法も教わった。まだ幼い頃から、私たち兄弟は森で生きていく方法をすべて教え込まれた」[原注1]。

ペナン人は東南アジア最後の、移住生活をする狩猟採集民族だった。彼らはサラワクの雨林を知り尽くしている。何世紀にもわたって、五〇人ほどのグループを形成して雨林で暮らし、ボルネオ奥地の山岳地帯を自由に歩き回ってきた。彼らは雨林の何百という川、山頂、けもの道を探検し、彼らの言語でそれらの場所を名づけた。ボルネオの森一ヘクタールには、ヨーロッパすべての森よりも多くの樹種が生育している。そしてペナン人は一〇〇〇種以上の植物を見分け、それらに名前をつけ、暮らしに役立ててきた。

ペナン人文化にとって最も重要な植物はサゴヤシ、現地語でウヴットである[原注2]。サゴヤシは雨林に自生し、幹の髄には純度の高いデンプンをたっぷりと含んでいる。ペナン人はサゴデンプンを使ってナオを作る。ナオとは粘り気の強い、ほとんど味のない粥だ。イノシシの脂で味をつけることもある。サゴという自然の贈り物があるから、わざわざイネを育てる必要はない。二番目に重要な植物はタジェム〔クワ科の常緑樹ウパス〕だ[原注3]。ペナン人はこの木から、吹き矢の狩りに使う猛毒を抽出する。この毒はとても回るのが早く、吹き矢に当たったサルなどはほんの数分で死んでしまう。人間の血管にこの毒が入れば、助かる方法は一つ。ペナン人がゲティマンと呼ぶ植物で作った解毒剤を飲ませるしかない。この薬草は見つけるのがとても難しい。原注4 何世紀も前にボルネオの先住民族がこの効果を発見し、それ以来、何世代にもわたってその知識を伝え続けている。原注5

アロンは若い頃、イギリス植民地政府が催すタム（市場）によく出かけた。ペナン人はそこで雨林の収穫物を、近隣の民族や町の行商人が持ち込む商品と交換した。「私たちはマットレスの材料になる籐の蔓や、サイチョウのくちばしに彫刻を施した装飾品を売りに行った」とアロンは回想した。樹脂や胃石の需要が特に高かった。胃石とは、サルが消化を助けるために飲み込んだ石で、漢方薬の原料として珍重されていた。「近隣の民族ムルド人のために、樹脂を森で採集した。代わりに、狩りに使う犬を手に入れた」。

ペナン人はタムでの物々交換で、調理器具やさまざまな道具類や銃などを手に入れた。タムは四カ月に一度開催された。「ペナン人は当時、カレンダーなど持っていなかったので、籐のヒモを使った。一二〇の結び目を作って、毎日一つずつほどいていく。結び目が少なくなると、交換する物をまとめて出かけるのだ。そうすれば、いつもタムに間にあったものだ」。

「私たちは長い間、バトゥラウィ山の周辺で暮らしてきた」。山の源流の方角の暗闇を見つめながら、アロンはそうつけ加えた。遠くにバトゥラウィの石灰岩の柱が二本、夜空に向かってそびえ立っていた〔バトゥラウィ山頂に柱のような二本の岩が立っている〕。彼は声を低めて静かに話を続けた。大切なことを話す時、ペナン人は必ずそうする。「バトゥラウィは良い精霊シナンのすみかだ。シナンはあの岩の中にいる。バトゥラウィの二つの柱ができたいわれを話そう。大昔、バトゥラウィ山頂の二つの岩は二人の人間だった。一人は男、もう一人は女だ。二人は深く愛しあっていた。しかし邪悪な精霊たちが彼らに嫉妬し、はじめに女の方を殺し、そして男の方も殺してしまった。そうして彼らは固い岩になった。私の祖父タウィンと祖母ブレセンはバトゥラウィ地域の守護役だった。祖父母が亡くなると、私の父がその役を受け継いだ。今は私がその役をしている」。

ペナン人の祖先はバトゥラウィ山だけでなく、標高二四二三メートルのムルド山なども崇めていた。彼らはまた、特別な実のなる木や、雨林の中で特に動植物の豊富な場所を大切にしていた。ペナン人は、モロン〔必要以上に採ってはいけない〕という言葉を重んじ、収穫ずみの木をグループの他の者に知らせる習慣を持つ。「雨林で実のなる木を最初に見つけてその実を収穫した者は、自分のパラン（山刀）でその木に印をつける。そうすると他の者は、その木の実がすでにいくらか収穫されたことがわかる。その実を食べたい者は、彼の許可を得なければならない〔木の実が再び十分に実るのを待てば収穫を許される〕」とアロンは説明した。

ペナン人は木や森や山々を生活の糧として利用するだけでなく、そこには霊が宿ると考え、信仰の対象としてきた。「祖先の眠る森にはたくさんの秘密が隠されている」。

ペナン人はキリスト教に改宗する前には無数の精霊を信仰していた。特に強い信仰の対象となったのはワシだ。ワシは悪いことが起きる前兆をその羽ばたきで知らせると考えられた。[原注6] ワシの霊を鎮めるために、ペナン人は木に彫刻を施したセペルット（宗教儀式に使う神具）を森に安置する。ふとアロンは黙り込んだ。精霊の世界が脅かされている話はやめにして、人間の話を始めた。

アロンが若い頃にはじめて見たよそ者は、稲作で暮らす近隣の先住民族だった。第二次世界大戦の時は、ジャングルで遠くの方に日本人兵士が一人見えたことがある。はじめて見た白人はイギリス人のジョン・グリフィンだった。グリフィンは、サラワクのホワイト・ラジャ（第三章参照）統治下で二十年以上ペナン人テリトリーの監督をしていた。その後、ボルネオ福音伝道教会から派遣されたオーストラリア人宣教師たちを見た。

「あの頃は暮らしも楽だった。森の多くはまだ手つかずで、その恩恵で暮らすことができた。至るところに十分な数のイノシシがいて、たくさんのサゴヤシが生え、サゴからデンプンをとるのに必要なきれいな水もふんだんにあった。あの頃、森は私たちノマド〔定住せず移動生活をする民族〕にとって楽園だった。森を歩いていて気に入った場所があれば何カ月かそこに留まり、その辺りのサゴで暮らしていけた」。サゴヤシをある程度採った頃、ペナン人はわずかな荷物をまとめて別の場所に移動する。そして新たな場所を求めて、一日か二日歩き回る。

しかしそれはタイブがサラワク州首相になる以前、そしてリンバン・トレーディング・カンパニーがアロンのテリトリーの森を伐採し始める前の話だ。その頃までには宣教師と政府によって、約一万人のペナン人のほとんどは、村々に定住されられていた。それらの者たちは稲作を始めた。ノマドの生活を続けることを望んだのは、アロン・セガなど数百人だけだった。

アロンがもう一人の外国人に出会った時、もう彼は子どもではなかった。その外国人とは、三十歳のスイス人、ブルーノ・マンサーだった。金銭と関わりのない生活スタイルを捜し求めてアルプスで牛飼いをしたこともあるマンサーは、一九八四年にボルネオ最後のノマドたちと出会った。彼はアロンのグループに加わって雨林での生活を学び、日記に記した。若きスイス人とアロンは意気投合し、アロンはマンサーを養子にした。二人の生い立ちは似ても似つかないものだったが、自然の中で暮らす素晴らしさを通じて、二人は結びついた。その後、二人は地上の楽園を破壊から守るために、手を取りあって戦うことになる。

ボルネオの雨林

世界の森林の中でも、ボルネオの熱帯雨林はその古さも美しさも指折りだ。生息する生物種の数は世界中のどこの地域よりも多い。この原生林に一度でも足を踏み入れたことのある者は、また訪れたいという気持ちを抑えられないだろう。フタバガキ科の巨木は、その樹冠が互いに触れ合うほどに成長し、森の地面に揺れるイルミネーションは、まるで終わらない黄昏のようだ。さまざまな森の動物たちの鳴き声が、個性豊かに響きわたる。野生のクジャクの求愛の呼び声、サイチョウのけたたましい声、驚いたオナガザルのガラガラ声。数万種の昆虫、数百種の鳥、十数種の哺乳動物が、この太古の森に生息する。ここは世界で生物種が最も多様な六地域の一つだ。オランウータン、マレーグマ、ヒョウなどの内気な動物たちが、ボルネオ奥地の稠密なジャングルで暮らしている。ウツボカズラ、ラン、野生のバナナ、カラフルな花をつけたワイルド・ジンジャーなどが、森の木の天辺やジャングルの地面に繁茂している。ボルネオの森は大昔から存在し、人類は四万年以上もの間、そこで暮らし続けてきた。

一八六九年、イギリス人探検家のアルフレッド・ラッセル・ウォーレス（一八二三～一九一三）は、ボルネオの雨林について彼の旅行記『マレー諸島』で次のように述べている。「どの方向に向かって歩いても数百マイルの間、壮大な森林が平地や山、岩、沼沢地などの上に広がっていた」[原注7]。彼はこう続ける。「森林には円筒形や板のような根で支えられたり、あるいは皺のある幹を持つ大きな樹木がたくさんある。また旅行者は、時にはその幹そのものが幹と気根からなる一つの森のように見える素晴らしいイチジク属の木に出くわすことがある」[原注8]。ウォーレスは川沿いを歩いてこう言っている。「美しい原生林が水辺まで達し、椰子、登攀植物、美しい樹木、シダ、あるいは着生植物が眺められた」[原注9]。

ウェールズ出身のウォーレスはチャールズ・ダーウィンと同時代の人で、一九世紀中頃に東南アジアの島々をつぶさに探検し、約二〇〇〇キロメートルを踏破した。一八五三年、三十歳の彼がロンドンを発つ前に母と姉と一緒に撮った写真がある。ひげをたくわえ、礼服を着、黒い髪を七三に分けて、鼻眼鏡の分厚いレンズの向こうからこちらをじっと見ている。この時ウォーレスは、四年間のアマゾンのジャングル探検から戻ったばかりだった。写真は、念願の東南アジアのジャングル探検に旅立とうとしている頃に撮影された。

一八五四年十一月一日、ウォーレスはボルネオ北部、壮大なサラワク川の河口に降り立った。そこで彼はホワイト・ラジャ、ジェームズ・ブルックの歓待を受けた。彼はウォーレスに、自分の家に滞在するよう勧めた。ウォーレスはサラワクに夢中になって一年以上も滞在し、人が踏み込めないような奥地を何度も探検した。彼はそこで動物学と植物学の詳細な研究を行なった。オランウータンを追い、標本コレクションに加えるために何頭かを撃った。甲虫や熱帯の蝶を採ってきてくれた現地の人たちに対価を支払った。彼はドリアンが気に入っていた。ドリアンはサラワクに自生する熱帯の果物で、とてつもない悪臭を放つことで有名だ。あまりに気に入っていたので、その素晴らしい味を体験するためだけにでも東洋へ航海する値打ちがあると読者に勧めている[原注10]。

アルフレッド・ウォーレスは東南アジアに八年滞在ののち、一八六二年にイギリスに戻った。一二万五〇〇〇もの博物学の標本を持ち帰った。甲虫の標本だけで八万を越えた。ウォーレスが探検によって一〇〇〇以上もの動植物の新種を発見したことは、科学への多大な貢献であった。中でも特筆すべきは、ウォーレストビガエル（Wallace's flying frog）と名づけられた、木々の間を滑空するカエルである。[原注11]雨林の高い木の上に生息し、足の指の間の膜が発達したために空中を二〇メートルも滑空することができる。

ウォーレスは、なぜボルネオに動植物の種類が多いのかを分析し、生物種の多様性の起源に関する理論を発展させた。それはチャールズ・ダーウィンの研究と酷似していたが、ウォーレスは独自でその結論に到達している。サラワク滞在中の一八五五年に論文を執筆し、のちに進化の「サラワク法則」と呼ばれる理論を打ち立てた。その理論によれば「あらゆる種は、以前に存在していた類縁の近い種と空間的にも時間的にも重なりあって出現する」[原注12]。ウォーレスはその後さらに三年間東南アジアで研究を続け、自然選択こそが進化を説明するものであるという結論に達し、その問題についての論文をチャールズ・ダーウィンという当時まだあまり知られていなかったイギリス人研究者に送った。ダーウィンはウォーレスより十四歳年上だった。

その二十年前、ダーウィンは帆船ビーグル号に乗り、伝説的とも言える南半球の探検を行なっていた。彼はガラパゴスで採集した膨大な数の研究素材を分析し、自然の法則が生物多様性の原因であり、聖書に書かれているような天の創造主によるものではないという画期的な結論を導き出した。ダーウィンはこの自然の法則を、突然変異と自然選択による進化として説明した。しかし長年にわたって、彼はこのスキャンダラスな理論を公開しなかった。ウォーレスが自力で同じ結論に達したことを知り、公表を急ぐ必要に迫られた。

ダーウィンの求めによって、一八五八年七月一日、ウォーレスの論文はロンドン・リンネ協会〔イギリスの権威ある学術機関〕でダーウィンの自然選択に関する未発表の論文の抜粋と共に読み上げられた。一八五九年十一月（ウォーレスはまだ東南アジアにいる）、チャールズ・ダーウィンの進化論を説いた画期的論文『種の起源』が発表された。

チャールズ・ダーウィンの名前が歴史に大々的に刻まれる一方で、サラワクを旅した博物学者アルフレッド・ウォーレスは忘れ去られていった。だが生物地理学の世界で、いわゆるウォーレス線に彼の名が残っている。アジアの動物の生息地と、非常に特徴的なオーストラレーシア〔オーストラリア、ニュージーランドとその周辺の島々の総称〕の動物の生息地との境界線のことだ。またウォーレスは、別の研究においてボルネオの未来を予見している。一八七八年の著作『熱帯の自然』で、熱帯雨林の伐採とそれによる土壌浸食に警鐘を鳴らしているのだ。[原注13]

気高き未開人

ウォーレスの三十年後、イギリスからもう一人、博物学の若き熱血研究家がサラワクを訪れた。彼の名はチャールズ・ホーズ（一八六三〜一九二九）。サラワクの二代目ホワイト・ラジャ、チャールズ・ブルックの下で役人として働くためにやって来たのだ。ホーズの名は、中央サラワクの山岳部に残されている〔Hose Mountains: ホーズ山脈〕。また、主にボルネオ原産の十数種の脊椎動物も、彼の名にちなんで命名されている。数種のカエル、サル一種、ジャコウネコ類一種、鳥類二種（Hose's broadbill: アオムネミドリヒロハシとHose's oriole: スミゴロモ）などだ。これらの動物の多くは、現在レッドリストに掲載され、雨林の破壊によって生息地が消失しているために絶滅の危機に瀕している。

ホーズは英国国教会の聖職者の息子だ。ケンブリッジ大学に入学したものの、学問への熱意はさっぱりだった。そこへシンガポールの英国国教会主教であった叔父の取り計らいで、サラワクの植民地文官見習いの話が舞い込んだ。二十一歳の彼は躊躇しなかった。勉学をかなぐり捨て、ボルネオへ向かう船に乗り込んだ。ケンブリッジでやりそこなった勉強以上のことを、サラワクの雨林で学ぶことができた。彼は注意深い観察者となり、立派な動物学者となった。サラワクで九年過ごし、彼はボルネオの哺乳動物に関する本を出版した。その本は現代においても、標準的な参考文献であり続けている。[原注14]

動物王国の研究を終えると、ホーズは人間へと興味を移し、ボルネオの先住民族について詳細な人類学レポートを執筆した。のちに彼はそれを発展させ、『ザ・パガン・トライブス・オブ・ボルネオ』（*The Pagan Tribes of Borneo*: ボルネオの非キリスト教諸民族）[原注15]という二巻の本を書き上げた。ホーズはサラワクにほぼ四半世紀も滞在した。そのうち十六年間は、バラム川沿いのクロードタウン（現在のマルディ）の上級地区行政官だった。それが、この島のほとんど知られていない、そしてほとんど探索されていない地域へ入っていくきっかけとなった。

二〇世紀初頭、文明社会とのちょうど境目にあったボルネオは、うっそうとしたジャングルで首狩り族がたけり狂う、神話に包まれた島のように考えられていた。植民地主義のヨーロッパ人たちにとっては、地図上に何も書き込まれていない最後の場所だった。ジョセフ・コンラッド、H・G・ウェルズ、サマセット・モームなどの小説家は、この文明社会との境目に物語の登場人物たちをおいた。チャールズ・ホーズがサラワクの先住民族について発表した研究や出版物は、ボルネオの「未開人たち」に対する西洋人の偏見を取り除くのに多大な貢献をした。そして同時に、説得力のある別のイメージを作り出した。

サラワクのジャングルや川沿いに暮らす民族の生活を、はじめて詳述したのはホーズだ。特に彼は、バラム川流域の民族について詳しく調べている。バラム川はボルネオの奥地、現在はインドネシアとの国境のジャングルに源流のある、壮大な水系である。先住民族のイバン人、カヤン人、ケニャ人、ベラワン人、ケラビット人〔先住民族については解説を参照〕がそこに暮らしていた。ホーズは彼らのロングハウス（大きな集合住宅で、各部屋に別々の家族が住んでいる）を訪ねて、彼らの社会システム、農耕、使用する道具、手工芸品、装飾品、刺青などを研究し、彼らから戦闘や種族間の抗争の話を聞いた。特筆すべき文化的特異性は、ロングハウスの多くの住民たちが他民族の首狩りを宗教儀式として行なっていたことだった。狩られた頭蓋骨は、住居内の目立つところに名誉の象徴として吊るされた。

彼は、見識ある植民地支配者なら被支配民を理解すべきであると、固く信じていた。学歴はなかったが、学術研究に類まれな才能を発揮し、数年のうちにボルネオ研究の第一人者として世界的に認められるようになった。

ホーズは、サラワクの河川の上流に暮らす森のノマドに、特に心を奪われた。ヨーロッパ人によって一度も報告されたことのない民族で、彼は「プナン人」と呼んでいた。彼は、その民族がボルネオ最古の民族ではないかと考えていた。[原注16] 内気な森の民を、ホーズはこう表現した。「プナン人の肌はきめ細かい絹のような滑らかさで、淡黄色、人によっては深緑色をしている。プナン人は、直射日光はおろか木陰でも、明るい場所に出ることがほとんどなく、ジャングルの薄暗がりの中にいることを好む」[原注17]。

「彼らは優れたハンターで、ジャングルを歩く時には物音一つ立てない。あらゆる生き物に名前をつけていて、小さな子どもでもそれらの名前を知っている。彼らは吹き矢の名手で、毒矢を放つ正確さは、どんなに小さい獲物でも狙ったものはほとんどはずさないと言って良いほどだ。すぐれた武器の使い手ではあるが、彼らはとても臆病な民族だ。だが自衛のためになら戦うだろう」[原注18]。

「プナン人」はサラワクの他の民族と異なり、戦士でも首狩り族でもない。農耕もしないし、ロングハウスにも住まない。家畜も飼わなければボートも使わない。彼らは吹き矢で狩りをし、サゴヤシからデンプンをとり、森で採集をするだけだ。「こうした興味深い数々のことに加え、彼らはあらゆる点において理想的なまでに『紳士的』あるいは『気高い』未開人であるのだから、（……）まったく驚くほかはない」。チャールズ・ホーズは彼の言う「気高き未開人」についてこう説明する。彼らの顔立ちや姿には、「人間が飼いならすことのできない野生動物のような雰囲気」[原注19]があるが、彼らの行動には一切の無駄がなく、高いモラルによって統制されている。「彼らは誠実で無欲な人々であり（……）、きちんと理解されれば、彼らは疑いなくこの島に住むすべての未開人のうち、最も上品な民族であることが証明されるだろう」[原注20]。

　チャールズ・ホーズは、ボルネオの奥深く、文明に荒らされない自然の中で最古の人類を発見したのか？　ホーズが使った「気高き未開人」という表現は、一六七二年にイギリス人劇作家ジョン・ドライデンがはじめて使用し、それ以降、文化史にたびたび登場する[原注21]。「気高き未開人」は、ジャン・ジャック・ルソーがオリジナルと思われることが多い。ルソーは人間が生まれながらに善なる存在で、もともとは森の中に住んでいたが、私有財産や文明が作られることで道徳的に堕落していったと信じていたことで知られる。だが一七五五年に発表された論文『人間不平等起源論』の中で、ジュネーブの哲学家ルソーは「気高き未開人」という表現を一度も使っておらず、「未開の人」(*l'homme sauvage*)や「未開人」(*le sauvage*)、「野生の人」(*l'homme naturel*)という表現を使っている。[原注22]

東南アジアのジャングルに「気高き未開人」が確かに存在するという事実は、大航海時代のヨーロッパの人々の興味をひいた。それがチャールズ・ホーズの著作の宣伝のために流布された言葉だと考えるべきではない。イギリスに戻ったホーズは、没するまでずっと「プナン人」をテーマに執筆を続けた。一九二六年には、自分のボルネオ人類学研究の概要『ナチュラル・マン』(*Natural Man*)を発表した。彼の友人の教授は序文でこう書いている。「もし彼の著作の目的が、人間は平和的で善良な性質を持って生まれたという根本的に重要な事実を証明することであるならば、(チャールズ・ホーズは)人類学において革命的な学説を打ち立てたと言えるだろう」[原注23]。

しかし当時の研究者たちはそんな革命には目もくれなかった。人間の自然的善性(*bonté naturelle*)というルソーの理論をホーズが証明してみせたと考えた者は、ほとんどいなかった。だが『ナチュラル・マン』はベストセラーだった。今日でも十分に通用する内容だ。

ハンターの中のベジタリアン

ロドニー・ニーダム教授は言った。「チャールズ・ホーズはペナン人をプナン人と呼んでいたが、それは間違いだ。彼はカヤン人の女性とつきあっていた。カヤン人は、同じ地域に住むノマド全体をそう呼んでいた。曖昧母音の入ったペナン（pe-nan）が、ペナン人自身の自分たちを呼ぶのに使う名前だ」。

老教授は、自宅の居間のソファに背中を預けていた。彼はゆっくり話していても、すぐに息が上がる。だが、話すのに骨は折れるようだが、口調は至って明瞭だった。彼の表情はこちらの心配を裏切るものだった。時々彼は、厳しいまなざしで顔を私の方に向けた。彼の水色の瞳は私をじっと見つめ、私がちゃんと聞いているかを確認した。

二〇〇五年四月二十六日火曜日、彼の住む二階の窓の下では、オックスフォードの大学街ホリウェルストリートが、いつもどおりの賑わいを見せていた。腕を組んで通りをそぞろ歩く恋人たちのカバンは、専門書の重みで一様に垂れ下がっている。アジア人旅行者たちがボードリアンへと歩いていく。ボードリアンとは、オックスフォード大学の古めかしい図書館だ。通りの角にあるキングスアームズ〔オックスフォードにあるパブ〕では学生たちがビール片手に酒盛りをしていた。

英国博物館がスポンサーとなってオックスフォード大学探検隊が最初にサラワクのジャングルへと探索に向かったのは、一九三二年のことだ。[原注24] ロドニー・ニーダム（一九二三〜二〇〇六）自身も、半世紀以上にわたって雨林の民族の研究と講義をしてきた。その間、サラワクやインドネシアにフィールド調査にも何度も行った。

私はニーダム名誉教授に、移動生活をするペナン人に関する彼の研究について尋ねた。この時八十二歳だったニーダムは、肺の病気を患っていた。亡くなる一年半前だった。呼吸の一回一回が、大儀そうだった。だがそれでも、彼は最期まで科学への好奇心を持ち続け、私に手を貸してくれようとしていた。

ニーダムは二〇世紀を代表するイギリス人人類学者だ。社会人類学を学ぶ学生には、今でも彼の論文や著書は必読だ。第二次世界大戦時、ニーダムはイギリス軍の若き指揮官としてビルマ（ミャンマー）で日本軍と戦い、一九四四年、「東のスターリングラード」と言われるコヒマ〔インド北東部のミャンマーとの国境地帯の都市〕の戦いで、辛くも生き残った。戦後、彼は東南アジアを再び訪れた。今度は、マートンカレッジでペナン人に関する学位論文を書くためという、平和的ミッションだった。

ニーダムはバラム渓谷の中程で移動生活をするペナン人グループと数カ月間生活を共にし、彼らの言語も学んだ。ニーダムは彼らの名前、近親者グループの規模、習慣、人間関係、ジャングルを通り抜けるルートなどを、こまめに記録した。何十冊ものフィールドノートに、殴り書きのような文字でそれらの調査結果を書きつけた。これらは、彼の学位論文はもちろん、何本かの科学的論文の基礎を形成することになる。ニーダムの学位論文は出版されたりはしなかったが、まもなく大変な評判となった。

ニーダムはベジタリアンだったので、イノシシを常食する民族との生活は大変だった。彼がペナン人と共に暮らすフィールド研究を終えたのは、神経が参ってしまったためらしい。しかしそれでも、彼は素晴らしい思い出をたくさん作った。私にガラスのビーズがあしらわれた籐のブレスレットを見せてくれた。彼はそのブレスレットを居間の暖炉の上に飾っていた。若いペナン人の女性が、彼のために編んだものだそうだ。

ニーダムの発見の中でも特に重要なのは、ペナン人がまったく別の二つのグループに分かれているということだ。それぞれのテリトリーは、バラム川によって隔てられている。支流セルンゴ川が流れ込むバラム川の右岸（東）には東ペナン人（ペナン・セルンゴ）が暮らし、シラット川流域である左岸（西）には西ペナン人（ペナン・シラット）が暮らす。[原注25]

ここではっきりさせておくが、チャールズ・ホーズが温厚で臆病な「気高き未開人」だと言ったのは、東ペナン人のことだ。アロン・セガなどの東ペナン人は、長い間、ノマドとしての暮らしを維持し、森林破壊に対して市民的不服従（非暴力的な手段で権力者に抵抗すること）という形で抵抗を続けてきた。彼らは私の所属するブルーノ・マンサー基金が設立以来ずっと共に活動してきた民族であり、本書において「ペナン人」という言葉を使う時にも、彼らをさす。それに対して、西ペナン人はもっとオープンに闘争に関わり、外に向けての発言力も旺盛だ。彼らは雨林の「ニューヨーカー」とまで言われるほどだ。[原注26]

ニーダムは一九五〇年代初頭のペナン人の人口を二六五〇人と見積もっている。そのうち三分の二が移動生活をする狩猟採集民族だった。残りの三分の一、ほぼすべての西ペナン人は、ノマドとして暮らすのをやめ、村に定住するようになっていた。当時彼らは、「ボルネオの諸民族によくある暮らし方」[原注27]をしていた。

高齢になっても、ロドニー・ニーダムはペナン人の暮らし向きについてとても心配していた。彼は私の求めに応じ、公証人の宣誓認証を受けた宣誓供述書を提出することに合意してくれた。彼がフィールド調査をしている間に、雨林のどのエリアで移動生活をするペナン人たちを目撃したかを示す供述である。この供述書は、ペナン人の土地の権利の裁判と雨林保護のために使用する予定だ。

私が二度目にオックスフォードを訪れた時、ニーダム教授から素敵なプレゼントをもらった。ペナン人の写った数枚の白黒写真だ。サラワクのジャングルで彼が一九五一年に撮影したものである。雨林のノマドの写真でこれほどの枚数が見つかったのは、はじめてである。

それからまもなく、ニーダム教授からタイプライターできれいに書かれた一通の手紙が届いた。「体調がすぐれないために（先日あなたから頂いた手紙に）返事を書けないでいましたが、回復した暁には、私に

第二章　イギリス人社会人類学者ロドニー・ニーダムが博士論文の研究のために1951年にバラム川およびトゥトー川流域に暮らすノマド・ペナン人を撮影した写真。東ペナン人を写したものとしては知られている限り最古。

できることをしましょう。こちらにいらして頂くことは（前の二回でおわかりのように）、申し訳ないのですが、とても消耗します」[原注28]。残念なことに、この素晴らしい研究者の体調が回復することはなかった。二〇〇六年の終わりに、彼の訃報が私の事務所に届いた。

ペナン人の悲劇

二〇〇六年秋、私はロドニー・ニーダムからもらった写真と宣誓供述書をカバンに入れ、ペナン人の友人たちとその弁護士に会いにサラワクへと向かった。伐採道路を六時間ひた走り、私はペナンの村ロング・バンガンに到着した。ニーダムの写真に写っている人を探す手伝いをしてくれる人を見つけられれば、と私は考えていた。

「それは間違いなく、若い頃の私です」。古い写真をまじまじと見て、アレン・ウマイは言った。彼女は湧き立つ心を表に出すまいとしたが、その口の端からは笑みがこぼれた。「ここに証拠がありますよ。私の左腕の下のほうに刺青があるでしょ。ほら、写真の女の人にも同じところに刺青がある。良いことがいちどきに五つもあったので、五つの点々を腕に彫ったんですよ」。

彼女に間違いなかった。白黒写真の中の胸をあらわにした美しい娘と、私の目の前にいるかくしゃくとしたペナン人女性は、同一人物だ。かくして二〇〇六年九月七日はアレンにとって大事な日になった。彼女はとても嬉しそうだった。七十歳のアレンは、若い頃の自分の写真を見るのははじめてで、とても驚いていた。彼女はニーダムに会ったことも、彼のためにカメラの前でポーズを取ったことも覚えていなかった。当時彼女は、カメラとは何かも、どんなことに使うのかも、知らなかったことだろう。

アレンの写真は五十五年前の一九五一年十一月、山脈の高みに源流を持つバラム川の支流トゥトー川沿いのロング・メリナウのタム（市場）で撮影された。「当時は森で採ったものに良い値がついたものです」とアレンは言って、その証拠に口をあけて金歯を見せた。若い頃に歯医者に入れさせたものだそうだ。

私が訪れた時、アレンは六人の子どもと数え切れないほどの孫と共に、UNESCO（国連教育科学文化機関）が保護するグヌン・ムル国立公園からほんの数キロメートルのロング・バンガンで暮らしていた。村の人口は四〇〇人だ。トゥトー川下流の定住地には、黒っぽい板切れでできた高床式の質素な住居が六八棟建っている。

「見てごらん、写真の中の私が着ている服はタルンというんだよ」とアレンは子どもたちに言った。皆、彼女の周りに集まって、もの珍しそうに古い写真を見た。「自分で、木の皮から作ったんだ。ジャングルで移動生活をしていた頃にペナン・セルンゴの女はだいたいこれを着ていたよ」。若い頃の彼女は、耳たぶにぶら下がった大きな木製の丸い耳輪が自慢だったようだ。耳たぶに穴を開けるのは痛いが、長く伸びた耳たぶは、成功のシンボルと考えられていた。

そうこうする間に、ロング・バンガンの首長ウンガ・パレンが私たちの話に参加してきた。「一九六〇年、当時の首長だった私の父が定住するのに良い場所を探し、この村を作りました」と彼は言った。「定住する前に、私たちはキリスト教に改宗しなければなりませんでした。私たちが信仰していた精霊たちは、長い間一カ所に留まることを許さないだろうと思ったからです」。

サラワクがホワイト・ラジャに統治されていた頃、そしてその後、イギリス王室の植民地となった時代は、ペナン人のテリトリー全体がまだ原生林に覆われていた。この国の奥地で森林破壊が始まったのは、植民地政府が撤退してからだった。「一九八六年、伐採企業のブルドーザーが私たちの共有地にやって来ました」とウンガ・パレンは言った。首長は冷静で物事に動じない人のようだが、仲間の苦難について語るのはいかにもつらそうだった。「私たちは政府と交渉し、伐採企業に森を壊さないように頼もうとしました」とウンガは続けた。「だが私たちの言うことを誰も聞こうとしなかった。そして彼らは、私たちにはその土地の権利がないと言ったのです」。

交渉は決裂し、ロング・バンガンの村民たちは、大規模な道路封鎖をした。だがバリケードは二日しかもたなかった。伐採企業は警察と軍隊を呼び、暴力的な解決を図った。一〇〇人のペナン人が逮捕され、投獄された。首長は二週間以上も釈放されなかった。

ウンガが釈放されたのは、伐採企業のブルドーザーとチェーンソーが警察に守られながらロング・バンガンの共有林の木を切り倒したあとだった。首長にはなす術もなく、大切な巨木が次々と原生林から切り出されていくのをただ見ているしかなかった。毒矢の木もサゴヤシも、すべてが破壊された。伐採企業は当初、メランティ〔フタバガキ科の広葉樹〕やビリアン〔ボルネオ・アイアンウッドとして知られる〕〔クスノキ科の常緑広葉樹〕などの簡単に売りさばける樹種にしか興味がなかったにもかかわらず、森は皆伐された。

それ以降、村の周辺の雨林が段階的に伐採されていった。まず大木がすべて切り倒され、切られる木のサイズはだんだん小さくなっていった。河川も地下水も汚染された。かつて雨林の真っ只中にあった場所で、今はもう、まともに飲める水も手に入らない。ロング・バンガンの村民たちは、屋根の上に青い大きなプラスチック容器をおいて、雨水を集めている。容器は、伐採企業が「自主的補償」と称しておいていったものだ。

村の周辺の森の木が乏しくなると、木材王たちは戦略を変更した。森が再生するのを待たずに、森の植生をすべて一掃し、オイルパームを植えたのだ。オイルパームは利益がすぐに得られる。ガンが瞬く間に進行するように、オイルパーム・プランテーションの拡大は、近年ロング・バンガン周辺の水田に着々と近づいている。

ロング・バンガンでの出来事は、二〇世紀後半にサラワクの先住民族を襲った悲劇の前触れだった。彼らは慣習法〔慣習に基づく不文法〕上の権利を奪われ、ユニークな文化を破壊された。そこではサラワクの開発における闇の部分もすでに顕在化していた。闇の部分とはすなわち、一握りの者にだけ富をもたらす一方で、その他の者には貧困と病気をもたらすだけでなく、彼らの最も大事な所有物である先祖伝来の土地を奪うという事実である。

首長ウンガは、政府と伐採企業が将来的にロング・バンガンの共有地をオイルパーム・プランテーションに変えてしまうつもりなのではないかと、とても心配していた。彼らのもとを去る時、私は首長とアレン・ウマイに、ブルーノ・マンサー基金は彼らの村のことを決して忘れたりしないと告げ、土地の権利を主張するための訴状と共有地の地図を一緒に作成しようと約束した。

ボルネオ最後のノマド

カナダのテレビ撮影チームのヘリコプターが、皆伐された森に静かに着陸した。海岸の町ミリからリンバン渓谷の上流ロング・ギタへは、三十分もかからなかった。バンクーバーの言語学者イアン・マッケンジーはヘリコプターから降りると、プロペラの騒音から耳を守ろうと手をあて、伐採地の隅に並ぶ質素な木造小屋の集落の方へと歩いて行った。ペナン人が親愛の情をこめて「巨大な森の悪魔」と呼ぶのっぽの友人マッケンジーが、第二の故郷ボルネオに帰ってきたのだった。カメラチームが足早に彼を追いかけた。彼らの目的は、ボルネオ最後のノマドに会うことだった。[原注29]

マッケンジーは一九九三年から東ペナン人の言語を研究している。研究を始めた当初、サラワクの北東部の原生林には移動生活をする狩猟採集民族が四〇〇人ほど暮らしていた。彼らは東南アジアに唯一残った、農耕も牧畜もしない人々だったため、マッケンジーは彼らのユニークな暮らしに魅了された。ペナン人との出会いは、カナダ人研究者マッケンジーの人生を一変させた。彼はそれ以来ずっと、一年のうちの数カ月を決まってサラワクですごし、彼らの言語表現や文化的エピソードを集めた。彼はペナン人の言葉を一万五〇〇〇語以上も集め、『ディクショナリー・オブ・イースタン・ペナン』(*Dictionary of Eastern Penan*)としてまとめた。それは規模においても詳しさにおいても、先住民族の言語研究の中で異彩を放っていた。森林の植物だけで一三〇〇語以上も収録し、この雨林文化において自然がいかに重要かを示した。

マッケンジーによれば、「農民」という言葉はこの民族の中では軽蔑語であるという。彼らの生活の糧は野生のサゴヤシのデンプンだ。だが彼は、ペナン人が大昔から移動生活をしていたわけではないと考えている。もとは戦いによって定住地を追われた農民で、森の奥深くに避難先を求めたのではないかということだ。彼はこのように説明する。「手つかずの森で移動生活をする方が、定住生活よりも楽だと気づいたのだろう」。

しかしせっかくの安住の地も伐採によって森が破壊され、野生動物の数も減ってサゴヤシも育たなくなったため、長く続けてきた生活スタイルの素晴らしさを享受できなくなってしまった。二一世紀のはじめの何年間かで、最後のノマドたちは定住を完了し、イネやキャッサバを栽培し始めた。「これはみんなで決めたことだ。全員で議論し、定住することでしか自分たちの将来はないと決めたのだ。近代的な生活をすれば、彼らが望むチャンスもつかめるということだ」。

ヘリコプターを降りるとマッケンジーは、ペナン人の正義のために戦う不屈のノマド、首長アロン・セガを探した。アロン・セガたちはマッケンジーにとってサラワクの雨林に残る最後の大切なノマドであった。しかしノマドは見つからず、彼は落胆した。ごく最近、アロンもまた定住した。みすぼらしい木造小屋の集落が、今の彼のすみかだった。

「こんなことになるのではないかと思っていた」とマッケンジーは見るからに動揺しながら、カナダのテレビカメラに向かって言った。「彼らはこの二次林の中の掘立小屋の集落に定住していた。最後に彼らに会った時は、世界で最も誇り高い民族だった。彼らは農耕などしなかった。しかし今、彼らは降伏し、イネを栽培している。彼らは定住してしまった。太古から続く移動生活は終わった」。

チャールズ・ホーズが彼らを「発見」してから百二十年もたっていないというのに、長い間続いてきた移動生活は終わりに近づいている。雨林の楽園に暮らす「気高き未開人」ペナン人の暮らしは、文明社会に乗っ取られた。もはや、金銭と賃労働と私有財産のない生活は許されない。

「彼らの文化は消滅しつつあると、認めざるを得ない」とマッケンジーは言った。「私にできることは、その墓を立て、墓碑銘を刻むことだけだ。だがその墓はできる限り大きくし、墓碑銘は百万の言葉で綴りたい。私は残りの人生のすべてを、その墓碑銘を綴ることにあてよう」。

定住したアロン・セガ首長に良いことは一つもなかった。数年後の二〇一一年二月二日、彼はケガがもとの感染症で、リンバンの病院で亡くなった。貧しいまま、そしてペナン人に発展と繁栄を約束したマレーシア政府とタイブに失望したまま死んでいった。

「私が死んでも、子どもたちが森と土地の権利を守る戦いを続けるだろう」。私が彼に最後に会った時、彼はそう言っていた。実際、彼の死のわずか四週間後にリンバン川上流のペナン人、そして近隣のケラビット人とルン・バワン人が、土地の権利を巡る裁判を起こした。この歴史的瞬間の喜びを伝説の首長と分かちあうことはできなかった。しかし彼の息子メニットは、原告の一人だ。タイブ政府が彼らの土地の権利を認め、伐採許可を撤回し、残った森で彼らがもとのように暮らせるように求めた。ロドニー・ニーダムからもらった写真と彼の宣誓供述書は、この裁判で重要な証拠となるだろう。

ドゥム・スピーロ・スペーロ（生きている限り希望は捨てない）〔dum spiro spero：古代ローマの哲学者キケロの言葉〕は、サラワクのホワイト・ラジャ、ブルック家のモットーだった。この国の先住民族に残す上で、これ以上の金言はない。より良い未来と正義のために、希望は最後の最後まで捨ててはいけない。

第三章

ホワイト・ラジャ

1481年、イギリス人冒険家ジェームズ・ブルックはボルネオ島に私領地を築いた。1世紀の間、彼の一族は王としてその地を支配した。油田があり、地政学的にも魅力的なサラワクは、第二次大戦後にイギリス植民地となった。そして1963年、サラワクは新国家マレーシアに併合された。

私有王国

サラワクの近代史はジェームズ・ブルックと共に始まった。ブルックは一八〇三年、英領インドで植民地政府の裁判官の息子として生まれた。十二歳の時教育を受けるためにイギリスに送られ、十六歳の時東インド会社の傭兵として再びアジアの地を踏んだ。第一次英緬戦争〔一八二四年に起こったイギリスとビルマの戦争〕で負傷し、一八二五年にイギリスに帰った。

ジェームズ・ブルックは、ボルネオにイギリス貿易ネットワークの拠点を築くことを夢見ていた。彼の計画は、シンガポールの創設者トーマス・スタンフォード・ラッフルズ卿（一七八一〜一八二六）の業績に触発されたものだった。ラッフルズ卿は熱心な植物学者でもあり、巨大な花を持つ寄生植物ラフレシアは彼にちなんで名づけられている。[原注1]一八三六年、ブルックは父親が亡くなったために三万ポンドを相続し、好機到来と一四二トンの帆船ロイヤリスト号を購入した。何度も試験航行を行ない、一八三八年十二月十六日に六門の大砲で武装したロイヤリスト号はイギリスを出航した。一八三九年八月一日、ブルックは嵐の中、ボルネオの北海岸に上陸した。二週間後、サラワク川河口のクチンに錨を下ろした。

当時、サラワク川周辺地域はブルネイのスルタン（国王）の領地だった。「セラワク（Serawak）」という名が文献にはじめて登場するのは、一四世紀のことである。セラワクは古いマレーの言葉でアンチモンを意味する。サラワク川流域で採掘された鉱物資源の一つだ。[原注2]ヨーロッパの船乗りたちは、イバン人の海賊がいる北海岸を恐れた。そのため、武装したブルックのロイヤリスト号は、海賊たちに対抗する上で願ってもない存在であった。ブルックは、ブルネイ王に歯向かうイバン人暴徒の鎮圧にも手を貸した。戦いに勝利し、地元の有力者から支持されたブルックは、ブルネイ王から一目おかれるようになり、一八四一年九月二十四日、わずかな年貢と引き換えにサラワクの領有権を譲り受けた。[原注3]

こうしてブルックは「ラジャ」〔サンスクリット語で王侯の意〕を名乗り、一国の王となった。彼は少数のイギリス人役人たちと共にその地を支配し、その後まもなくその領地にはさらに二地域〔現クチン省のタンジュン・ダトゥと現ビンツル省のタンジュン・キドゥロン〕が加わることになる。

ジェームズ・ブルックは、地元の習慣や伝統をできる限り尊重する形で慎重に統治し、他に選択肢がない場合にのみ地元の文化に干渉したと言われている。そこが一国の創設者であり支配者であった彼の成功の秘訣であったことは間違いない。彼はとりわけ、商取引の発展、海賊行為との戦い、首狩りの廃止に心を砕いた。当時まだボルネオの先住民族、特にイバン人は、首狩りを行なっていた。一八四〇年代にイギリスを訪れた際、ブルックはヴィクトリア女王からナイトの称号を授与された。そして彼はボルネオの総領事にも任命され、彼の英雄的行動はイギリスのメディアで賞賛された。

だがジェームズ・ブルック卿の私的な支配は、サラワクの住民すべてに受け入れられたわけではなかった。特に彼は、イバン人の抵抗にあった。イバン人のリーダー、レンタップは、ブルック家の所有するスクラン川の砦を攻撃したことで伝説となった。それに対抗するため、ブルックは他のイバン人グループと手を組むというあざとい手段に出た。一八四九年、ブルックはシンガポールからイギリス海軍を呼び寄せ、サリバス〔サラワク州南西部、イバン人文化の中心地〕のイバン人と戦った。その戦いで、五〇〇人以上の先住民族が殺された。[原注4] その結果、ブルックはイギリス政府の取調べを受け、イバン人制圧のために過剰な軍事力を使用して残虐行為を行なったと非難された。

ブルックは大胆な手法で軍事的にも政治的にも功績を挙げたかもしれないが、行政や経済の面で優れていたわけではなかった。ブルックは自分の持つ莫大な資産を切り崩して、植民地統治という冒険の費用をまかなっていた。それはやがて借金へと転じていく。スティーブン・ランシマン（二〇世紀のイギリス人歴史家）によれば、一八六八年に彼がこの世を去った時、「ホワイト・ラジャ」が後継者に残したものは、「国家としての仕組みの粗雑な貧しいサラワク」だけだった。原注5

領地の拡大

ジェームズ・ブルックは財産も残さず、甥のチャールズ・ブルック（一八二九〜一九一七）のような類まれな才能もなく、この世を去った。私領地で大儲けするという彼のロマンチックな夢は、ブルネイ王や、イギリス王室などの植民地を求める勢力にサラワクの統治権を奪われるというお粗末な結末を迎えかねない有様だった。

だが次にサラワクをおさめた甥のチャールズ・ブルックは、才能に恵まれた統治者であった。地道で自制心が強く、自分自身にも被支配民にも厳格な態度だった。彼はいろんな意味で叔父とは正反対だった。イギリスで育ち、サラワクにやって来たのは二十三歳の時だった。それから数年間、他に一人のヨーロッパ人もいないサラワク奥地の私領地で叔父を手伝った。

叔父が亡くなると、彼は植民地統治という実験を受け継ごうと決意した。三十九歳のチャールズ・ブルックは二代目ラジャを名乗り、サラワク政府を引き継いだ。

彼が執務を受け継いだ時、この若き国家の拡大の時代が始まった。二代目ラジャとしてのチャールズ・ブルックの最大の功績は、一八八八年にサラワクをイギリス王室の保護領とする条約を締結したことだった。サラワクを狙う諸外国からイギリスが守ってくれるので、二代目ラジャは国内問題だけに専念することができた。

チャールズ・ブルックは叔父の手がけた領地拡大を引き継ぎ、優れた外交手腕でブルネイ王から北部に新たな領地を手に入れた。広大なバラム川流域（一八八一年）、そしてトゥルサン川流域（一八八四年）、リンバン川流域（一八九〇年）、ラワス川流域（一九〇五年）が次々と領地に加わった。最終的にサラワクはブルネイの領地を囲む形になり、一九〇五年までに領地の拡大は終了した。チャールズ・ブルックが支配するボルネオの領地は面積一二万四五〇〇平方キロメートル（イングランドとほぼ同じ面積）となり、サラワク川流域時代から驚くべき規模に成長していた。

サラワク経済の発展のために、二代目ラジャは地元の貿易商やビジネスマンたちを尊重し、ヨーロッパ人資本家たちがプランテーションのために広大な土地を買い上げていかないようにした。サラワクとの貿易を許された唯一の外国企業は、ボルネオ・カンパニー（ボルネオの鉱物資源を扱う一八五六年設立の貿易会社）だった。一九世紀の終わりに東南アジア一帯には広大なゴムのプランテーションが作られたが、二代目ラジャはこの投機バブルに慎重な態度をとった。「ゴムという名前を聞くのもイヤだし、この巨大なギャンブルを見ているのも嫌いだ（……）」。もしいくらかでもゴムのプランテーションを作らなければならないなら、地元の小規模農家に任せたいと彼は思っていた。

チャールズ・ブルックは、一九世紀末に他の多くの植民地で行なわた帝国主義的な搾取に反対だった。そのため、彼は進歩的な支配者としての名声を得た。ベルギー王レオポルド二世のアフリカにおける残虐行為〔ゴム・プランテーションで先住民族を酷使し、生産量が少ないと手足切断などの罰を与えた〕に心を痛め、彼は「コンゴ統治のようなことはサラワクでは許されない」と宣言した。[原注6] 彼は植民地支配者による貪欲な投機や搾取を見聞きするたびに、それを批判した。「すべての人種が等しく、誠実かつ公正に保護されるべきだ。特に弱者は保護されるべきだ」。[原注7] 一方で二代目ラジャは、サラワク政府の統治基準が「先住民族の利益」となるべきと考えた。すべての人種でなく、先住民族を優遇する姿勢を示したのだった。

ブルックの植民地統治に対するこうした考え方によって、彼のサラワク支配は諸外国から容認される結果となった。ブルック家は自分たちがサラワクの人々の単なる管財人としてサラワクをおさめているのだと公言した。[原注8] 二〇世紀になると、チャールズ・ブルックは約三〇人のヨーロッパ人と現地で採用した主にマレー人で構成される数名の役人と共に、サラワクを統治していた。チャールズ・ブルックは、サラワクを世界市場に性急に開けば、常に足元のおぼつかない彼の権力が脅かされると恐れていたのではないだろうか。

ブルック一族支配の終焉

こうした経済的・政治的孤立政策は、三代目ラジャ、チャールズ・ヴァイナー・ブルックによって継承された。先代である彼の父は、一九一七年に死去した。この時点においても、ブルック家は依然として慎重な統治を行ない、地元の利益と自分たちの利益のバランスを保っていたので、サラワクの人々から尊敬を集めていた。だが彼らの犯した最大の失敗は教育であった。彼らが統治している間、教育問題はおざなりにされていた。一九三〇年代初頭に教育省が設置されたが、費用がかかるという理由で数年後に廃止された。学校教育は、宣教師会などの民間団体に完全に任されていた。そのため、サラワクの民衆で適正な教育レベルに達している者は、ほとんどいなかった。独立が議論されるようになった時、その論争に加われるものはごく少数だった。

一九四一年に憲法が制定され、二院制議会が導入された。それによってブルック一族の独裁政権が終わり、一族の権力の独占が制限されていくことになる。その頃にはもう、三代目ラジャは面倒なサラワク統治に興味を失っており、イギリスですごす時間の方が多くなっていた。実際、彼にはラジャの地位を譲る息子がいなかったので、独裁者としての特権を放棄するなど彼にとっては簡単なことだった。さらに、彼は甥のアンソニーとは仲が悪かったため、アンソニーにラジャを譲ることは避けたかった。ヴァイナーは大金と引き換えにサラワクをイギリス王室に譲れないものかと頻繁に考えるようになっていた。その計画には、派手好きな妻シルヴィアも賛成していた。[原注9]

憲法が制定されたことによって、サラワクの地元エリート――特にマレー人――がはじめてブルック一族の政府に参画した。だがこの新ルールは長続きしなかった。一九四一年十二月、新憲法が制定されてわずか三カ月で日本軍がサラワクを侵略し、三代目ラジャの政権は突然終わりを迎えた。第二次世界大戦が太平洋に拡大していた。

戦後、ボルネオは連合軍に再占領され、クレメント・アトリー首相率いるイギリス新政府は一九四五年、ブルック一族がもはや寿命を迎えていると断じ、サラワクをイギリスの直轄植民地にすることを決定した。イギリスにとって、ミリとブルネイの油田は戦略的に重要だった。[原注10]さらにインドネシア独立運動は、東南アジアにおけるイギリスの利権を脅かすものと考えられた。

チャールズ・ヴァイナー・ブルックは、もし彼自身の懐に大金が入るなら、サラワクをイギリスに譲渡しても良いと考えていた。その時、ダトゥ〔王から与えられる貴族の称号〕と呼ばれる地元の有力者たちは、まだブルック一族に服従していた。一九四一年憲法によって大きな影響力を得ていた彼らは、サラワクを統治していたブルック一族の重要な腹心だった。ヴァイナー・ブルックはある計画を立てた。一九四五年十二月にヴァイナーの元秘書がサラワクを訪問し、イギリスへの譲渡に賛成するようダトゥたちを説得したのだ。彼の荷物の中には、五万五〇〇〇ポンドの賄賂が入っていた。計画はうまくいったようで、なかなか落ちなかったダトゥたちも、称号の授与と、クチン沖の三つの島のウミガメの卵〔食用として珍重されていた〕の独占権で懐柔された。[原注11]

かくしてサラワクは、一〇〇万サラワクドルでイギリスに譲渡されることになった。三代目ラジャにとって、もはや何の障害もないように思えた。だがブルック一族がサラワクを去ると発表すると、嵐のような抵抗運動が巻き起こった。特に多くのマレー人は、イギリス植民地になれば彼らの特権的地位がどうなるかわからないと不安に思った。さらに贈賄の情報が世間に漏れ、譲渡そのものの合法性に対する疑いが広がった。すでにイギリスに住んでいた三代目ラジャはクチンに赴き、憲法に従って新議会の投票に参加せざるを得なくなった。一九四六年五月末に、譲渡法案がサラワク議会で可決され、サラワクのイギリス植民地化は動かしがたい事実となった。ブルック一族の支配は終わった。[原注12]

政治　抵抗運動　そして二つの殺人

一九四六年七月一日、黄・赤・黒の三色をあしらったブルック家の旗が降ろされ、替わりにユニオンジャックが掲揚された時、クチンの通りという通りには人っ子一人いなかった。新たな統治者に対するサラワクの人々の態度は、冷淡なものだった。イギリスの東南アジア特別弁務官が出席するセレモニーに、イバン人の代表者は誰も出席しなかった。マレー人の代表ダトゥ・パティンギ〔アバン・ハジ・アブディラ。ブルック家統治下のクチン市長の息子。ダトゥ・パティンギはその称号〕は欠席の詫び状を送り届けた。[原注13]さらにヨーロッパ人と華人以外は、ブルック家のアスタナ宮殿〔一八七〇年に二代目ラジャがクチンに建てた公邸〕で催された夜の園遊会に、ほとんど誰も出席しなかった。伝説の東南アジア地域連合軍総司令官ルイス・マウントバッテン伯爵〔イギリスの貴族。第二次世界大戦末期にビルマで日本軍に対し戦果を上げたことが評価されている〕が出席したというのに。

マレー人やダヤク人〔イバン人を含む〕の多くはまだ、ブルック家に好意を持っていた。[原注14]最後のラジャの甥アンソニー・ブルックがラジャの地位を継いで、イギリスに占領されたサラワクを取り戻してくれるのではないかと希望を持っていた。多くの人のアンソニー・ブルックに対する崇拝は、ほとんど信仰のようなものだった。[原注15]彼への支持があまりに大きかったので、サラワク州知事となったチャールズ・アーデン・クラークの初仕事は、一九四六年十一月にアンソニー・ブルックをサラワク入国禁止にすることだった。

これは、このあとイギリスに降りかかる諸問題の端緒にすぎなかった。一九四七年四月二日、サラワク政府で働く三〇〇人以上のマレー人職員が新植民地政府への抗議で一斉に辞職した。その多くは経済的に大きな犠牲を払っての行動だった。[原注16] マレー人の新知識階級が支える運動は、単にロンドンの統治に抵抗するだけでなく、最終的にはサラワクの自治権獲得を目指していた。

一九四九年の終わり、若き活動家がサラワクのイギリス人新知事ダンカン・スチュワートを、到着早々に刺殺するという事件が起こった。イギリスは厳しい措置をとり、主犯者と共犯者を公開絞首刑に処した。この暗殺劇とイギリスの措置はサラワク中に衝撃を与えた。その後、イギリスによる警察の取締りが強化されたことも手伝って、植民地化反対運動は突然、崩壊した。

一九五一年初頭、アンソニー・ブルックはロンドンのイギリス枢密院に、連合王国へのサラワク譲渡に対する異議申し立てをした。[原注17] 彼の申し立ては却下されたため、彼はサラワク統治権の放棄を公式に発表し、彼の支持者に対してイギリス統治を認めるよう求めた。アンソニー・ブルックはこれ以降ずっと平和活動家としてすごし、二〇一一年、ニュージーランドにおいて九十八歳で死去した。[原注18]

首長の長い演説

一九六二年一月、オヨン・ラワイ・ジャウ首長（一八九四〜一九六八）は、ロング・サンで行なわれた集会で六時間以上もの演説をした。ロング・サンは、北サラワクの大河バラム川の上流にある小さな集落である。聴衆はバラム川流域の首長たちや稲作で暮らす人々で、皆、ロングハウスの木のベランダに腰掛けて、辛抱強く首長の話に聞き入った。サラワクがイギリス領になって十六年、オヨンはケニャ人、カヤン人、ペナン人に対し、この国の将来について議論しようと呼びかけたのだ。

オヨンの鋭いまなざし、ヒョウの歯の耳飾り、長い耳たぶから下がる真鍮の輪、ケニャ人伝統の麦わら帽子によって、バラム川流域先住民族の総首長（テメンゴング）としての特異のカリスマ性が誇示されていた。イギリス植民地政府も、影響力を持ったこの演説者に特に一目おいており、忠実な同志と見なしていた。日本による占領が終わりに近づいた一九四五年、彼は一〇〇〇人近くの戦士を招集して連合軍がバラム地域を再占領する手助けをした。その返礼として一九四七年十一月、チャールズ・アーデン・クラーク知事はオヨンに大英帝国勲章の第五勲位が与えられるように取り計らった。[原注19]

オヨンが演説することになったのは、イギリス政府がサラワク、北ボルネオ（現在のサバ州）、シンガポールをマラヤ連邦（マレー半島九州、ペナン、マラッカによって一九四八年に結成された）に併合し、マレーシアと呼ばれる新国家として独立させる計画を持っていたからだった。この計画を提案したのは、マレー人の政治的リーダー、トゥンク・アブドゥル・ラーマン。一九五七年に独立したマラヤ連邦の首相であった。トゥンクの「マレーシア計画」は、サラワクで激しい論争を呼んだ。多くの者は不賛成だった。

オヨン首長は計画に対する不快感を隠さなかったが、バラムの先住民族に対しては婉曲な表現を用い、サラワクのマレーシアへの併合が悪いアイディアだと言った。彼はイギリス植民地政府を賞賛した。ブルック一族と違って、イギリスは先住民族の生活向上を助けたと言った。「ブルック家統治下では、私たちはほとんど何も知らされないままで、私たちを教育する者もいなければ導く者もいなかった。それと比べて、今、私たちは保護され、安全を感じられる。戦後、サラワクが植民地になってからのことだ。新政府が私たちの生活向上や農園の改善を指導してくれたからだ」[原注20]。

彼は、一九五七年にイギリスから独立したマレー半島を、果樹園にたとえた。その果樹園は木々が高く生長し、花が咲き乱れ、果実がたわわに実り、ビリアン（アイアンウッド）の頑丈なフェンスで守られている。それに比べてサラワクは、木を植えたばかりでまだ実っていない、もろい竹のフェンスで囲まれた農園だ。トゥンク・アブドゥル・ラーマンはサラワクの若い農園を彼の大農園に組み入れようとしている。サラワクのもろいフェンスを、頑丈なビリアンのフェンスの中に入れるのだ、と彼は言った。「これが良いアイディアのように思えても、私は賛成できない。なぜ賛成できないのか？ 大木の下に低木を植えれば何が起こるかは、言うまでもない。大木の陰で日差しがさえぎられ、荒れ放題だ。育ちはするが、間違いなく実はならない。早晩、どちらかを間引かなくてはならなくなる。両方が生き残ることはないのだ」[原注21]。

たとえ話の意味するところは明白だった。マレーシアへの併合で、やがてはサラワクの先住民族のおかれた状況が悪くなり、クアラルンプール〔当時のマラヤ連邦の首都〕の支配下で苦しむことになるのをオヨンは恐れているのだ。トゥンク・アブドゥル・ラーマン首相の政府よりはイギリスの方が、サラワクの発展のためになると彼は考えていた。「トゥンクの提案を嫌っているのではない。私たち、サラワクの上流に暮らす民族に関しては、うまくいかないだろうと言っているのだ。農園を守るためにイギリスの力がまだ必要だ。水をやり、肥料を撒き、実をつけるまでには、まだたくさんの課題が残っているのだ」[原注22]。

オヨンが望んでいたのは、サラワクの独立でもなければ、マレーシアへの併合でもなかった。あと十五年間、イギリスがサラワクに留まってほしいと思っていた。彼はサラワクの先住民族の行く末が危険にさらされていると強調した。「私は、この国と子どもたちの未来が何よりも心配だから、こういうことを言っているのだ（……）。私たち自身のことではなく、子どもたちや孫たちのことを考えなくてはいけない。ほんの数ドル、ほんの少しの物と引き換えにサラワクを売りわたしてしまう者たちとは仲間になれない。私がこんなことを言うのは、わが民族の行く末が心配だからだ」[原注23]。サラワクの多くの先住民族は、テメンゴングと同じ恐れを抱いていた。マレーシアに併合されても得るものより失うものの方が多い。イギリスには留まってもらいたい。もしくは先住民族の権利を守る盾になってもらいたい。「父親から追い出された子どものように心細い」と、バラム地域のあるカヤン人首長が言った[原注24]。しかし多くの者は途方に暮れ、マレーシア計画をどう考えて良いかわからなかった。

ボルネオに派遣されたイギリス人銀行家

オヨンの演説から一カ月後の一九六二年二月十九日、元イングランド銀行総裁キャメロン・フロマンティール・コボルド率いるイギリス政府調査委員会がサラワクを訪れた〔イングランド銀行はイギリスの中央銀行〕。

コボルド男爵は、生粋のイギリス紳士だ。ロンドンで生まれ、イートン・カレッジ〔ロンドン郊外の名門私立中高等学校〕で教育を受けて、ケンブリッジ大学卒業後イングランド銀行に入行、最終的に総裁を十二年務めた。彼の人生は、大英帝国における変動するポンド相場の安定化と金融政策に捧げられた。一九六一年末に退職し、シティ・オブ・ロンドンでの使命は終わった。

そうしてコボルドは、縞柄のスーツに山高帽から探検帽へと衣装替えし、マクミラン首相の使節としてボルネオに旅立だった。調査委員会は、コボルドの他、イギリス人メンバー二人とマラヤ連邦代表者二人で構成されていた。調査内容は、マラヤ連邦、シンガポールと共に新国家マレーシアに組み入れるというイギリスの計画について、サラワクと北ボルネオの住民たちがどう思っているかということだった。厳密に言えば、この調査の結果は重要なものではなかった。コボルドが使節として送られるよりも前に、イギリス政府はすでにクアラルンプールとの間で秘密裏にサラワクと北ボルネオを新国家に加えることに合意していたからだ。

だがコボルド委員会は、この命令を真剣に捉えていた。調査団は二カ月かけてボルネオ中を回り、都市と農村の中心地三五カ所を訪問して、五〇回の公聴会を開催した。コボルドの部下は公聴会に訪れた四〇〇〇人以上（六九〇グループ）のマレーシア計画に対する意見を几帳面に記録した。委員会はまた、二二〇〇通の意見書も受け取った。[原注25]

それらの意見は、四〇以上もの民族グループを擁するサラワクの厳しい分裂状態を表わしていた。海岸付近の地域に住み、人口の四分の一を占めるムスリム・マレー人とメラナウ人〔先住民族については解説を参照〕の大多数は、マレーシア計画に賛成だった。彼らはトゥンク・アブドゥル・ラーマンの下、マレー人が作る新国家で自分たちが政治的影響力を行使できるという希望を持っていた。人口のもう四分の一を占める都市部の華人の大半は、マレーシア計画に反対だったが、全員が反対というわけではなかった。ほとんどがキリスト教徒である奥地の先住民族は、意見が割れていた。オヨン首長のようにイギリスが留まってくれれば良いと願っている者もいれば、イギリスの撤退は単なる時間の問題だと思っている者もいた。後者は、将来の権力バランスと折り合いをつけるしかないと思っていた。

コボルド報告書は一九六二年六月末に完成した。サラワク住民の三分の一はマレーシアへの併合に賛成、三分の一はサラワク市民を守るための方策を求めていた。そして最後の三分の一はマレーシア計画に反対で、サラワク独立かイギリス統治の続行を望んでいた。

ロンドンではすぐに決定が下された。第一に、もはやマクミラン政権は東南アジアに植民地を維持するのが困難であった。第二に、イギリスは植民地を独立させるように国際的圧力を加えられていた。ロンドンはまた、イギリスが所有する北ボルネオをインドネシアが併合するかもしれないと恐れていた。初代大統領スカルノ政権下の新興国インドネシアは、東南アジアにおける共産主義の入り口となりうる危険があると見られていた。

こうした懸念は、一九六二年十二月にインドネシアの支持を得た共産主義グループがブルネイ王に反乱を起こし、ブルネイの油田をコントロール下におさめてしまったことで、さらに増幅された。イギリス空軍がシンガポールから急行し、数日のうちに反乱は鎮圧されたが、騒ぎはすでに隣州サラワクにまで広がっていた。この戦いで、反乱軍二〇人と公安部隊七人が死亡した。[原注26]

イギリス政府はここに至り、東南アジアの植民地を独立させてこの地域の政治的安定を図るための現実的解決策を必要とした。[原注27] イギリスはマレーシア計画に合意し、サラワク、北ボルネオ、シンガポールの自治権は認めないという発表をした。一九六三年九月十六日、それらの国はマラヤ連邦に併合され、マレーシアという新国家となった。首都はクアラルンプールにおかれた。シンガポールは二年間マレーシアの中にあったが、一九六五年に独立した。

マレーシアの建国から三カ月さかのぼった一九六三年六月、サラワクで州議会選挙が行なわれ、マレーシア連邦の一州となるサラワクの初代内閣もすでに決定していた。大臣たちはこの地を離れるイギリス人知事が任命した。初代州首相はステファン・カロン・ニンカン。高等教育を受けた数少ないイバン人であった。

暫定内閣の白黒写真には、スーツにネクタイ姿の一〇人の男たちが政府本部の前で二列に並んで写っている。[原注28] 新首相は前列中央の知事の隣りに腰掛け、うやうやしく手をひざの上に載せている。ファッショナブルなスーツに身を包み、二列目に立っている若い法律家が、まっすぐにカメラを見つめている。彼は通信・労働大臣に任命されたばかりだ。彼の名はやがて、サラワク中で聞かれることになる。アブドゥル・タイプ・マームド、または簡単にタイプと。

第四章

サラワクのマキャヴェリ

1963年、タイブはサラワク州の最初の内閣の大臣となった。しかしこの野心家の法律家は、さらなる出世を望んだ。叔父のラーマンと組んで、サラワクの多数派である非ムスリム先住民族を無力化した。そして彼は、最高権力者の座へとのぼり詰めた。

コネとカネ

弱冠二十七歳、政治家として何の経験もないタイブは、単なる幸運と叔父のコネのおかげでマレーシア連邦サラワク州の最初の内閣に大臣のポストを得た。オーストラリアで学業をおさめた若き法学士タイブは、裁判官になるつもりだった。子どもの頃貧しかったタイブにとって、国家権力内での手堅い地位はまさに憧れだった。叔父のラーマンが彼を政治の世界に招き入れた時、彼はイギリス植民地政府の次席検事として働いており、裁判官への道の途上にいた。

アブドゥル・タイブ・マームドは、ミリに程近いカンプン・メルバウで一九三六年五月二十一日に生まれた。シェルで働く大工の子で、一〇人兄弟の一番上だった。現在のロイヤル・ダッチ・シェル・グループに属するアングロ・サクソン・ペトロリアム（当時）は、一九一〇年にミリ郊外で石油を掘り当てた。南シナ海に流れ込むバラム川河口から数キロの地点だ。それがきっかけとなって、小さな海岸の町ミリは好景気に沸き、仕事を求める人々が流れ込んだ。かなり遠方からやって来る者もあった。ミリから西に二〇〇キロメートルのムカーという小さな町のメラナウ人ムスリム・コミュニティにルーツを持つタイブの家族もそうだった。

一家は、タイブの曽祖父がブルネイ王立裁判所で働いていたことがあるという事実だけを頼みにしていた。だが、曽祖父の築いた財産はとっくに使い尽くされていた。[原注1] タイブは中等教育を受けるために、母親の弟ラーマン・ヤクブ叔父さん――「ラーマン」として知られている――の援助を受ける必要があった。

ラーマンはイギリス植民地政府の役人の職を得ていた。彼は一九四九年に、甥がシェルの奨学金を受ける手はずを整えた。

タイプは若い頃から出世に必要なのはコネとカネだと知っていた。そしてその二つの重要な要素こそ、彼があっという間に東南アジア一の大金持ちにのし上がる原動力だった。

十三歳の時タイプはクチンに移り、そこでカトリック宣教師会が運営するセント・ジョセフ・スクールの中等学校を卒業した。さらに一九五六年、優秀だった彼はコロンボ計画〔スリランカの首都コロンボで開催されたイギリス連邦諸国の外相会議で提唱され一九五一年に発足した「南および東南アジアの共同経済開発のための計画」〕の奨学金を得て、南オーストラリアのアデレード大学法学部に進学する。[原注2] 彼は、本当は医学が学びたかったと、後年語っている。しかし叔父のラーマンが法律へと彼を導いた。結局、ラーマンの助言が正しかった。彼もまた、イギリスのサザンプトン大学で法学士の学位を取得していた。

愛するアデレードよ

タイプはイギリスでなくオーストラリアに行けることが嬉しかった。彼はお堅いイギリス人よりも、率直なオーストラリア人の方が好きだった。彼にとってアデレードは、まさに夢のような場所だっただろう。教育、繁栄、そして大都会の生活が、そこにはあった。彼はそこで、一九五〇年代のアメリカン・ファッションとも出会った。もっともアメリカの流行は、オーストラリアの学生街に少し遅れて伝わってはいたが。彼はアデレードでパイプをふかすことを覚えた。このパイプは、のちにサラワクで彼の通人《つうじん》としてのイメージ作りに役立つことになる。アデレードで彼は、最初の妻となるライラとも出会う。ライラとは一九五九年、まだ二人とも学生だった時に結婚し、一年後に女の子を儲ける。

タイブはアデレードや母校に対し、ずっと郷愁を覚えていたようだ。そうでなければケチで有名なタイブが、アデレード大学に何百万オーストラリアドルもの寄付を何年にもわたってしたりするだろうか。彼が多額の寄付をした組織の中に、同大学環境法センターも入っているのだから、皮肉な話だ。[原注3] アデレード大学はタイブに感謝の意を表して名誉博士号を授与し、二〇〇八年には大学内の中庭の一つに「タイブ・マームド・サラワク州首相庭園」と名前をつけた。[原注4] タイブはまた、アデレードの全オーストラリア大学国際同窓生会議の理事もしている。彼が唯一公表している、オーストラリア財界とのコネクションである。

アデレードには、タイブ一族が——公式に——所有する最も有名なビルがある。一八階建てのヒルトンホテルだ。南オーストラリア州都アデレードで最も高い建造物の一つである。会議場所として、アデレードのエリートに人気がある。そして一〇〇〇万ドル以上の価値がある。ここで会議をする団体の一つに、オーストラリア・マレーシア・インスティテュートがある。オーストラリア政府が後援する組織で、二国間の関係を向上させるのが業務だ。ヒルトンホテルを経営している企業の所有者は誰だろうか？　社名はサイトホスト有限会社といってタイブの四人の子どもたち、二〇〇九年に死去した彼の妻ライラ、そしてガーンジー〔タックスヘイブンとして知られるイギリス王室属領の島〕にある聞いたことのない金融機関が、同じ持ち株数で株式を所有している。だがおそらく、その金融機関の背後にはタイブ自身がいるのだろう。[原注5]

リトアニア難民のライラ・シャレキは、ボルネオから来た意欲満々の若い学生が、やがて自分に莫大な富をもたらすとは想像もしていなかったろう。彼らは出会ってすぐ、熱烈な恋におちて結婚した。ライラは一九四一年、第二次世界大戦が激しさを増す中、ヴィリニュス〔リトアニアの首都〕で生まれた。ヴィリニュスははじめにロシア、のちにドイツに占領される。ライラは戦後、八歳で難民船に乗って両親と共にオーストラリアにわたった。[原注6] 彼女の父方の祖父はヴィリニュスのモスクでムエジン〔イスラム教の祈禱の時刻を知らせる職〕をしていた。ポーランド系リトアニア人の少数民族リプカ・タタール人〔一四世紀初頭にリトアニア大公国に移住したタタールを起源とする民族集団〕だった。[原注7] 彼女の父親は若い頃、ポーランド軍将校だった。大戦で生き残ったラッキーな少数派だ。一九四三年、他の者たちがまだ前線で戦っている最中に、ライラの父アブ・ベキル・シャレキは、当時ナチス支配下にあったウィーンで医学を学ぶというめずらしい特権を享受した。オーストラリアに移住してから、彼は診療所を開業し、長年にわたってオーストラリア・ムスリム協会の会長を務めた。[原注8] ライラの母親は、一九五二年にアデレードで死去した。[原注9]

後年の写真を見ると、ライラは数々の公式行事において夫の隣りで満面の笑みをたたえている。夫――彼女よりもかなり背の低い――のおかげで巨万の富を手にした彼女だが、子どもの頃は不安定な生活で苦労が多かった。

彼らは一九五九年一月十三日にアデレードのモスクで式を挙げた〔ライラは十八歳にもなっていなかった〕。アデレードのリトル・ギルバート・ストリートに建つ、オーストラリア最古のレンガ造りのモスクだ。一八八〇年代に、オーストラリア内陸の砂漠地帯をラクダで旅するアフガニスタン人キャラバン隊が建てたものだ。第二次世界大戦のあと、このモスクは、東南アジアから来た学生が戦争で破壊されたヨーロッパから移住したムスリムと出会う場所だった。ここでは誰もがすぐに顔見知りになる。タイブはいつもビクビクしているライラとそこで出会った。ライラはそのすぐあとに、医学の勉強を始めた。彼女は一九六〇年九月に女の子を出産し、亡き母と同じジャミラという名前をつけた。

アデレードで、タイブとライラはヒッジャス・カツリとも出会った。シンガポール生まれで建築を勉強している学生だった。彼もタイブ同様、コロンボ計画の奨学金でアデレードに来ていた。[原注10] 後年、カツリはクアラルンプールにおいて、マレーシアで最も有名で最も成功した建築家となる。サラワク州との公共事業契約のおかげであった。二十年後、彼はライラとタイブのために、クチンにデマク・ジャヤ・パレス〔クチンのデマク・ジャヤにあるタイブ夫妻の住まい〕を建てる。この頃にはもう、貧しかった時代ははるか彼方だった。

大学を卒業してすぐの一九六一年、タイブは南オーストラリア州最高裁の七十五歳の裁判官ハーバート・マヨ卿のアシスタントの職を得る。一年後、彼はアデレードの最高裁で、アジア人初の裁判官となった。タイブが最高裁図書館で裁判官のカツラの試着を許された時、ライラは見物に行っている。[原注11]

サラワクへの帰国

それでもなお、ボルネオ出身の若き法学士はふるさとを忘れなかった。一九六二年一月、オーストラリアに旅立って六年後に、彼は妻子を伴ってサラワクへと戻っていった。サラワクでは、マレーシア連邦の独立に関する議論が始まっていた。

叔父のラーマンは、今や遅しと甥を待っていた。彼の計画にタイブが必要だった。自らの野心を果たすために新政党を結成しようという計画だ。しかし、まずはタイブに職を見つけてやらなければならなかった。ミリの次席検事という職は、オーストラリアから帰ったばかりの彼にはうってつけだった。八年前ラーマンはイギリス植民地政府の役人によって、同じ職で不採用にされたが、時代は変わっていた。タイブはその職を得た。

ラーマンは一九六一年、バルジャサ〔Barisan Rakyat Jati Sarawak：サラワク先住民族戦線〕という名のムスリム民族主義政党を結成した。そしてタイブはラーマンのために活動することになった。彼ら二人は州政府の仕事をしながら裏で活動するために、党首の座は他の者に割り当てた。[原注12]クアラルンプールの政権与党はタイブの叔父ラーマンを同志としてこの上ない人物と考え、全力で応援した。[原注13]「ラーマンとタイブは、のちに初代マレーシア首相となるトゥンク・アブドゥル・ラーマンのお気に入りだった」と、一族を知るある者――匿名を希望した――は回想する。

サラワクは、熱心なキリスト教徒をルーツに持つ非ムスリム先住民族の人口が、華人同様に多かった。高い教育を受け、マレー人のために働く若きムスリム知識人の代表であるラーマンとタイブは、当初からクアラルンプールにとって素晴らしいパートナーであった。バルジャサはイギリス植民地政府に対抗することを目的としていた。が同時に、サラワクでの華人の影響力を減退させることも目的としていた。バルジャサの作った「サラワクの民族」のリストに、華人が入っていないことがその事実を物語っている。[原注14]

ラーマンは一九六三年半ばに権力を掌握する計画だった。第一回普通選挙が一九六三年四月から六月までの間に行なわれた。サラワクがマレーシアに併合される前で、イギリスの監督下の選挙だった。[原注15]ラーマンは選挙に打って出た。サラワクがイギリス植民地から脱し、マレーシア連邦の一州となるための暫定内閣で、初代州首相になるつもりだった。しかし事態は思うようにいかなかった。当選どころか、ラーマンは大敗を喫した。勝利したのはイバン人だった。サラワク最大の民族集団イバン人に、州首相の座を奪われてしまった。

こうなれば計画変更だ。タイブの人生ががらりと変わったのは、この瞬間だった。辞職するイギリス人サラワク知事が州議会議員を三人指名できる権限を行使することになった。そこに落選した者は入れないことになっていた。そこでラーマンの代わりにタイブがリストに加えられた。[原注16]タイブにムスリム知識階層を代表させ、同時に通信・労働大臣に就任させようという目論みだった。

マレーシア建国二カ月前の一九六三年七月二十二日、タイブは入閣を果たした。[原注17]叔父のあと押しとまったくの幸運のおかげで、二十七歳のタイブは歴史的出世を果たし、権力を手に入れた。彼は即座に権力者の地位に馴染んでしまい、まもなくもっと大きな権力を手に入れたいと思うようになる。

「つけ上がって得意になっている」というのが、若い夫婦タイブとライラのクチンにいた当時を知る人たちの評価である。

タイブはサラワクでヨーロッパ人の妻をひけらかした。彼らはクチンで最初の、自家用車を持つ人となった。黄色のオペル・レコルトだ。海外で教育を受けた上に、政界で急速に出世したタイブは、のぼせ上がっていた。異常なほど上昇志向の強くなったタイブは、叔父の影に甘んじるなどまっぴらだと思った。だが叔父のカリスマ性、人気、話術は、タイブの及ぶところではなかった。サラワクの選挙で落選してから、ラーマンはクアラルンプールで政治家として返り咲き、連邦政府の大臣になるのにさほど時間はかからなかった。

「タイブと違って、ラーマンは聴衆の心を動かして涙を誘うのがうまかった」とクチン出身のあるマレー人は回想する。「それに彼はタイブよりもずっとコーランを良く知っていて、クチンのグランド・モスクでは礼拝の導師もやっていた。タイブには絶対に無理だ」[原注18]。ラーマンは社交家で、たくさんの友人（そして数え切れないほどの情婦）がいた。タイブはエリート意識が強く、政治的な意味で自分の役に立つと思える者としかつきあわなかった。

タイブは、友人が少なかった分、家族の絆を強めることでそれを補った。父亡きあと、タイブは長子として九人の弟妹に責任を負っていた。中でも一九五七年生まれの末っ子の弟アリプは、タイブの娘より三歳しか年かさでなかった。年少の弟や妹には、大臣の給与から慎重に計算して小遣いを与えた。そのかわりに、彼は服従を求めた。時々、言いつけを守らない者に籐のムチをふるった[原注19]。

一九六七年末には出世にわずかな蔭りが見えたものの、タイブはサラワクとマレーシア連邦政府とあわせて五十年以上も大臣の座に居座り続けた。それは二〇一四年三月に州首相を辞任してサラワク州知事になるまで続いた。この間、彼はとてつもない権力を得て、伝説的な富を築き上げた。そして多くの人が認めるように、マレーシア最悪の汚職政治の中心だった。彼は一九六三年の独立時から近年に至るまで、大臣としての経歴を保持し続けたマレーシアでただ一人の政治家だ。彼は六人ものマレーシア首相が就任し辞任していくのを見てきた。だが彼自身は、ずっと大臣で居続けたのだった。

サラワク州内閣の若輩者

一九六三年九月十六日は、待ちに待った日だった。この日、クアラルンプールでの壮麗なセレモニーと共に、新国家が誕生した。サラワクとサバ、シンガポール、そしてマラヤ連邦の一一州は合併され、マレーシアとなった。「神がマレーシアを祝福せんことを願う。人民に恒久の平和と幸福のあらんことを」。「マレーシア・デー」演説において、新国家建国の父（バーパ・マレーシア）トゥンク・アブドゥル・ラーマン首相はそう言った。その前日、最後のイギリス人知事アレキサンダー・ウェイデルは、サラワクの首都クチンで催されたささやかな式典で別れを告げ、ロンドン行きの船に乗り込んだ。[原注20] ボルネオで彼の白い制服と羽飾りのついた熱帯帽が見られたのは、これが最後だった。

サラワクの新しい州首相は、ステファン・カロン・ニンカン。先住民族イバン人だ。四十三歳の彼は、高等教育を受け、行政に携わったことのある数少ないイバン人だった。彼は警官や教師などの他、シェルがブルネイで経営する病院に勤務したこともあり、ロンドンにいたこともあった。彼は一九六一年にサラワク国民党（SNAP：Sarawak National Party）を設立したメンバーの一人だ。その党員の大多数はイバン人で、華人もいくらか含まれていた。彼はそこで事務局長になった。[原注21] イバン人が首相になるのは、政治的妥協だった。その代わり、マレー人が知事の座に就いた。

タイブは通信・労働大臣として、雨林に覆われたサラワクで新しい道路を敷設する事業に力を注いだ。この頃まで、サラワクに道路が敷設されることは多くなかった。その後何年たっても、この栄光の日々を思い出すとタイブは感情の高揚を抑えられなかった。二年の間に、年間の道路建設を二五から六〇マイル（四〇から九六キロメートル）に増やした功績を彼は自慢する。[原注22]

しかし彼は、ニンカン政権の最初の大臣時代を本当に楽しんではいなかった。最年少大臣であることにフラストレーションを感じていた。何か決定が下される際にもなかなか内容を教えてもらえなかったり、内閣から承認印だけを求められたりの毎日だった。それがタイプのプライドを傷つけた。自分は大学の学位を持っているのだから、もっと尊敬されて然るべきだと思っていた。ニンカンはタイプ以外の閣僚に助言を求めることが多かった。重要な案件は、二人の華人、ジェームズ・ウォンとテオ・クイ・センに相談した。そして植民地政府でベテラン役人だった三人のイギリス人が、財務長官、国務長官、司法長官という重要なポジションを占めていた。[原注23]

独立後の数年間、サラワクの重要な権力要素は間違いなくイギリス人の手にあった。サラワクに駐留するイギリス軍の存在がその事実を物語っていた。その任務は、インドネシアとの長い国境線沿いで共産主義者による反乱を鎮圧することであった。インドネシア大統領スカルノはマレーシアの建国には反対で、一九六三年以降、新興国マレーシアのサラワク州とサバ州の不安定化を画策し、最終的には、いわゆるコンフロンタシ（*konfrontasi*）、すなわち「対決」と呼ばれる政策でその二州を自分のコントロール下におくことを目指していた。しかしその策略は失敗に終わり、一九六六年八月十一日、ジャカルタでマレーシア・インドネシア間の平和協定が締結される。

タイブもクアラルンプールの連邦政府も、イギリスの影響下でイバン人と華人の同盟がサラワクを牛耳っている状況を好ましく思っていなかった。マレー人は重要な決定でほとんど蚊帳の外におかれていた。ステファン・カロン・ニンカンが引き続き英語を公用語とすると主張し、マレー語を唯一の公用語とするという提案を拒否したことで、不満が溜まっていった。[原注24] 一九六四年、ニンカンは公式声明の中で、イギリス軍が恒久的に駐留しているべきであるとまで発言している。[原注25] 彼の政権は華人ビジネスマンたちの影響下にあるとも批判されていた。

連邦政府の支持の下、タイブと叔父のラーマンはステファン・カロン・ニンカン政権を倒し、西マレーシア〔ボルネオ島の二州に対してマレー半島と周辺の島のことをさす〕と同様のマレー・ムスリム連合政権を樹立するチャンスをうかがっていた。

一九六五年、ニンカンは華人による先住民族の土地の取得を認める新しい土地利用法の制定計画を発表した。タイブにとって、絶好のチャンスだった。土地の権利を失うことを恐れた一部の有力イバン人の応援を得て、彼はニンカンを倒そうとした。しかし怒り狂ったニンカンがタイブを即刻、罷免した。連邦政府からの圧力で、ニンカンはタイブを二週間後には復職させざるを得なくなった。しかしタイブは内閣で最低の地位におかれるという屈辱を受けた。原注26

タイブはこの時点では復讐しようなどと思っていなかったかもしれないが、まもなくその計画を立てることになる。彼はトゥンク首相の応援を得た。トゥンクはサラワクがイギリスの影響下におかれていることを好ましく思っていなかった。叔父のラーマンもタイブを応援した。ラーマンはその時、副大臣として連邦政府で影響力のある立場にいた。

タイブとラーマンはサラワク州議会の議員たちに呼びかけ、ステファン・カロン・ニンカン州首相に対する不信任案を提出するための署名を集めた。議員たちは次々にクアラルンプールに召集され、署名するよう圧力をかけられた。その間、タイブはイバン人グループ間の抗争を巧みに利用し、ニンカンと敵対するイバン人政党ペサカ（Parti Pesaka Anak Sarawak: サラワク先住民族伝統党）と手を結んだ。

一九六六年六月半ば、トゥンク首相はニンカン州首相の解任を発表した。ニンカンは与党連合の議員の大多数からの支持を失っていた。司法・内務大臣がクチンに出向き、急遽、サラワク州の新首相を任命した。イバン人でペサカのメンバーであるタウィ・スリだった。彼は連邦政府に従順な人物と考えられたためだ。ニンカンとトゥンクとの抗争の種だったイギリス人閣僚は解任された。

しかしニンカンは辞任を拒否した。彼は、不信任決議をする権利を持つのはサラワク州議会だけだと主張した。彼は連邦政府の決定に対して裁判を起こし、自らの地位とサラワクの独立的立場を死守しようとした。「マレーシア首相は、彼の傀儡たちの助けを得てサラワクをマレーシアの植民地にできるなどという恐ろしい幻想にとりつかれている」とニンカンは言った。[原注27]

一九六六年九月はじめ、クチン高等裁判所はステファン・カロン・ニンカンの主張を認め、彼の解任は違憲であると判断した。ニンカンは復職し、彼の解任中に下されたすべての政府決定が無効であると宣言した。彼は総選挙を施行した。

サラワクがそこまで独立的立場を得ることは、連邦政府から見ると行きすぎだった。権力争いは加熱し、トゥンク首相は法の支配と民主主義に背く措置に出た。これは彼の連邦における権力を試すテストケースとなった。連邦政府はこの政治危機を切り抜けた。一九六六年九月十五日、公の秩序への脅威という口実を使って、マレーシア政府はサラワクに緊急事態宣言を出した。憲法を改正し、州知事にサラワク州議会を召集する権限を与えた。この間、連邦政府の圧力の下、かろうじてニンカンを追い落とすのに必要な人数がかき集められ、州首相は再度解任された。

連邦政府の意向に従わない者は、誰であれ追放されることを、国民は思い知らされることとなった。それでもまだ、ニンカン州首相は降伏しなかった。職を辞する時、彼はこう豪語した。「アイ・シャル・リターン！〔私はきっとまた戻ることになるであろう〕」「私はマレー人支配を目指す一味には絶対に与しない」[原注28]。しかし歴史は彼が間違っていたことを証明した。彼が権力を取り戻すことはなかった。一九七〇年代に政治の世界から退くまで彼はずっと野党のリーダーだったが、その勢力は徐々に衰えていく。

伐採王

トゥンク首相にとって、あらゆる意味で喜ばしい事態になった。マレー人と華人の間で緊張が高まったために、一九六五年にシンガポールはマレーシアから独立してしまったが、連邦政府はサラワクをコントロール下におさめることに成功した。これはもう誰にも変えられなかった。イギリス人官僚たちは、権力を失った。

ニンカン解任劇の一番の勝者はトゥンクの子分たち、つまりタイブと叔父のラーマンだった。今回の騒動ではっきりしたことが一つある。彼らの許しがなくては、サラワクで何もできないということだ。そしてトゥンク首相と共に、彼らはすでにクチンという大物を次なるターゲットに定めていた。

ラーマンは依然として連邦政府で大臣職についていた。サラワクにいるタイブは戦略的に重要な農業・森林大臣の座をつかんだ。まもなく彼は、そこに開発省を合併する。さらに彼は、副首相の座まで手に入れた。サラワク政府ナンバーツーの地位である。タイブは絶頂期に入った。彼は最終的に、サラワクの伐採ライセンスを取り仕切ることになる。まさに最強のポジションだ。イングランドほどの面積の原生林には大木が豊富にあり、数十億ドルの値打ちがあった。何十万ヘクタールものラミン〔ジンチョウゲ科の広葉樹〕、ビリアン、メランティといった貴重な木材が、伐採されるのを待っていた。

その頃、サラワクの森の本当の価値を誰もがわかっていたわけではなかったが、タイブにはわかっていた。しかし彼は、長期的な視点で注意深くことを進めなければいけないこともわかっていた。イバン人がまだまだ大きな勢力を持っていたからだ。[原注29] タウィ・スリ州首相は小物だが、一応はサラワク最大の民族集団の代表であり、タイブの野心にとって彼は危険人物だった。

当時の写真を見ると、若い頃のタイブは派手な身なりを好んでいたことがわかる。アメリカン・ハットにサングラス姿でサラワクのどこへでも出かけて行き、奥地の村々で演説を行なった。パイプをくゆらせる彼は、どの政治家仲間よりもモダンだった。沼地を歩く時、他の者たちは靴を履いたままでも、彼は裸足になった。子どもたちから首に花輪をかけてもらい、得意満面でカメラに笑顔を向けた。すっかり一人前の政治家となった彼は、茶目っ気を見せる余裕までできた。しかし一方では、保守的な奥地の有権者の反感を買わないように注意を払ってもいた。宗教行事では、洋服でなく伝統的なマレーの服を着た。派手好きの見栄っ張りに見えないように、メッカ巡礼を辛抱強く待った〔メッカ巡礼は人数制限があるため何年も待つ必要がある〕。[原注30]

タイブは、少なくとも彼の票田であるムスリム・メラナウ人とマレー人の支持をとりつけることには成功した。タイブとラーマンは、長い間争い続けてきたサラワクのムスリムを、「土地の子」を意味するブミプトラという名の新政党（Parti Bumiputera Sarawak：サラワク・ブミプトラ党）に統合することで、うまくまとめ上げた。タイブは一九六六年の終わりに党の事務総長になった。「団結こそが力」と、支持者にいつも言っていた。彼の支持者は、自分たちがイバン人に比べて少数派であることを自覚していた。タイブは、非ムスリム、特に華人からは信頼されていなかった。彼は華人の多くから、反中でクアラルンプールの手先と言われていた。[原注31]

一九六六年夏以降、タイブがどのようにサラワクの木材資源の取引を行なってきたか、厳密にはわからない。彼がそれらの取引からどれほどの利益を得たのかも、わからない。しかし一九六七年の終わりまでには、タイブはサラワクの政治家で一番の金持ちになっていたようだ。そしてタイブの新しい政治手法がサラワクの森にとって致命的であることが、次第に明らかになっていく。

木材の呪い

「木材は、ある意味、現代で最も恐ろしい政治的呪いである」とサバ州の初代首相ドナルド・ステファンズは一九六七年に言っている。[原注32] 一九六〇年代初頭、木材伐採ライセンスを利用した政治資金捻出手法がサバで編み出され、やがてそれは東南アジアで一つのモデルとなった。その手法は、木材伐採で生態系にダメージを与えるだけでなく、極端な税収不足に陥るために州の財政に負担がかかった。アメリカ人経済学者デヴィッド・ウォルター・ブラウンは、サラワクとサバで一九七〇年から一九九九年の間に、木材による収入の二五〇億ドル以上が木材業者、州の上層部、彼らの近親者やクライアントに「密かに着服された」と見積もっている。木材の収益は州財政に入るのではなく、一握りの政治家や木材王たちの懐へ消え

ていったということだ。[原注33]

それは要するに犯罪である。政治家たちはお気に入りの業者に木材伐採ライセンスを発行し、見返りに賄賂を受け取る。政治家はそれを選挙運動や私的な目的に使う。政党の資金源は他にほとんどなく、ボルネオの奥地の選挙運動にはとても費用がかかるため、現職の議員は新人と比べて決定的に有利になる。サラワクでは、伐採ライセンスをコントロールできる者なら誰でも大金を手にすることができ、選挙のたびに大差で勝利することができる。彼らを議会から追い出すことは、ほとんど不可能だ。「汚職による安定」は、ボルネオ政治の魔法の呪文だ。その対価は、雨林の喪失、そして民主主義の死だ。この政治資金獲得の手法を、隣国フィリピンでフェルディナンド・マルコスも実行していた。マルコスは一九六五年から一九八六年まで権力の座にいた。最初は選挙で選ばれた大統領として、のちに独裁者として。[原注34]

独立前から伐採ライセンスがすでに政治的に重要な役割を演じていたサバと対照的に、サラワクはその点で遅れをとっており、「政界をリードする政治家たちはまだ、サバの政治家と違って、伐採ライセンスの可能性についてほとんど気づいていなかった」[原注35]。しかしサラワクにおいてさえも、イギリス植民地時代、一部の老獪な商人たちは伐採ライセンスの入手方法をすでに知っており、そのことで政府に大きな影響力を及ぼしていた。最も顕著な例は、ステファン・カロン・ニンカン内閣における副首相ジェームズ・ウォンである。彼は一九九〇年代を通じて、サラワクで最も影響力を持った華人政治家だ。彼の所有するリンバン・トレーディング・カンパニーは、一九四九年にリンバン川上流の原生林に広大な伐採ライセンスを取得している。そのおかげで彼は億万長者となる。[原注36]

ライセンスのほとんどを持っているのが華人ビジネスマンだったということは、タイプを間違いなくイライラさせただろう。彼らから政治的支持を取りつけることはできないからだ。そこでタイブは、政敵に流れる金をストップさせる大胆な方法をとった。サラワクのすべての伐採ライセンスを凍結してしまったのだ。[原注37] 彼は国連食糧農業機関（ＦＡＯ）の調査を口実にした。ＦＡＯは、サラワクの木材資源の長期的利用について調査していた。「私たちの森林資源の適正利用の計画を立てることは、最も困難な業務の一つだった」と、後年タイブは自分の行動を正当化している。「そのために、すべての伐採ライセンスを凍結し、発行し直さざるを得なかった。誰もがこの方法を批判したが、ＦＡＯを納得させるためにやむを得なかったのだ」。[原注38] この言葉の真偽はさておき、この日を境に、伐採ライセンス再発行目当ての賄賂はすべてタイブとその叔父の懐に入ることになった。

新内閣の一年間は何もかもうまくいった。表向きはタウィ・スリがリーダーシップをとっているように見えたが、背後でタイブが糸を引いていた。

しかしその後、事態は急転した。タイブの味方だったイバン人政治家たちが、タイブの辞職を要求してきたのだ。彼らはタイブとクアラルンプールにいる叔父が、マレー人のためだけに働き、非ムスリムの先住民族を無視していると批判した［イバン人の多くはキリスト教徒］。[原注39] さらに彼らは、タイブが木材収入をモスクや祈禱室の整備に使っているのは職権濫用だとも批判した。[原注40] 資金難にあえぐイバン人政党ペサカも、この騒動における重要な存在だった。タイブはペサカの支持者に対し、二つもの大規模伐採ライセンス発行を妨害していたのだった。[原注41]

確かにタイブはやりすぎだった。そして再び、彼はイバン人州首相によって内閣を追われた。今回は本当に出て行かなければならなかった。しかしクアラルンプールではトゥンクが、サラワクの頼もしい弟分のために新しいポストをすでに用意していた。連邦議会でタイブが議席を獲得するのにそれほど時間はかからなかった。かくして彼は、連邦政府での大臣時代をスタートさせた。

大波乱

一九六七年十二月の香港での休暇は、三十一歳のタイブに今後の身の振り方について考える時間をくれた。政治の世界に留まるべきか。そこで権力と支配力を求めて情け容赦ない戦いを続けるのか。味方はほとんどなく、彼に嫉妬する敵は無数にいるというのに。それとも大金を稼げるビジネスの世界に踏み出した方が良いのではないか。「彼は友人だと思っていた人たちから見捨てられたと感じた」とタイブの当時のスポークスマン、ジェームズ・リッチーは、おべんちゃらだらけのタイブの半生記の中で当時を振り返っている。[原注42]

タイブにとって幸いなことに、トゥンク首相と叔父のラーマンはまだクアラルンプールにいた。彼らはタイブに手を貸すと約束してくれていた。特にトゥンクは、マレーシアの首都において、まだすべてをコントロール下においていた。タイブとライラは七歳の娘ジャミラと四歳の息子マームド・アブ・ベキルを連れて、クアラルンプールへと移った。そうして一九六八年三月、タイブは商工業副大臣の地位に就いた。

トゥンクはタイブの才能に舌を巻いた。若き政治家タイブが、首相の出すアイディアを柔軟に受け入れることにも感銘を受けた。しかし中でも重要だったのは、タイブの確固たる忠誠心だった。「彼は私の親友だと思っている」。伝説のバーパ・マレーシアは、死去する直前の一九九〇年にタイブのことをそう書いている。[原注43] 後年、高齢になったトゥンクがクチンを訪れるたびに、タイブは一緒に飛行機で移動し、トゥンクの車椅子を押して歩いた。

一方、タイブと叔父のラーマンが共にクアラルンプールにいた頃の二人の関係については、ほとんどわかっていない。おそらく二人の間には、友情もあっただろうが敵愾心も増大していただろう。利己的で計算高いタイブは自分自身を叔父よりインテリだと思っていたが、心の中で叔父のカリスマ性に劣等感を醸成させていたと彼らを知る者たちは言う。二十年後、二人の間の対立と権力闘争は表面化する。しかし当時は、共通の目標が二人を結びつけていた。イバン人を政治的に無力化する、そしてサラワクで権力を独占するという目的だ。

チャンスは選挙の時にやって来た。その選挙はもともとは一九六九年半ばに予定されていたが、西マレーシアの人種間抗争のためにサバとサラワクだけ一年延期になっていた。一九六九年五月十三日、クアラルンプールで華人とマレー人が衝突し、それはやがて若い国家にとっての悲劇へと結びついた〔一九六九年五月十日の総選挙での華人の圧勝が暴動に転じ二〇〇人近い死者を出した五・一三事件〕。この時、政治的自由が一時的に奪われることになった。この事件の影響を受けなかったサラワクは、サラワク・レンジャー〔一八六二年にチャールズ・ブルックが結成した準軍事組織〕と呼ばれ、伝説ともなっていたイバン人兵士部隊を暴動鎮圧のためにクアラルンプールに急行させた。

この武力衝突は、連邦政府がイバン人のサラワク州首相タウィ・スリから権力を奪い取る絶好のチャンスだった。マレーシア全土で、政府の権限の重要な部分が「国家管理委員会（ＳＯＣ）」に移譲された。サラワクでは例外的に、この組織のトップに据えられたのは州首相ではなく、元連邦官僚のマレー人だった。サラワクのＳＯＣは、総選挙の前にイバン人政治家と華人スポンサーたちへの金の流れを止めるために伐採ライセンスを凍結した。[原注44]

翌年の一九七〇年に行われた選挙のあと、重大な政変が起こった。タイブとラーマンのブミプトラ党は新議会で四分の一の議席しか獲得できなかったにもかかわらず、狡猾な手段を使ってラーマンを州首相の座に就かせたのだ。対立勢力だった華人政党ＳＵＰＰ（Sarawak United Peoples' Party: サラワク統一人民党）がイバン人よりラーマンを支持する方が得だと判断し、突然ブミプトラ党支持へと鞍替えしたことが決定打となった。

サラワクに起きたことは、マレー半島の政局とまったく同じだった。つまり金で動く華人の応援を得てムスリムが政権の中で主導権を握るという図式だ。イバン人は大臣ポストを二つしか得られなかった。イバン人が政治を牛耳る時代は終わった。今や権力はメラナウ人民族グループの手にあった。個人に集約するならば、タイブとラーマンだ。メラナウ人自体は州人口の五％以下にすぎず、サラワクのムスリムの中でもほんの少数派だった。

一九七〇年七月にラーマンが州首相に就任した時、それが現在まで四十年以上もの長きにわたってサラワクで権力を持ち続ける一族誕生の瞬間になろうとは誰も想像しなかった。連邦政府の強い支持がなければ、二人のメラナウ人政治家はこれほど権力をほしいままにできなかっただろう。

さらに、彼らの政治生命と贅沢な暮らしを支えたのは、サラワクの広大な雨林の伐採だった。それなくして彼らはマレーシア最大の州サラワクの政治とビジネスの世界で、こんなにも支配力を得ることはなかっただろう。

クアラルンプールに流れるオイルマネー

小さなイスラム王国ブルネイは、世界有数の金持ち国だ。ボルネオ島の北海岸に位置し、ミリからはほんの数キロメートルしか離れていない。面積はわずか五七六五平方キロメートルである。ブルネイの内陸部は広大なサラワクに完全に囲まれており、その国境線は海岸まで続いている。人口は四〇万人で、誰も税金を払わない。医療費は無料で、重症患者は一二五〇キロメートル彼方のシンガポールまで飛行機で治療を受けに行かれる。費用は国が持つ。国内総生産に占める公債比率はゼロパーセントだ。だが欧米の観光客にとってブルネイは、どちらかというと退屈な場所だ。理由はいろいろだが、厳格なイスラム教の戒律によって公共の場所でアルコールを出すことが禁じられていることが大きいだろう。ブルネイの熱帯雨林は息を呑むほどの素晴らしさだ。サラワクと違って、樹齢の古い木々で全体が覆われている。

ミリからブルネイまでパン・ボルネオ・ハイウェイを車で走れば、その差にすぐに気づくはずだ。ハイウェイはサラワク側の国境付近で、雄大なバラム川をわたる。バラム川流域の広大な森林は、伐採企業によって丸裸にされてしまった。バラム川の河口には、汚泥が染み出している。木材積み出し用の巨大ターミナルがあり、材木を積んだ船が何隻も待機している。これまでずっと数十億ドル相当の熱帯木材が、海外に船で運ばれてきた。特に日本への貨物が多かったが、近年では韓国、台湾、中国への輸出量も増えている。

国境を越えると、ブルネイ全土を横切るブライト川が流れている。水晶のように透明な川の水は大木を写し、土手の向こう側には、多様な生物種の宝庫である広大な泥炭湿地林が広がっている。数十年前には、サラワクの森もこんなふうだったことだろう。

一九六三年にマレーシアに併合されなければ、自分たちも第二のブルネイになれたのではないかと思っているサラワク市民は多い。石油・ガス田からの収入が、マレー半島に吸い上げられずにすんだはずだと。サラワク（と隣州サバ）で採掘される原油と天然ガスでボルネオに支払われるロイヤルティはわずか五％で、残りは連邦政府の歳入に入れられる。クアラルンプールは植民地政府のやり方に倣って、離れた領地の天然資源を収奪することで肥え太ってきた。

一九一〇年にサラワクのミリ近傍で発見された油田は、隣国ブルネイの油田ほど豊富な埋蔵量ではなかった。第二次世界大戦が終わる頃までには、ほとんど枯渇してしまった。[原注45]しかしサラワク沖の大陸棚に原油と天然ガスが埋蔵されていることがわかり、それが一九六八年以降、クチンとクアラルンプールとの間の争いのもととなった。交渉が決裂すると、クアラルンプールは一九六九年緊急措置と呼ばれる軍事力行使で大陸棚の問題箇所を占拠した。[原注46]一九七〇年代初頭にこの問題が再燃した時、タイブは第一次産業大臣として連邦政府でこの問題に責任のある立場におり、叔父のラーマンはサラワクの州首相だった。紛争は、一族内部の問題となった。

いくら親族とはいえ、ラーマンも自分より過激な甥の解決策を受け入れる気はなかった。タイブは、何の見返りもなしにサラワクの石油・ガス田の権利を連邦政府に明けわたすという内容の炭化水素法案を提案したのである。ラーマンは愕然とし、甥の提案に激怒した。サラワク州司法長官に対して連邦政府への抗議を命じ、計画変更を求める法的措置をとった。[原注47]

タイブは自分の提案した計画を取り下げざるを得ず、連邦政府はサラワクに新たな交渉団を送った。結局、ラーマンはサラワクで採掘される原油と天然ガスに対する五％のロイヤルティを承諾した。サラワクは油田とガス田の支配権を失い、一九七四年石油開発法がすんなり可決されて、マレーシア国有企業ペトロナスが設立された。[原注48]

新しい法律によって、連邦政府とサラワク州との間の金の流れが逆転した。それまでクアラルンプールは発展途上州サラワクに財政援助をしてきたが、今度はクアラルンプールがサラワクからのオイルマネーを国庫に入れることになった。一九七四年から一九八〇年までの六年間だけをとっても、サラワクの石油とガスの生産で一〇億リンギット（約四億六〇〇〇万ドル）以上が連邦政府財政に流れ込んだ。[原注49] 一九八三年にビンツル〔サラワク州南西部の海沿いの町〕の巨大液化ガス工場からガスが供給され始めると、連邦政府の収入はさらに増加した。[原注50]

サラワクの王

タイブは、叔父のラーマンからサラワクに呼び戻されるまで、十二年間クアラルンプールで大臣職に就いていた。第一次産業大臣だけでなく、計画大臣、防衛大臣、情報大臣などを歴任したおかげで、豊富な経験を得ることになった。彼はサラワクで最高の地位に就くように運命づけられていたのかもしれない。ラーマンは一九八〇年十月に心臓発作で倒れ、一族の別の者に首相の座を明けわたす時が来たと感じた。ラーマンは、ある補欠選挙でタイブを州議会に呼び戻し、彼を大臣に任命した。その後まもなく、ラーマンは州首相を辞任し、自分自身を知事に任命した。作戦は成功だった。連邦政府の人間を候補者に立て、サラワクにおけるタイブ一族の支配に終止符を打とうとした連邦政府は、既成事実をつきつけられた形になった。

タイブは、四十五歳の誕生日の数週間前の一九八一年三月二十六日、サラワク州首相の座に就いた。ここから彼は、自分一人ですべてを支配しようと全力を尽くし、他の者の干渉を一切許さなかった。それが叔父であろうと、クアラルンプールであろうと。もちろんイバン人リーダーたちなど、もってのほかだった。タイブはイバン人たちを、自分の随行員のような低い地位に格下げした。副首相には、ベトン〔サラワク西部の町〕出身の従順なイバン人政治家アルフレッド・ジャブを任命した。彼は賄賂に簡単になびくことがわかっていた。ジャブを副首相にすれば、イバン人を起用したことになる。ジャブがタイブを脅かすことは絶対にない。かつて将来有望な人材としてコロンボ計画の奨学金を受けたタイブは、マキャヴェリ〔目的のためには手段を選ばない人の意。マキャヴェリはルネサンス期のイタリア人政治思想家〕へと変貌していた。

第五章

吹き矢とブルドーザー

タイブは州首相として、サラワク中の雨林伐採を支配した。彼は権力をしっかりと握り続け、誰にも邪魔させなかった。先住民族の抵抗運動は、警察による暴力で押さえつけられた。スイスの環境保護運動家ブルーノ・マンサーはペナン人の権利を守るために15年間戦い、タイブの政策に抵抗し続けた。そして跡形もなく雨林の中へと消えていった。

兄弟愛

タイブは当初、権力基盤を確かなものにすることができなかった。叔父ラーマンは知事の地位を手放そうとしないばかりか、内閣の重要なポジションに自分のシンパをおいた。特に伐採ライセンスの発行は、タイブが完全に仕切るというわけにはいかなかった。叔父の取り巻きが森林省の重要な地位に居続けたからだった。

そこでタイブは、冒険はしないでおこうと決め、一九八三年半ば、不動産購入のために弟のオンをカナダに送り込んだ。滑り出しは順調で、海外での数百万ドルの投資は、誰の目も気にすることなくうまくいった。一九八三年九月二日、オン・マームド、そしてタイブの二人の子どもジャミラとアブ・ベキルは、オタワにサクト・グループを共同設立した。[原注1] その日から、同社は総額数億ドルの不動産を扱うことになる(第一章参照)。

オンはカナダで会社設立を終え、次の目的地へと向かった。太平洋の反対側、香港だ。一九八三年十一月二十二日、彼はそこでリージェント・スター・カンパニーを立ち上げた。タイブ帝国に流れ込む木材バックマージンのクリアリングハウス〔清算業務を行なう会社〕として設立された会社だった。[原注2] 新会社の表向きの取締役兼株主は、オンが無理やりねじ込んだ華人従業員シェア・キン・クウォクだった。同じ日、オンは投資会社リッチフォールド・インベストメントも設立した。二つの会社は、香港の金融街コンノート・ロードにある平凡なコンクリートビルの一〇階に事務所を共有した。タイブ一族はリージェント・スターとは表向き何の関係もないが、株主名簿を見れば誰がリッチフォールド・インベストメントの所有者かは明白だった。五万株のうち、四万九九九九株はタイブの弟オンが所有し、申し訳程度に残りの一株を彼の従業員シェア・キン・クウォクが所有していた。[原注3]

それから二十年以上たって、サラワクから日本に木材を運ぶ複数の輸送会社がリージェント・スターに数百万ドルに及ぶ金額を支払っていたことを東京国税局が突き止めた。木材輸出業者にとって必須条件のバックマージンだ。リージェント・スターにバックマージンを支払わない企業は、輸出が許可されない。そしてオンに気に入られることが絶対的に重要だった。兄のタイブが彼に、マレーシアの木材海運業代理店デワン・ニアガのコントロール権を与えていたからだ〔サラワクの木材を海外に輸送する会社は必ず同社に登録しなければならない〕。本書の執筆時にも、同社はタイブ帝国において重要な役割を持ち続けている。

デワン・ニアガは表向きのビジネスではなく、裏取引への関与において真価を発揮する。木材輸出をコントロールする者は、輸出統計をも操作できる立場にいる。タイブ一族はデワン・ニアガを通じてサラワクの木材輸出に関する本当の数字を把握している唯一の集団であり、それゆえに国外に持ち出される材木一本一本からバックマージンを手に入れることができる。

オンは兄のビジネスで、大金を手にしている。所有する不動産の価値は推計二〇億ドルで、彼はタイブ一族のナンバーツーの座を維持し続けている。数億ドル相当のプランテーション、ランカウイ島〔マレーシア北西部の島〕の豪華なリゾート、そしてシンガポールやオーストラリアのホテルと、彼の不動産ポートフォリオは多岐にわたっている。[原注4] オンは二〇一三年、数億オーストラリアドル相当の不動産にまったく税金を払っていなかったとして、マスコミをにぎわせた。彼の元ビジネスパートナーの告発で、ケイマン諸島〔タックスヘイブンとして知られるイギリスの海外領土〕やマン島〔タックスヘイブンとして知られるイギリス王室属領〕のオフショア・トラストを通じてすべての利益を吸い上げていたことが発覚したのだった。[原注5]

熱帯木材という金鉱脈

タイブが州首相に就任してから、サラワクの雨林は超加速度的に伐採されていった。森の広大な面積が数年のうちに切り倒された。まずは海岸沿いの泥炭湿地、そして奥地へと進んでいく。奥地にはフタバガキ科の原生林があり、伐採業者には手っ取り早く金になる森だった。この頃すでにラミン材は希少になっており、木材王たちはその代わりにメランティやビリアンを国際市場へと送り込んだ。木材の多くは、日本向けだった。建設ラッシュの日本では、熱帯広葉樹への需要がとめどなく増加していた。次に多い輸出先は、台湾と韓国だ。一九八〇年代の終わりには、このアジア三カ国がサラワクの木材輸出の九〇％近くを消費していた。[原注6]

タイブが森林大臣だった一九六七年、国連食糧農業機関〔FAO〕によってサラワク林業に関する調査が行なわれた。結果は一九七二年に発表された。その中心的な勧告は、森林を持続的に利用するためには年間伐採量を四四〇万立方メートルに制限すべきというものだった。[原注7] しかしタイブとその叔父は、イバン人政治家たちから権力を奪い取ってしまえば、あとは木材生産量の制限などにまったく興味がなかった〔第四章参照〕。一九六五年にはサラワクの木材生産量はまだ二三〇万立方メートルほどだったが、タイブの叔父ラーマンが州首相の座にいた十一年間、すなわち一九七〇年から一九八一年までの間に、四七〇万立方メートルから八八〇万立方メートルへと増加していた。しかしタイブは、それよりさらに生産量を上げようと計画した。彼が州首相に就いて二年目にはすでに、一一〇〇万立方メートル以上の森が切り倒されていた。[原注8]

雨林を急速に破壊しすぎたため、タイブは国際的な批判の的になった。そこで一九八九年の終わりに、彼は国際熱帯木材機関（ITTO）がサラワクの木材産業に関する調査をすることを許した。おそらくITTOの専門家たちは、現実的な妥協点を探ったのであろう。「持続可能な」森林利用のための伐採許容量は、FAO勧告よりも多い九二〇万立方メートルだった。[原注9]しかしタイブはこの勧告も全面的に無視した。一九九一年、伐採企業はサラワクの森の木を一九四〇万立方メートルも切り倒した。FAO勧告の四倍以上、ITTO勧告の二倍である。サラワクの熱帯木材輸出量が世界一になるのに、数年しかかからなかった。

しかしそれは、森林の生産能力を超えた行為だった。一九九二年以降、サラワクの木材生産量は連続で下落し、二〇一三年には八二〇万立方メートルまでになった。三十五年間で最低のレベルであった。[原注10]

タイブが州首相に就任して最初の六年間で、彼の一族や政治仲間は一六〇万ヘクタールもの伐採ライセンスを取得している。それに加えて、一二五万ヘクタールが彼の叔父の支持者たちにわたっている。[原注11]つまり二八五万ヘクタールの伐採ライセンスがタイブの一族郎党の手にあるということだ。これらの伐採ライセンスの価値は莫大だ。ラーマンの分だけで、一九八七年時点で九〇億ドル相当だったと見積もられている。タイブ自身が持つ伐採ライセンスの価値をこれに加えると、二〇〇億ドルを超える木材伐採ライセンスが、ほんの数年間のうちに一握りの人間たちのものになったということになる。[原注12]まさに一夜大尽である。

サラワクで木材を扱う巨大コングロマリット六社にとって、熱帯雨林はまさに金鉱脈だ。六社とはリンブナン・ヒジャウ、サムリング、KTS、WTK、シン・ヤン、そしてタ・アンのことだ。[原注13]「ビッグ・シックス」または「ダーティ・シックス」と呼ばれ、いずれもグローバル・プレーヤーへと成長していった。これらの急速な成長は、ひとえに州首相とのコネのおかげである。

中でもタ・アンは群を抜いている。同社はタイブのいとこハメド・セパウィとその二人のパートナーによって一九八〇年代半ばに設立された。わずか数年で売り上げが急上昇し、縁故だけで木材の多国籍コングロマリットとなった。リンバン・トレーディングも権力者とのコネで成長したことで悪名高い。サラワク北部の奥地、リンバン渓谷の原生林一二万四〇〇〇ヘクタールの伐採ライセンスをコントロールしている。所有者ジェームズ・ウォン（一九二二〜二〇一二）は経済界の大物で、華人ビジネスマンであり政治家でもある。一九八七年から二〇〇一年までタイブ政権下で環境大臣を務めた。濡れ手で粟の木材ビジネスができるのは、タイブという願ってもないうしろ盾があったからだ。[原注14]

コカコーラ接待

ハリソン・ガウが木材企業にはじめて遭遇したのは、十七歳の時だった。一九七六年、WTK（WTKは設立者ウォン・トゥオン・クウァンの頭文字をとった社名）の作業員が、サラワク北部のバラム川沿いにある彼の村ロング・ケセーにやって来た。その頃、バラム川上流はまだ原生林に覆われていた。一九世紀の終わりにチャールズ・ホーズが探検した頃とまったく同じように（第二章参照）。

「怖がってばかりでは、ヤツらに生きたまま食われてしまう。勇気を出せば、道は開けるかもしれない。だから勇気を出した方が良い」。二〇一二年、ハリソン・ガウは私にそう言った。「ヤツら」というのは、木材王やサラワク政府のことだ。いつも朗らかなハリソン・ガウは一九五九年生まれの弁護士だ。ミリ郊外にある彼の弁護士事務所で、世界地図の下に座って静かな声で彼は自分のこれまでの道のりを語った[原注15]。

ハリソン・ガウはサラワク人権擁護運動のシンボルである。一九八〇年代からずっとサラワクの熱帯雨林保護や先住民族の人権問題に取り組んでいる稀有な存在だ。はじめはＮＧＯで働き、のちに弁護士として活動し始めた。彼はかつて首狩りで恐れられたカヤン人だ。

「マルディの中等学校を卒業する前の年、クリスマス休暇で村に戻ると、ロングハウスで大規模な集会が行なわれようとしていました。木材会社が私たちのロングハウスの裏の土地の伐採ライセンスを取得したことが、その集会の議題でした。突然ＷＴＫのブルドーザーやチェーンソーがやって来るまで、私たちはそのことについて何も知りませんでした。ロングハウスに住む人たちは作業員を止めたいと思いましたが、ほとんどは学校にも通ったことがなかったので、私がその会社に手紙を書く手伝いをしました」。

集会が開かれた時、ＷＴＫの人間が食べ物を山ほど持ってやって来た。ビスケットとコカコーラだった。「皆、それを食べ始め、話し合いどころではありませんでした。しばらくすると、誰も話したがらないことに気づきました。私はほんの少年でしたが、手紙を書いた者の一人だったので、自分たちの状況を説明しなければならなくなりました。森の木を切らないでほしいという要望は、村の全員が支持していると説明しました」。しかしロング・ケセーの人々は敗北した。抵抗運動が完全に崩壊するのに、さほど時間はかからなかった。そして村民たちは、伐採業者に施しを求めるようになった。「ショックでした。その昔、私の民族は強く勇敢だった。それなのに今は外部からちょっと圧力を加えられただけで、伐採企業に自分たちの土地を明けわたしてしまったのです。私はこう思いました。『リーダーが弱いままでは、これから大変なことになってしまう』」。地元の政治家であるタイプの甥と、このロングハウスに住んでいる二人の男が、もともとの伐採ライセンスを得た企業の所有者であることがのちにわかった。彼らはWTKに伐採ライセンスを売却し、何の苦労もせずに大金を手にしていた。

その後、WTKはロング・ケセーに対し、共有林から伐採した木材一トンにつき補償金二リンギット（およそ六〇セント）を支払うことに合意した。木材一トンで何百ドルも稼げることに比べると、なんと些少な金額だろうか。

吹き矢でブルドーザーに立ち向かう

ハリソン・ガウは、村の住民たちのように屈服するのはまっぴらだと思った。彼は伐採業者に断固として反対し続けた。だから、木材王たちに煙たがられている。彼はWTKの施しに頼ろうとはしなかった。学校を卒業すると、ミリのホテルで働き始め、そのあと製氷工場で働き、そしてシェルと契約して原油を探索した。

一九八〇年、ハリソンは環境・人権団体サハバト・アラム・マレーシア（SAM）サラワク支部の立ち上げに関わった。SAMは地球の友のマレーシア支部だ。「ラーマン・ヤクブが州首相を退任する頃には、サラワクで森林伐採は本当にビッグビジネスになっていました。ラーマンの友人たちは大規模な伐採ライセンスを取得し、裏から政治的決定を操っていました。木材は高値で取引され、木は豊富にありました。それまで、奥地に踏み込む者はいなかったからです」。

ハリソンはマルディに移り住んだ。マルディはバラム川流域の商業と政治の中心地だ。そこで部屋を借りて事務所にした。一九八〇年十一月、彼は十七歳のウディンと結婚した。近隣の村出身のカヤン人だ。森を侵略し続ける伐採企業と戦いながら、彼らは四人の子どもを儲けた。

「当時サラワクではまだ、環境・人権保護運動は珍しい存在でした」とハリソンはつけ加えた。「伐採キャンプで最初の抵抗運動をしたのは、アポー川流域の地域でした。一九八〇年のはじめのことです[原注16]」。サムリング・グループをターゲットに、激しい抵抗運動が展開された。「三つの集落からカヤン人が集結し、作業員キャンプに大挙して押し入って、サムリングの従業員に抗議しました。サムリングが警察を呼びましたが、警察官もサラワクの先住民族だったので、カヤン人に手出しはしませんでした。私はこの行動を後方から支援しました」。結局、サムリングは三つの集落が作った協同組合に補償金を支払うことになった。

「その時、先住民族の中にはいくつかの意見がありました」とハリソンは説明した。「伐採は完全にやめさせたいと思う人たちもいれば、こう言う人もいました。『集落に学校と道路と病院を作るという条件を飲むなら、伐採を受け入れる』。私たちの立場は、こうです。先住民族がその権利を行使することをサポートする。彼らの権利で何を望むかは彼らの問題である。私の仕事は基本的に彼らに助言し、彼らの仲立ちをし、地域間の集会やワークショップを開催することでした」。

一九八〇年代の半ばまでには、さらに上流の方に暮らすペナン人コミュニティまで伐採の影響を受けるようになっていた。「毎週のようにペナン人の代表団が事務所にやって来ました。ペナン人は他の先住民族と違って、どんな伐採にも断固反対でした。そのため、カヤン人、ケニャ人、ケラビット人との間に緊張が高まりました。その頃すでに、ブルーノ・マンサーがペナン人と生活を共にしていて、彼らの抵抗運動を手伝っていました。当時はまだ彼と個人的に会ったことはなく、彼にはじめて会ったのはそれからずっとあとに私がスイスに行った時でした」。

一九八七年三月、森林破壊に対して数千人の先住民族が同時に抗議行動を起こす大規模な運動が起こった。二六のペナン人村と六つのロングハウスから四七〇〇人が集まって、伐採業者がバラム川とリンバン川の上流に進めないように伐採道路を封鎖した。二〇〇台ほどのブルドーザーと一六〇〇人の作業員は、数カ月間伐採を中断させられた。ペナン人はブルドーザーの通る道に、吹き矢筒を持って立ちはだかった。しかし抗議行動は終始平和的で、暴力に訴えることはなかった。[原注17] 彼らはこの劇的な抗議行動を通して、タイブに対し伐採ライセンスの取り消しを求め、サラワク奥地での森林破壊をやめるよう求めた。

だがタイブには、要求に応じる気はさらさらなかった。彼は抵抗運動が勢いを失い、先住民族が生活の場に戻らざるを得なくなるだろうと考え、その時を辛抱強く待った。案の定、数カ月後にバリケードの番をするのは少人数の男女と子どもだけになった。そこでタイブは警察を動員し、バリケードを解体させた。この行動は、マレーシア連邦政府と連携して行なわれた。連邦政府は一九八七年十月二十七日、裁判所の命令もないまま、全国で抵抗運動に参加した者を一〇〇人以上一斉に逮捕した。このいわゆる「オペレーション・ララング」（雑草殲滅作戦）で、マハティール・モハマド首相というクアラルンプールの新たな強者（一九八一年七月マレーシア首相に就任）は、自分に歯向かう者は容赦しないという強硬姿勢を誇示した

のだった。[原注18]

ある日ハリソン・ガウが昼食を終え、サハバト・アラム・マレーシア（ＳＡＭ）の事務所で仲間たちと作業していると、電話が鳴った。「マルディの警察署長からでした。脅迫状のことで話があると彼は言いました。私たちは、ペナン人を支援していたために脅迫状を受け取っていて、その件で被害届を出し、刑法に基づいて告訴していたのです。彼は私に、これから数日の間に旅行の予定はあるかと尋ねました。私は、ないと答え、ずっとマルディにいると言いました」。

十五分後、ドアがノックされ、警官が六人も狭い事務所に押し入ってきた。「私は何が始まったのかすぐにわかりました」とハリソンはその時を思い出して言った。「私を逮捕する計画があるから、奥地に逃げろと友人から警告されていたのです。しかし、そんなことをしたくはありませんでした。私はそういう状況で逃げるような人間ではありませんから」。

警官隊のリーダーは、ユスフ警部と名乗った。「国内治安法第七三条違反で逮捕する」。警官はハリソン・ガウの所持している文書をすべて押収しようとした。しかしハリソンは、押収文書一つ一つにサインをするよう求めた。そうすれば、警察が文書を偽造して、それがハリソンの事務所にもともとあったと主張することが難しくなると考えたのだ。警部はしぶしぶサインに合意した。ＳＡＭ事務所ですべての文書にサインし終わった時には、夕方の六時を回っていた。

ハリソンはミリに移送され、一晩を監房ですごした。翌朝、彼はオフロード車で五一二キロメートル先のクチンの本署まで、でこぼこの田舎道を運ばれた。そして何の罪状もないまま六十日間にわたって拘束された。「昼夜を問わず、一〇回は尋問されました」とハリソンは拘禁当時を振り返って言った。「時には夜中に叩き起こされて、尋問されました。それから私に目隠しをして、警察の車に乗せ、何時間も走り回ったりしました。方向感覚を失わせるため、そして我慢できなくなるように、そんなことをしたのです。だが私は何も隠していなかったし、私のしていたことは、すべて合法でした。最終的には、警察も私の正当性を認め、もし彼らが私の立場だったら同じことをしただろうと言いました」。

ハリソン・ガウの逮捕は、サラワクの森林破壊に反対する運動にとって宣伝になった。世界中の環境保護団体や人権保護団体がマレーシア政府に抗議の手紙を出し、一般市民にマレーシア産熱帯材の不買運動を呼びかけた。「それまで沈黙を守ってきたサラワクの多くの人が、私のために声を上げてくれました。その時タイブとマハティールは、私の逮捕が望んでいたのとは完全に逆の効果をもたらしたと悟ったのです」。ハリソンは一九八七年十二月末に釈放された。一年後、サハバト・アラム・マレーシアは、「もう一つのノーベル賞」と言われるライト・ライブリフッド賞を受賞した。ハリソンのサラワクでの活動が認められたのだ。一九九〇年、ハリソンはマレーシア連邦議会選挙でバラム選挙区から出馬し、当選を果たした。

ブルーノ・マンサー　ラケイ・ペナン

ハリソンがマルディに移って四年後、スイス人の若者がサラワクにやって来た。三十歳のブルーノ・マンサーは一九八四年、子どもの頃からの夢をかなえるためにスイスのバーゼルからボルネオに向けて旅立った。彼はサラワク北部のグヌン・ムル国立公園で洞窟探検に参加した。そして、東南アジア最後のノマドを探しに原生林へと入っていった。

「いつかスマトラ、ボルネオ、そしてアフリカを旅することができたら。そして洞窟に暮らす石器時代の人々のように、誰も入ったことのない深い森の中で、ゴリラやオランウータンなどの動物に囲まれて暮らすことができたら！」マンサーは子どもの頃、学校の作文にそう書いている。その作文には彼の過激な「自然回帰」的ユートピアのことも書かれていた――彼の父親は、化学産業で生活費を稼いでいた――。「大人になったら、生きていくのに必要のないすべての工場を徹底的に壊したい。その工場があった場所に、きれいな水があってたくさんの動物がいる大きな森を生き返らせたい」[原注19]。

ブルーノ・マンサーは情熱的に自然を愛し、人間を愛した。彼は金銭の不要な生活を、自分の人生の最終目標と考えていた。医学の勉強を中断し、スイス・アルプスで酪農家として何回かの夏をすごした。そうして「人類の祖先に近い」形で生活する人々と知り合いになろうと決めた。バーゼルの大学の図書館にあった一冊の本が、彼をペナン人のもとへと向かわせた。その時ブルーノ・マンサーが手に取ったのは、チャールズ・ホーズの『ナチュラル・マン』ではなかっただろうか。ホーズはペナン人を「気高き未開人」と表現した。その言葉はきっと、ルソー主義者マンサーの心に稲妻のような閃光を放ったことだろう。

ブルーノ・マンサーは、アロン・セガのいるペナン人グループに原始ユートピアを見出した。当時アロン・セガたちは、リンバン川上流のアダン地域に暮らしていた。ブルーノ・マンサーはこのノマドたちと六年間共に暮らし、ジャングルで生きていく術を彼らから学んだ。マンサーの指導者アロンは、この好奇心旺盛で頭の良い「オラン・プティー」（白い人）を自分の養子にした。スイスから来た男は、アロン・セガから吹き矢の狩りやサゴヤシからデンプンを取る方法などを学んだ。彼は腰巻をしめて、アロンの親戚たちと共に森の中を何カ月も歩き回った。文明社会を逃れて来たブルーノ・マンサーはペナン人にすっかり馴染み、ノマドたちは彼に「ラケイ・ペナン」(ペナンの男)というあだ名をつけた。

しかしブルーノ・マンサーが雨林にこの世の楽園を見出した二年後、ペナン人の生活は激しい変化に見舞われた。伐採業者のブルドーザーとチェーンソーが襲来し、平和を愛するペナン人の生活の場を脅かしたのだ。文明社会から逃れ、安住の地を見つけたマンサーを、タイプの「開発政策」が追いかけてきた。森の調査に来た伐採業者はペナン人のテリトリーにまで足を踏み入れ、ブルドーザーは最後のノマドの生活を脅かし始めた。マンサーは巨木のてっぺんに上り、日記に次のように書いている。「そして人の手の及ばなかった谷あいのセリダン川を見ると――そこから人がほとんど足を踏み入れたことのない山の尾根までは緑一色だ――、私の目からは涙がとめどなく溢れた。自然よ――お前こそが真実だ――人の侵略を許したことすらない自然よ。(……)そして私の心は、弔いの歌を歌うかのように叫ぶ――この楽園は本当に死にゆく運命なのか。チェーンソーやブルドーザーの侵入を許さなければならないのか?」[原注20]

はじめ、ブルーノ・マンサーはためらったが、ついにボルネオの原生林を守り、ペナン人のために戦うことを人生の第一の使命とする決意をした。マレーシア内外の友人たちの助けを借りて、彼は権力者にわからないようにジャーナリストたちをボルネオに招いた。一九八六年十月、彼はマスコミに一大スクープを発表させることに成功した。ドイツの雑誌『ゲオ』が、森林破壊に抵抗するペナン人を大々的に報道したのだ。記事は数カ国語に翻訳され、繰り返し報道された。報道のためにサラワク入りしたジャーナリストたちは、森林科学者と偽って政府の目を逃れた。[原注21]

翌年から、ブルーノ・マンサーは伐採反対集会を何度も開催し、署名を集め、道路封鎖をして自らの権利を守る方法をペナン人に指南した。一九八七年に行なわれた大規模道路封鎖も彼の発案だった。ペナン人が道路を封鎖している間、ブルーノ・マンサーは森に隠れ、表には出なかった。しかしマレーシア政府は彼が糸を引いている気配を感じ、彼がペナン人の抵抗運動を組織している責任者であると断じた。「マレーシア政府の指摘は、はじめのうちは正しかった」とロジャー・グラフは言う。彼はマンサーの当時の仲間の一人だ。「彼が抵抗運動をしたがらないペナン人を懸命に励まし、世論に揺さぶりをかけるために何をすべきか説明していたのを知っている」[原注22]。

それよりずっと以前から、タイブとマレーシア政府はブルーノ・マンサーをペルソナ・ノン・グラータ（好ましからざる人物）であると宣言していた。彼はマレーシア国内で随一のお尋ね者となった。マンサーを捕らえた者には五万リンギット（約一万五〇〇〇ドル）もの懸賞金が与えられることになったが、彼を逮捕しようという試みは何度も失敗に終わっている。彼を信奉する先住民族が彼をかくまうからだ。ジャングルに逃げ込んで、彼を捕らえようとする警察や軍隊からなんとか助かったことが二度もある[原注23]。

ラーマン引退

一九八七年三月に起きた一連の出来事は、ペナン人やブルーノ・マンサーの求めに応じてタイブが伐採ライセンスを凍結しようと思えばいつでもできたはずだということをはっきりと示していた。その出来事とは、サラワク先住民族による抵抗運動ではなく、タイブと叔父ラーマンとの間の激しい反目劇であった。

二人の不仲がはじめて公になったのは、もう少し前の一九八三年九月だった。その時、ラーマンはまだサラワク州知事だった。ビンツルの新港のオープニングセレモニーで、彼は連邦政府がビンツルに新しい空港を作ると約束したまま、その約束を果たさないと厳しく批判した。クアラルンプールの強力なサポートのおかげで権力の座にいられたタイブは、叔父の言いぐさに逆上した。彼は一言も発さずに式典を退席した。そして即座に辞表を提出したと伝えられている。[原注24]

だがラーマンはタイブの辞表を却下した。本来ならマレーシア国王の命令がなければ、任期途中で辞任することはできないはずだが、一九八五年四月、ラーマンはタイブによって知事を解任された。新知事にはタイブのシンパが任命された。タイブは森林省を廃止して伐採ライセンス発行を資源計画省という新しい役所に移行し、ラーマンの取り巻きは政府の中で閑職に就かせた。一九八五年七月、タイブは自ら資源計画省で陣頭指揮を執った。[原注25]

「それ以来、タイブは自分自身ですべての伐採ライセンスとプランテーション・ライセンスの許可証にサインしました。他の誰にも、手出しさせませんでした」とハリソン・ガウは言う。「それまでは、私たち先住民族にとって森林は共有地でした。神からの借り物として預かっているような感覚です。そしてその世話をするのが私たちの務めでした。タイブは自分で農業・森林大臣に就きました。彼はその大臣職がどれほどの権力を持っているかわかっていたのです」。

こうなるとタイブにとって、伐採ライセンスを発行するのも取り消すのも簡単なことだった。何十億ドルもの価値があるサラワクの森を切り倒すかどうかは、一人の人間の判断次第になった。チェック・アンド・バランスなどという仕組みはない。透明性も国民へのアカウンタビリティもない。一九八七年三月、タイプは叔父ラーマンの取り巻きたちの持つ三〇カ所以上の伐採ライセンスを、森林法を遵守していないという理由で一斉に取り消してしまった。[原注26]

この事態の背景には、サラワクにおける権力抗争があった。その頂点となったのが、クアラルンプールでいわゆる「ミンコート事件」として知られる出来事である。ラーマンは知事を辞任した二年後、早く権力を取り戻そうと焦り、その目的を果たすために不満を抱くイバン人政治家やマレー人を強力な味方としてリクルートした。一九八七年三月初旬、彼らはクアラルンプールのホテルミンコートに集まった。サラワク州議会議員四八人中、二七人がタイブの辞職を要求した。この集中攻撃に面目をつぶしたタイブは、選挙のやり直しで即座に応戦した。

そしてここでもまた、木材政治が選挙運動に利用される。タイブは伐採ライセンスを凍結することで、叔父への寄付金の流れを絶った。のちに再発行した伐採ライセンスは、莫大なバックマージンと引き換えに自分のシンパに与えることができる。その金は、自分の政治的地位を固めるのに使う。逆らう者は即刻厳罰に処すという意気込みを、タイブは政敵たちに思い知らせた。無条件に彼の陣営に入る者だけが、伐採の儲けから分け前を与えられた。

一九八七年四月のサラワク州議会選挙で政党ごとの支出額は、二〇〇〇万リンギットから一億リンギット（六〇〇〇万～三〇〇〇〇万ドル）と見積もられている。[原注27] 伐採ビジネスのおかげで選挙資金は潤沢にあり、マハティール・モハマド首相の支持も得ているので、タイブは優勢だった。彼の陣営は二八議席を獲得して圧勝し、新議会において彼の所属するＰＢＢ（統一伝統ブミプトラ党）はバリサン全国連合を形成するに至った。一方、ラーマンのシンパが作るクンプラン・マジュ（Kumpulan Maju: 革新グループ）の議席は二〇

に留まった。[原注28]

タイプにおもねるマスコミはこの選挙結果を「ジェントルマンの勝利」[原注29]と称えたが、当のジェントルマンは敗北した敵陣営を政治的にも経済的にも行き場がなくなるように仕向け、そのため多くの者が破滅していった。[原注30]タイプはこのあと何年も、憑かれたようにラーマンに復讐し続けた。攻撃のチャンスは一つも逃さなかった。彼はそれまでずっと、叔父の才能とカリスマ性をうらやみ続けてきた。「美食家」として贅沢な暮らしをしていると評判のラーマンに監視をつけ、地獄のような思いを味わわせた。

タイプは「恨みを募らせて、むきになって仕返しをしていました。その頃からタイプは、誰からも恐れられるようになったのです」とラーマンのかつてのゴルフ仲間は語る。「ラーマンがミリのゴルフ場に姿を現わすと、突然、皆が姿をくらまします。ゴルフ場でラーマンと一緒のところを、タイプのスパイに見られてはたまらないからです」。それまでラーマンと取引のあったビジネスマンたちは皆、公共事業の受注や有利な契約から締め出された。政治家も公務員も、タイプの叔父を支持しているなどと疑われれば、職を失った。「当時、私はラーマンとしょっちゅうゴルフをしていました。だが結局、もう彼とはプレーできなくなりました。公務員である私の息子が、クビになってしまうからやめてほしいと私に頼んできたのです」[原注31]。

それから二十年以上たって、二〇〇八年一月のラーマンの八十歳の誕生日に二人は公に和解した。タイブは相変わらず州首相で、叔父の方はもはや、タイブを政治的に脅かすような存在ではなかった。「血は水よりも濃い」。クチンのヒルトンホテルで催された誕生日パーティの席上、一〇〇〇人以上の招待客を前にしたスピーチの中でラーマンはそう言った。そうしてタイブを「ずっと愛していた」などと卑屈なことまで言ってのけた。[原注32] タイブも調子を合わせ、何も語らなかった。長年にわたる巨漢二人の戦いは、タイブに軍配が上がった。

叔父との争いであろうと、森林破壊に対するペナン人の抵抗運動であろうと、タイブは余程のことがない限り絶対に降伏しなかった。権力に対してあからさまな欲求を抱くあまり、彼は戦いのためには手段を選ばなくなった。しかし彼は待つことにおいても巧妙だった。敵が弱みを見せるまで、決して動かない。そうして、ここぞと思う瞬間に、たちまち行動を起こす。持てる力を全開にして、攻撃を仕掛ける。政界でタイブが五十年も勢力を保ってきたのは、ひとえにこの戦略のおかげだ。彼は、言葉ほど安上がりなものはないことを良く知っている。空手形と脅しが、彼の得意技だった。

権力はタイブの性格と外見を徐々に変えていった。サラワクを移動する時は、もはや裸足などにはならず、ナンバープレートに「サラワク州首相閣下」と書かれたロールスロイスを自分で運転する。人前に出る時は、作り物のような笑顔を浮かべていても目だけは不安そうだ。赤すぎるほどの唇と、年を追って青ざめていく皮膚、白髪まじりのあごひげ、妙に大きな金のメガネフレームが、ちぐはぐな印象を与える。多くの独裁者がそうであるように、タイブもまた極端に疑り深く、迷信深い。何年も、自宅の地下室でパキスタン人ボモ（呪術医）に怪しげな魔よけをさせていて、彼の最も信頼する政治アドバイザーともなっている。[原注33] 黄色が彼を守ると言われたので黄色い服を好み、右手にはヘーゼルナッツほどの大きさのイエロー・ダイヤモンドの乗った重そうな指輪をはめている。

タイブは公の場ではいつも、いっぱしの政治指導者として振舞おうとする。そして苦心してレトリックに磨きをかけた。環境保護に関心があるとか人権を尊重するとか、ペナン人のための開発に何百万ドル使うとか、広大な森を明けわたすなどと、彼がこれまでに何回言ったか数えきれない。何年かたてばそんな約束を覚えている者はいない、あるいは守らなくてもすむ言い訳をいくつでも思いつくと、彼はいつも思っていた。タイブが辞任すると約束したところで、あとになって取り消されるだけだ。後継者になれそうな者が何人か選ばれ、互いに争っても、結局、誰も後継者になれない。レトリックごっこでタイブの右に出る者はいない。結局は何も変えないための方便にすぎない。

タイブのすさまじい権力を目の当たりにしたスイス人がいる。森林問題の専門家ユルゲン・ブラーゼルだ。ブラーゼルは長年スイスの開発援助機関インターコーポレーションや世界銀行で勤務し、仕事でサラワクを二〇回訪れている。彼はタイブに三度会ったことがある。本書の執筆中には、ブラーゼルはベルン応用科学大学の教授で、スイス政府に対して熱帯林と気候に関する問題のアドバイスをしていた。ベルン郊外のツォリコフェンの森に近いオフィスで、五十八歳のブラーゼルはマレーシアを訪れた時の話をしてくれた。「はじめに、一九九三年にスイス議会の代表団と一緒にタイブに会いました。私たちは彼の私邸のラウンジに通されました。タイブは政治リーダーらしく、謙虚に振舞っていました。『はい、マンサー氏やペナン人とは問題が生じています。彼らは開発に反対なのでしょう』と彼は言いました。タイブは私たちの見解を聞きたがっていて、自分のとった行動については、納得のいく説明をしていました」とブラーゼルは沈痛な面持ちで説明した。「数日後、クチンのヒルトンホテルで地元のマスコミ相手に記者会見をしたのですが、その時非常に緊張した雰囲気になりました。地元ジャーナリストたちはスイス代表団がやっていることが内政干渉だと、猛烈に批判したのです」[原注34]。

一九九七年に二度目の訪問をした時も、ブラーゼルは似たような経験をした。世界銀行の代表団と、サラワク北部のペナン人の雨林を保護するために生物圏保存地区を作る二〇〇〇万ドルの事業を提案しに行った時だった。この時もタイブは外国からの客に『良い人』として振舞っていた。まるで王族でも出迎えるように、彼は空港で警察の護衛つきのメルセデスのリムジンに代表団を乗せた。駐マレーシアのアメリカとスイスの大使もその車に乗っていた。「会議が終わった時、私は前向きな気持ちでいました。そしてこう独り言を言ったのです。タイブは、この事業と二〇〇〇万ドルという金額に絶対に興味を持っている、と。しかし、それはとんだ大間違いでした。翌日私は、批判の嵐に曝されることになりました」。

「悪役」は、閣内の仲間ジェームズ・ウォンにやらせた。その時ウォンは環境大臣で、ペナン人のテリトリーに広大な伐採ライセンスを持つ木材企業家でもあった。ウォンは大使たちが退席するまで待って、ブラーゼルを非難し始めた。「ウォンは私に向かって、あんたは良からぬことを企んでいるんだろうとわめきました。ウォンは部下にサラワクの地図を持ってこさせ、サラワクの真ん中を流れるラジャン川を指さしました。『この川の向こうには一歩も入らせないぞ』と言うのです。そうです、世界銀行の事業はその川の向こう岸が対象でした。私は世界銀行代表団の一員だと言っているのに、ブルーノ・マンサーから送り込まれた人間だと言いがかりをつけられました」。

結局、世界銀行はタイブ政権から、サラワクの隅の方にとても小さな事業を提案された。国際的な資金が投入されるというのに、そこに生物圏保存地区が作れるかどうか調査も行なわれていないような場所だった。ブラーゼルがサラワク北部を再び訪れることを許されたのは、マンサーが失踪してからのことだった。そこでプロン・タウ国立公園を設置する業務に携わった。そこは木材業界にとってどうでも良い場所だった。原注35

サラワク・モノポリー

一九八七年、タイブは叔父のラーマンに勝利し、政治権力は盤石だった。彼の次なる目標は、サラワク全土を経済的に支配することだった。その目標を果たすために、州営企業チャヤ・マタ・サラワク（CMS）を利用した。東マレーシア（サバとサラワクの二州をさす）最大の企業で、当時の主な製品はセメントだった。

一九九三年から一九九六年の間に公営企業の民営化・会社分割・新会社設立を着々と行ない、CMSはサラワクのビジネスでも特に利益の上がる分野で成長した。そこでタイブ一族は満を持してCMSを手中におさめた。

ここでタイブ一族が行なった複雑なプロセスは、「逆乗っ取り」（未上場の企業が上場企業を、または小さな会社が大きな会社を吸収合併すること）と呼ばれる。CMSがタイブ一族の企業を高値で買収し、株式スワップ（現金でなく株式で買収の代金を支払うこと）によって支払いをする。そうすると、タイブ一族が州営企業の大株主になるという寸法だ。[原注36] 簡単に言うと、詐欺である。この方法でタイブの近親者、つまり妻のライラや四人の子どもたちが、数百万ドルの公共事業受注契約で成り立つサラワク最大企業の大株主となった。

すでに木材輸出において独占的ビジネスをしていたタイブ一族は、CMSのほとんどの株を取得したことで、サラワクで特に儲かる四部門を一気に独占することになった。セメント製造、製鉄、株式取引、そしてＣＭＳの子会社でイスラム系銀行のウタマ・バンキング・グループ（ＵＢＧ）である。[原注37] この独占状態はもちろん、たゆまぬ政治工作の賜物だ。

金融会社サラワク・セキュリティを例にとろう。同社は一九九二年の設立直後にＣＭＳによって買収された。同社は金融業に何の実績もないまま、普通ならなかなか手に入らない株式取引ライセンスをマレーシア財務大臣から与えられた。[原注38] また一九九三年には、ＣＭＳはとてつもなく儲かっていた採鉱会社と製鉄会社を手に入れた。売主はサラワク州であった。[原注39]

州営セメント会社ＣＭＳは数年のうちに、有価証券取引、道路建設・メンテナンス、水道事業、採鉱業、鉄鋼・電線製造、投資会社など、多様な業種のコングロマリットとなった。[原注40] クチン大学政治科学部教授アンドリュー・アエリアは、ＣＭＳのこれまでの動きを調査し、論文の中で次のような結論に至っている。「この合併によってＣＭＳは、サラワクにおける無敵のインフラ・金融コングロマリットとなり、マレーシア証券取引所における巨大プレーヤーとなった」。[原注41]

タイブ一族がＣＭＳをコントロールしていることは、サラワクで広く知れわたった。サラワク経済界などさして大きくないため、皆がお互いを見知っているからだ。一九九五年、タイブの息子アブ・ベキルとスライマンは同社の取締役となり、タイブの弟オンは会長になった。コロンボ計画の奨学金を得てアデレード大学で共に学んだ、タイブの長年の友人である建築家ヒッジャス・カツリも、ＣＭＳの取締役になった。アデレード時代以来、彼はクアラルンプールでビジネスを展開し、タイブ一族のお抱え建築家のようになっていた（第四章参照）。[原注42]

こうしたことから、サラワクの人々はＣＭＳに別の言葉をあてて面白がった。チャヤ・マタ・サラワク（サラワクの瞳の光）でなく、「チーフ・ミニスター・アンド・サンズ」（Chief Minister and Sons: 州首相と息子たち）だ。「ザ・コン・マン・オブ・サラワク」（The Con Man of Sarawak: サラワクの詐欺師）というものもある。[原注43]

雨林を巡る戦争

一九八七年の大々的な道路封鎖のあと、治安維持活動、逮捕、脅迫をどれだけ繰り返しても、原生林伐採に反対するペナン人の抵抗運動は止まらなかった。一九八九年秋には新たな道路封鎖の波が巻き起こり、森に暮らす約四〇〇〇人の先住民族が参加した。一一七人のペナン人が逮捕・拘留された。[原注44] その頃、ブルーノ・マンサーは蛇にかまれ、その毒に苦しんでいた。そして国外から先住民族の友人たちを助ける方が良いと考えるようになっていた。サラワクで六年間すごした末に、一九九〇年初頭、彼は偽名でスイスに戻り、ブルーノ・マンサー基金（BMF）を設立した。

ブルーノ・マンサーが企画した一九九〇年はじめ頃の重要な活動は、ペナン人代表団の世界抗議ツアー、日本の丸紅グループ（サラワクの木材の最大の購入者の一つ）本社前での抗議行動、ベルンのスイス連邦議会前での六十日間ハンストなどがあった。そして、タイブ政権が彼を入国禁止にしていたが、密かに国境を越えてサラワクのパートナーたちのもとへ何度も戻った。

サラワクでのマンサーの最も大切なパートナーの一人が、ムタン・ウルドであった。本書の序文の執筆者である。政治力に長けた彼は、リンバン川上流のロング・ナピル出身のケラビット人だ。ロング・ナピルは、環境大臣ジェームズ・ウォンが伐採ライセンスを持つ地域の中にある。ムタンは海外ジャーナリストたちが密かにペナン人を取材できるように取り計らい、道路封鎖を企画し、先住民族の抗議行動の調整役をした。一九九〇年末には、サラワクの状況を世界に知らせるために、二人のペナン人代表者とブルーノ・マンサーを伴って、一三カ国・二五都市を七週間で回った。[原注45]

政府や企業からの攻撃を考慮して、ムタンは自分が設立したサラワク先住民族連合（SIPA）の本部を、ボルネオ島沖のラブアン島へと移した。ラブアンから海沿いのリンバンやコタキナバル〔サバ州の州都〕やブルネイへは、高速船であっという間だ。

しかしそれでも、ムタンはハリソン・ガウと同じ目にあうことになる。マレーシアの公安当局、特に恐るべきスペシャル・ブランチ（秘密警察）は、そういつまでも黙っていなかった。ムタンのケースは一九九二年二月五日、バラム川上流のロング・アジェン付近で行なわれていたペナン人の道路封鎖を、治安維持軍が撤去しようとした時に起こった。一九九一年五月半ばから、五〇〇人以上のペナン人が伐採企業サムリングのバラム川上流への侵入を阻止していた。

ムタンは一九八〇年代に、親戚の警察高官からブルーノ・マンサーの動向を定期的に秘密警察に報告するように強く求められていた。だが今度は、公安組織の怒りが直接彼に向けられた。人懐こい隣人が、実は警察のスパイだった。SIPAの事務所に警官隊がなだれ込んで彼を逮捕した。SIPAが公式に登録されていない団体だというのがその理由だった。彼の拘留中、ロング・アジェンの道路封鎖は連邦治安維持軍によって撤去された。連邦治安維持軍とは、一般市民の抵抗運動を暴力で鎮圧する特別警察隊のことである。

結社の自由――国際条約で保護された基本的人権の一つ――に反し、政府に登録されていない七人以上の団体は、マレーシアでは違法である。マレーシア内務省の団体登記所（ROS：Registrar of Societies）はすべての団体を厳しく監視・監督し、政府が社会全体をコントロールするためのこの上なく効果的な手段となっている。役人というものは、婉曲表現が実にうまい。ROSの目的は「平和、厚生、安全保障、公的秩序、道徳に反しないように、健全で秩序ある社会の成長と発展」を保証することなのだそうだ。[原注46]

森林伐採に反対するペナン人の抵抗運動は、タイブとその友マハティールからは「健全で秩序ある社会」を脅かすものに見えたに違いない。かくしてムタン・ウルドは監獄へ送られた。一カ月を独房ですごしたあと、一九九二年三月三日、裁判所命令によって彼は釈放された。しかし敵はそれで許してくれなかった。釈放から四十五分もたたないうちに、ムタンは再び警察に逮捕された。今度は非常事態条例による逮捕だった。[原注47]

民主主義や法による統治などにはほとんど興味がなく、西側諸国をこきおろすのが大好きな元医師マハティール・モハマド首相は、その日、スイスにいるブルーノ・マンサーに彼を誹謗する手紙を書いた。マハティールは、ペナン人との戦いでケガ人が出れば、それはマンサー個人の責任だと脅した。抵抗運動そのものは、非暴力を貫いていたというのに、だ。手紙にはこう書かれていた。「サラワクの治安維持行為においてペナン人や警官が死傷した場合、それは貴兄の責任だ。ペナン人が法に背いた勝手な行動を起こし、政府に吹き矢・弓矢・山刀を向けるようそそのかしたのは、貴兄およびその同調者である。（……）傲慢な振舞いはやめよ。世界の諸民族の運命を決めるのは白人だなどと思うのは、やめよ。（……）貴兄はペナン人の指導者ではないのだ」。[原注48]

このあとムタンの釈放を求める国際的な運動が大々的に展開され、一九九二年四月に彼は釈放された。拘留中の厳しい環境で彼は体を壊し、カナダに移住することを決めた。一九九二年五月、ムタンはブルーノ・マンサーと共に、リオデジャネイロで開催された国連地球サミットに出席した。同年十二月には、ニューヨークの国連総会で演説をした。[原注49] そのあと、ムタンは人類学を学ぶためにバンクーバーに行き、カナダ人と結婚して、家庭を持った。彼がふるさとに戻るのは、二十年後のことになる。

ペナン人の新たな抵抗文化

サラワク先住民族同盟（ＳＩＰＡ）が消滅しても、ペナン人は抵抗運動をやめなかった。道路封鎖を暴力で鎮圧しても、彼らはまた奮い立つだけだった。彼らは伐採業者にどうやって立ち向かうかを知ってしまった。他の先住民族が服従していっても、従順と思われていた「気高き未開人」は先祖伝来のテリトリーを守るために精一杯の決意を見せつけた。ブルーノ・マンサーとムタン・ウルドが去ったあと、彼らはそれまでになく自立的になった。この間、ペナン人の新世代リーダーたちが抵抗運動を組織するようになっていた。

ロング・アジェンでの治安維持活動から一年、ペナン人は再びバラム川上流の先祖伝来のテリトリーのはずれにある道路を封鎖した。[原注50] 教会の建つ道路封鎖の村は、その場所を永久に封鎖する覚悟で臨んだ。一九九三年九月二十八日に、三〇〇人の警官と森林庁の職員が催涙ガスとブルドーザーでバリケードを解体するまで、道路封鎖は六カ月も続けられた。ペナン人一一人が逮捕され、四歳の男の子が一人、おそらく

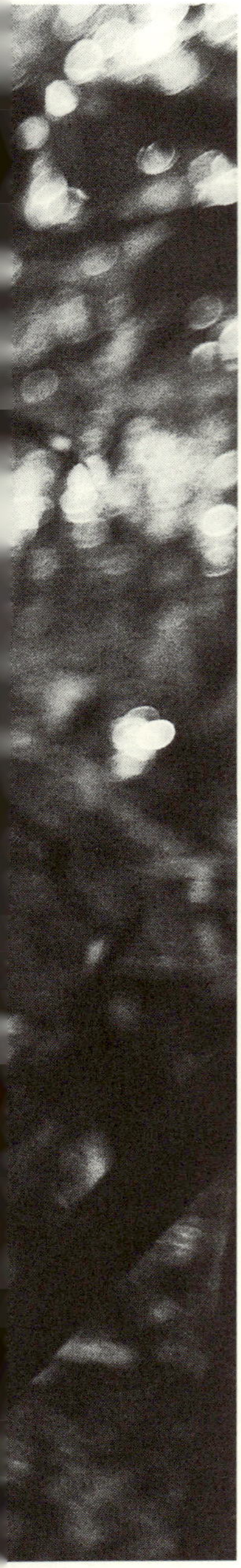

太古の昔から、狩猟採集民族ペナン人は
ボルネオの雨林を移動生活していた。

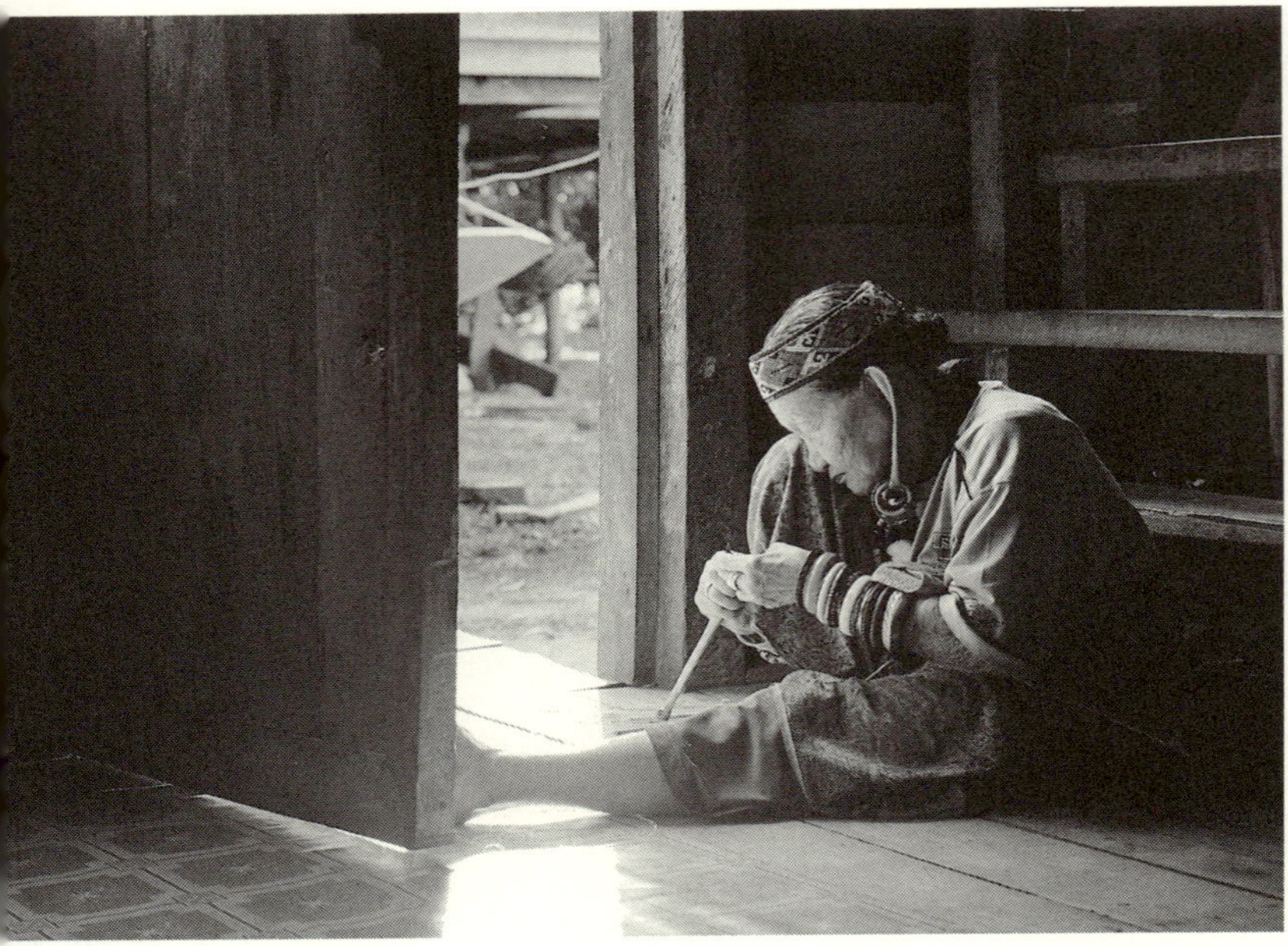

サラワク、バラム川上流のペナン・ピースパークにて
フランス人ジャーナリスト、ジュリアン・クコンタンが
2012 年に発表した写真

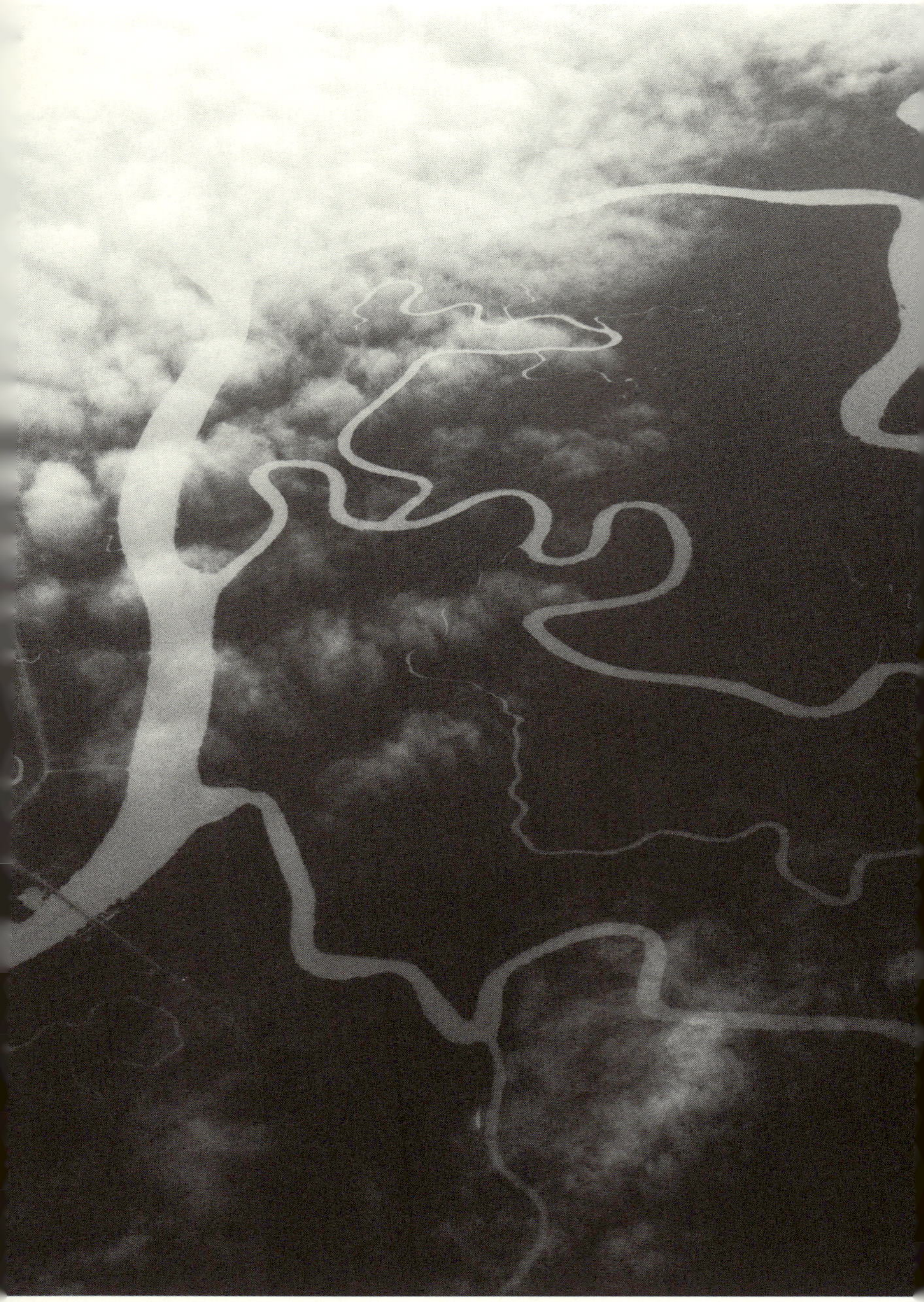

サラワク州　木材生産量　1975年〜2013年（単位㎥）

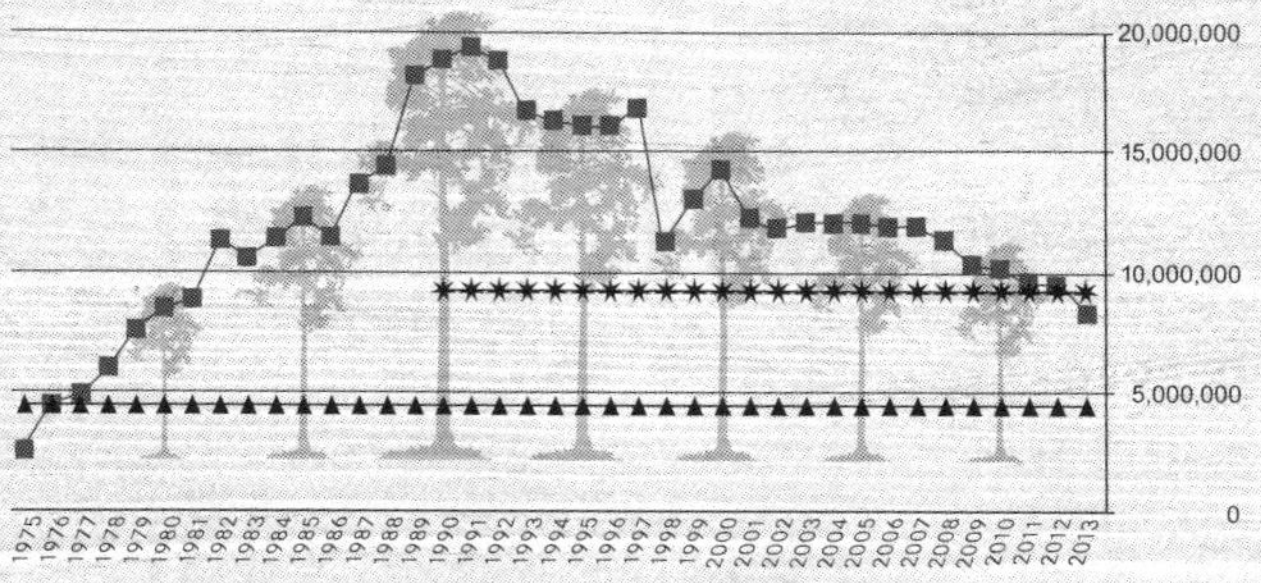

■　木材生産量（㎥）　　★　ITTO勧告（㎥）
▲　FAO勧告（㎥）

サラワク州　六大木材生産者と2010年の事業内容

社名	サラワク州の木材伐採ライセンス（ha）	サラワク州のプランテーションライセンス（ha）	国際木材ビジネス	輸送	貿易	建設	天然資源	不動産開発	マス・メディア	金融	観光
サムリング・グループ	>1,300,000	>632,876	○	○	○	○	○	○			○
リンブナン・ヒジャウ	>1,000,000	685,073	○	○	○	○	○	○	○	○	○
WTKグループ	850,000	264,472	○	○	○	○					○
タ・アン・グループ	>577,000	413,644	○					○			
KTSグループ	N.A.	430,909	○	○	○	○	○	○	○		○
シン・ヤン・グループ	N.A.	372,918		○	○	○	○	○	○		○

出典：1 STIDC; Forest Department Sarawak; ITTO; Jomo et al. 2004.
　　　2 Annual Reports; KLSE; Stock Market Announcements; Faeh 2011.

N.A.　データなし

ボルネオの雨林は世界で最も多様な生物圏の一つ。
サイチョウ（左上）やボルネオウンピョウ（左下）は、
数千種の動物種のほんの一部である。
数十種のワイルド・ジンジャー（右上）や
魅惑的な熱帯の果実のなる植物も生息する。

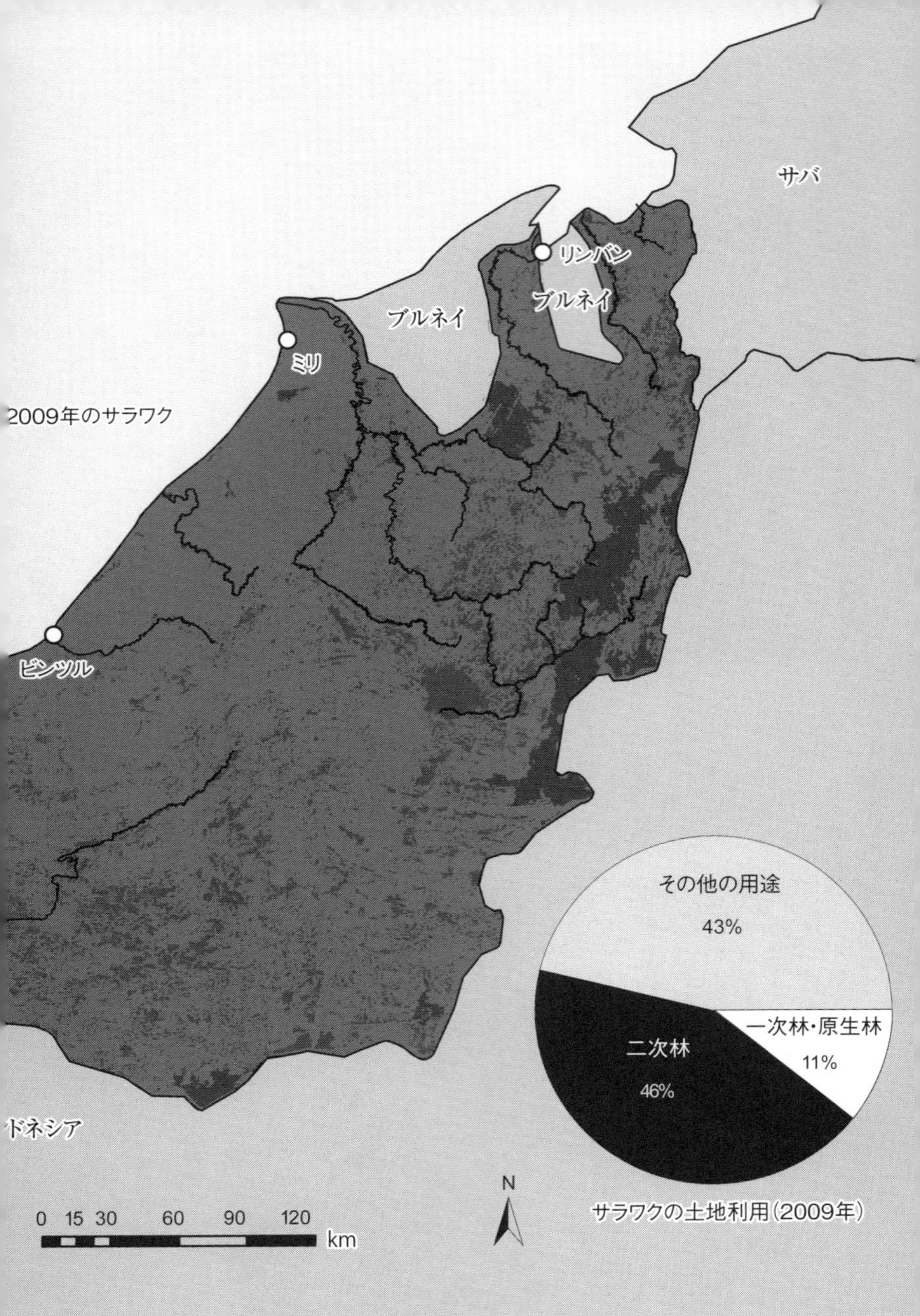
サバ
リンバン
ブルネイ
ブルネイ
ミリ
2009年のサラワク
ビンツル
ドネシア
その他の用途
43%
一次林・原生林
11%
二次林
46%
サラワクの土地利用（2009年）
N
0 15 30 60 90 120
km

木材伐採が急速に進行したサラワク

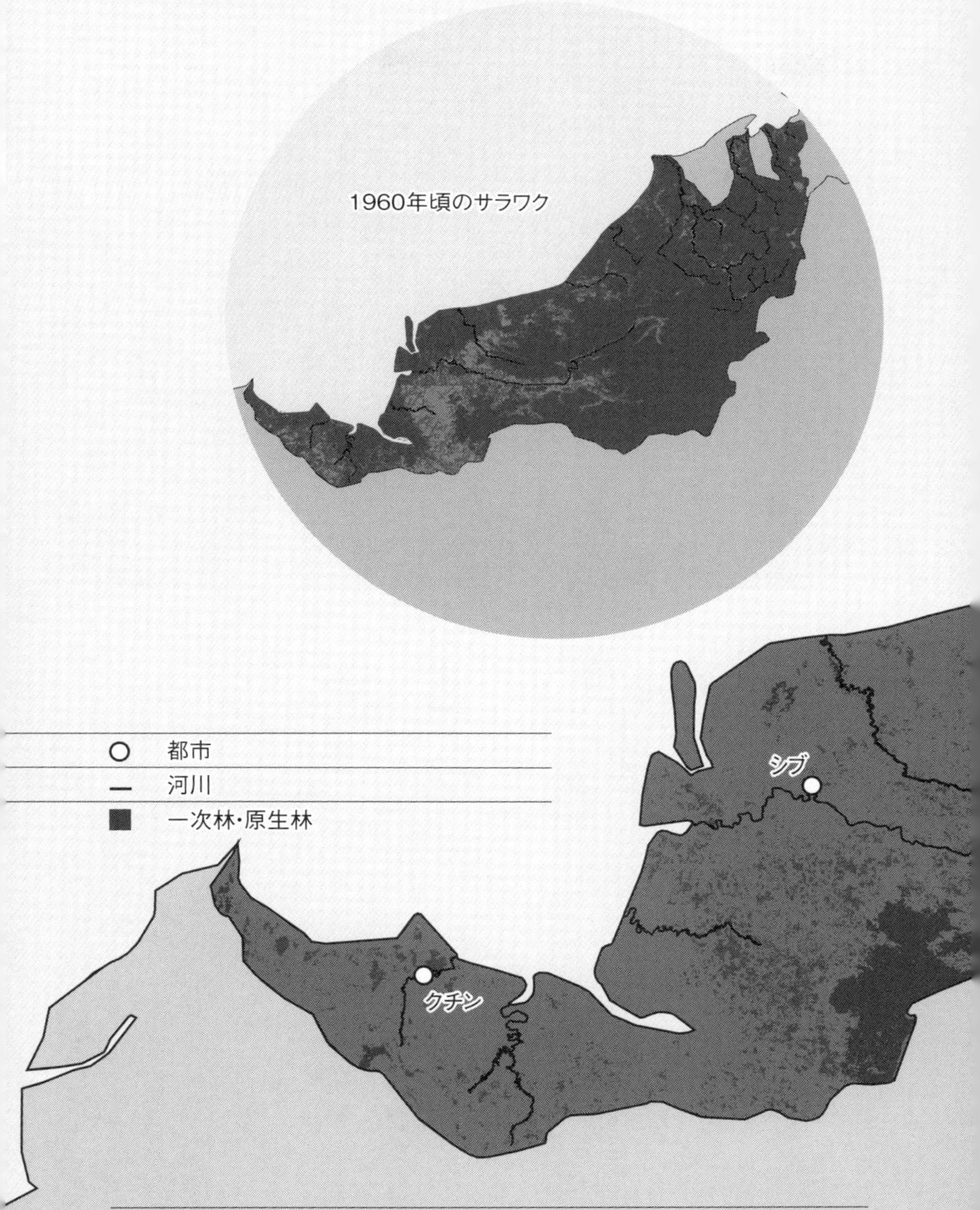

出典：1 Sarawak Land and Survey Dept (1956–1957). Land use map of Sarawak and Brunei. Sarawak series no. 10.
2 BMF analysis of satellite images.

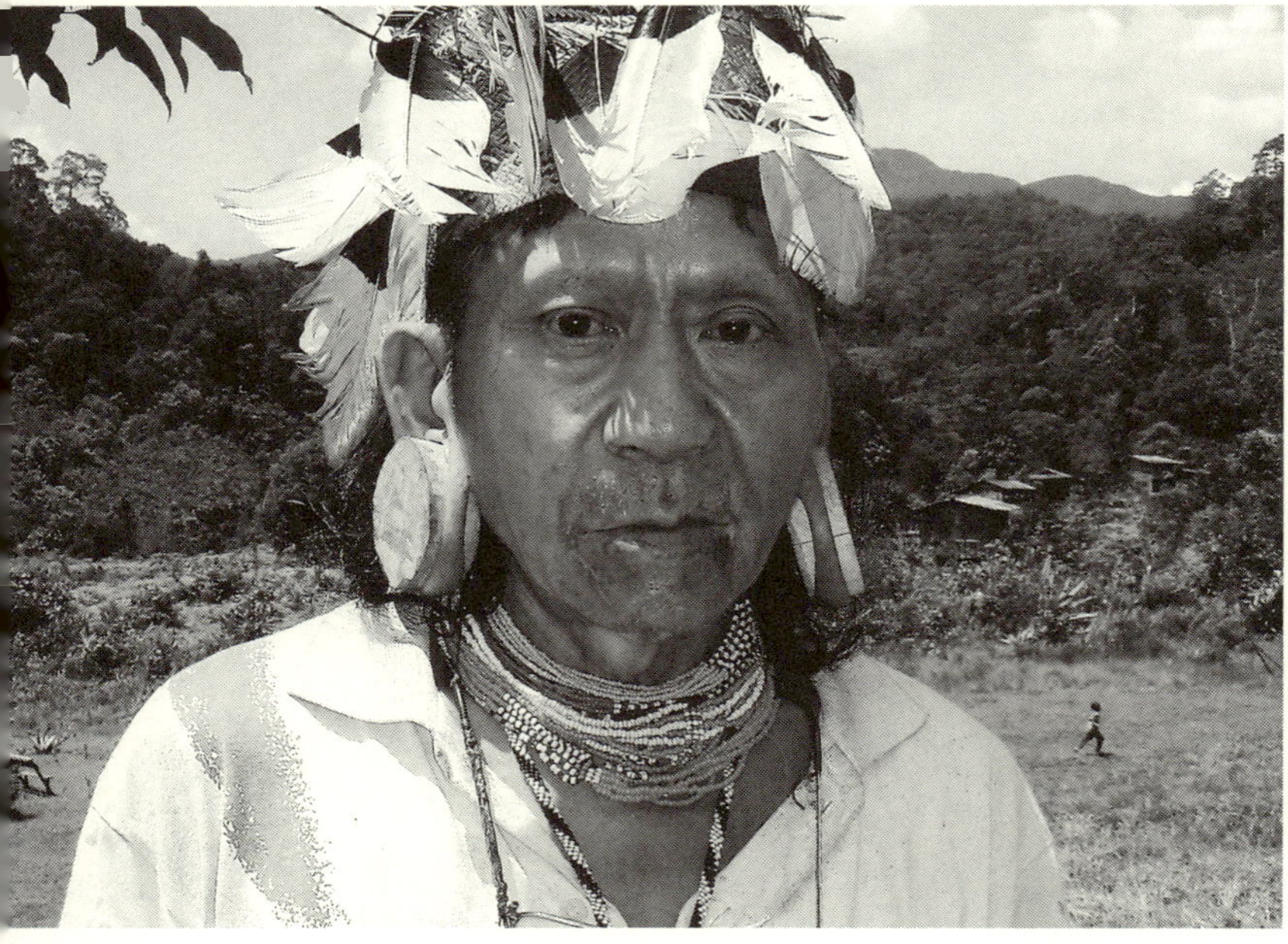

1980年代の終わりから、熱帯雨林保護活動家のスイス人ブルーノ・マンサー（右上）と彼の指導者のノマド・ペナン人首長アロン・セガ（右下）は、タイブ政権の伐採政策に抗議する数百人のペナン人に影響を与えた。彼らの行なった伐採道路封鎖（下）という平和的抗議行動は世界中の注目を集めた。

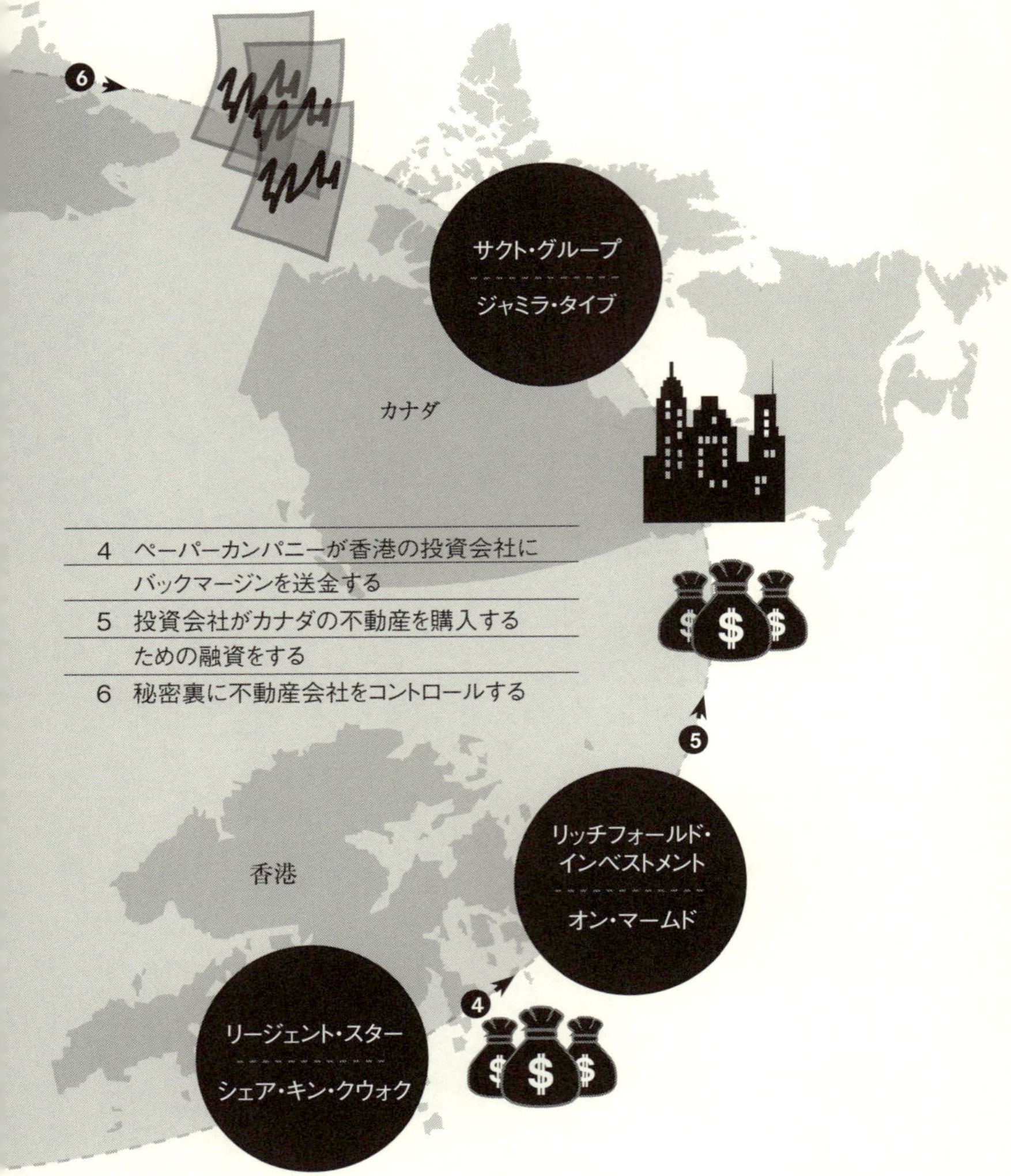
6
サクト・グループ
ジャミラ・タイプ
カナダ
4 ペーパーカンパニーが香港の投資会社に
バックマージンを送金する
5 投資会社がカナダの不動産を購入する
ための融資をする
6 秘密裏に不動産会社をコントロールする
5
リッチフォールド・
インベストメント
オン・マームド
香港
4
リージェント・スター
シェア・キン・クウォク

出典：*BMF 2013*

サラワク熱帯木材輸出と違法資金流出

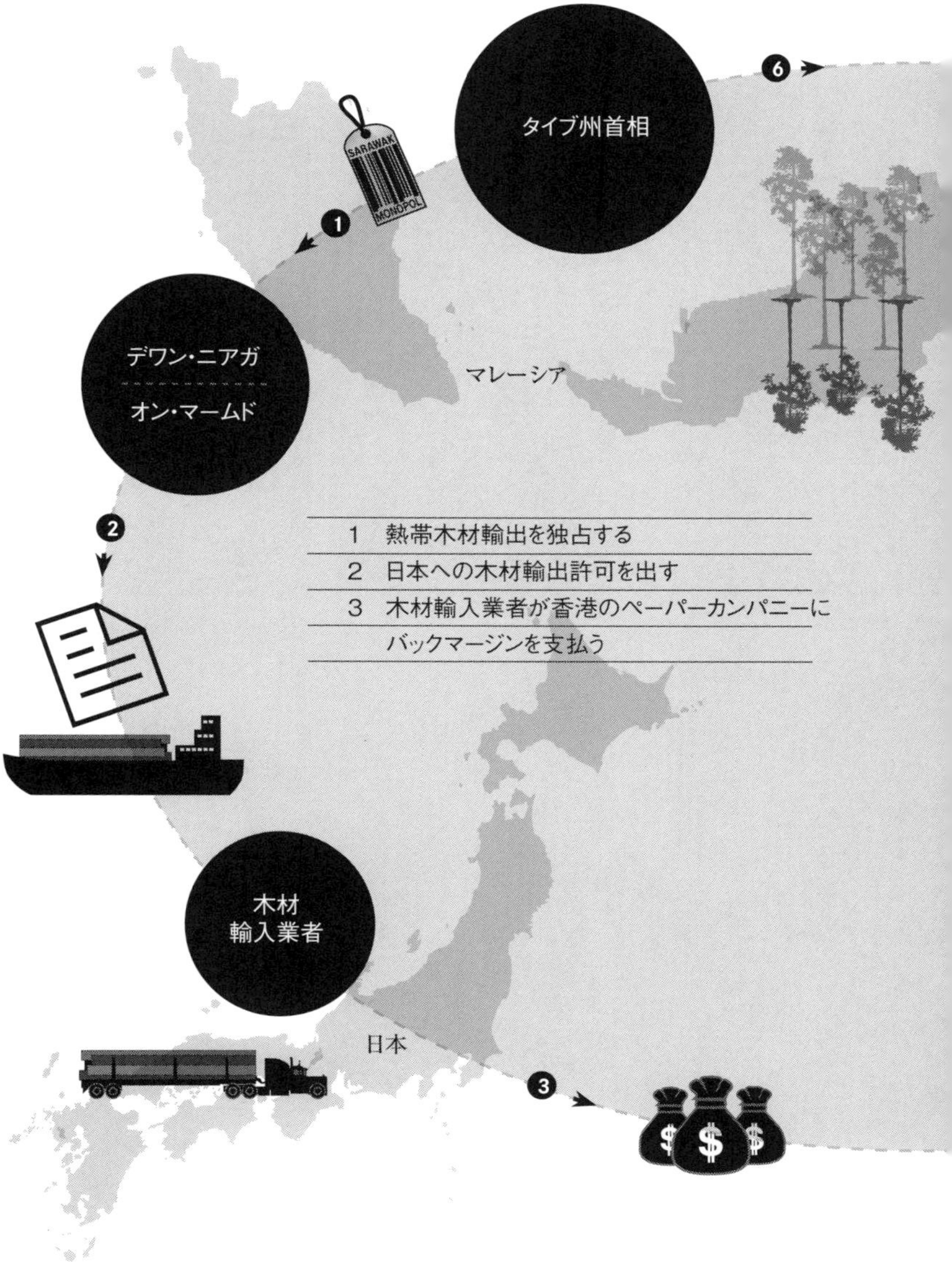

1980年代初頭から、500億ドル相当の熱帯広葉樹がサラワクで伐採された。一度伐採された森は、土壌浸食などが起こりやすくなり、荒廃しやすくなる。

熱帯木材輸入国・輸出国トップ10　2011年（単位㎥）

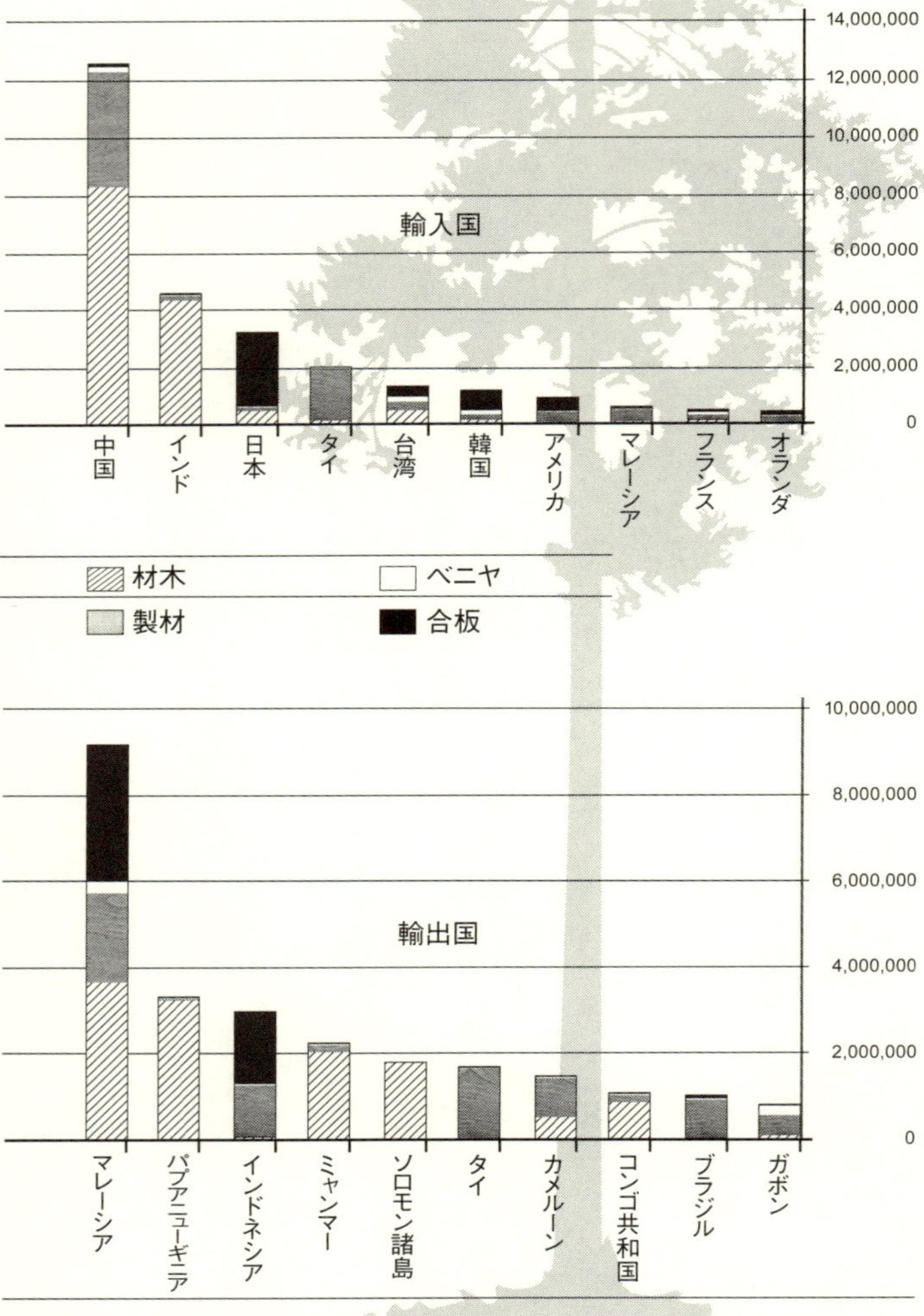

出典: ITTO Annual Report 2012

熱帯木材輸入国・輸出国トップ10　1991年（単位㎥）

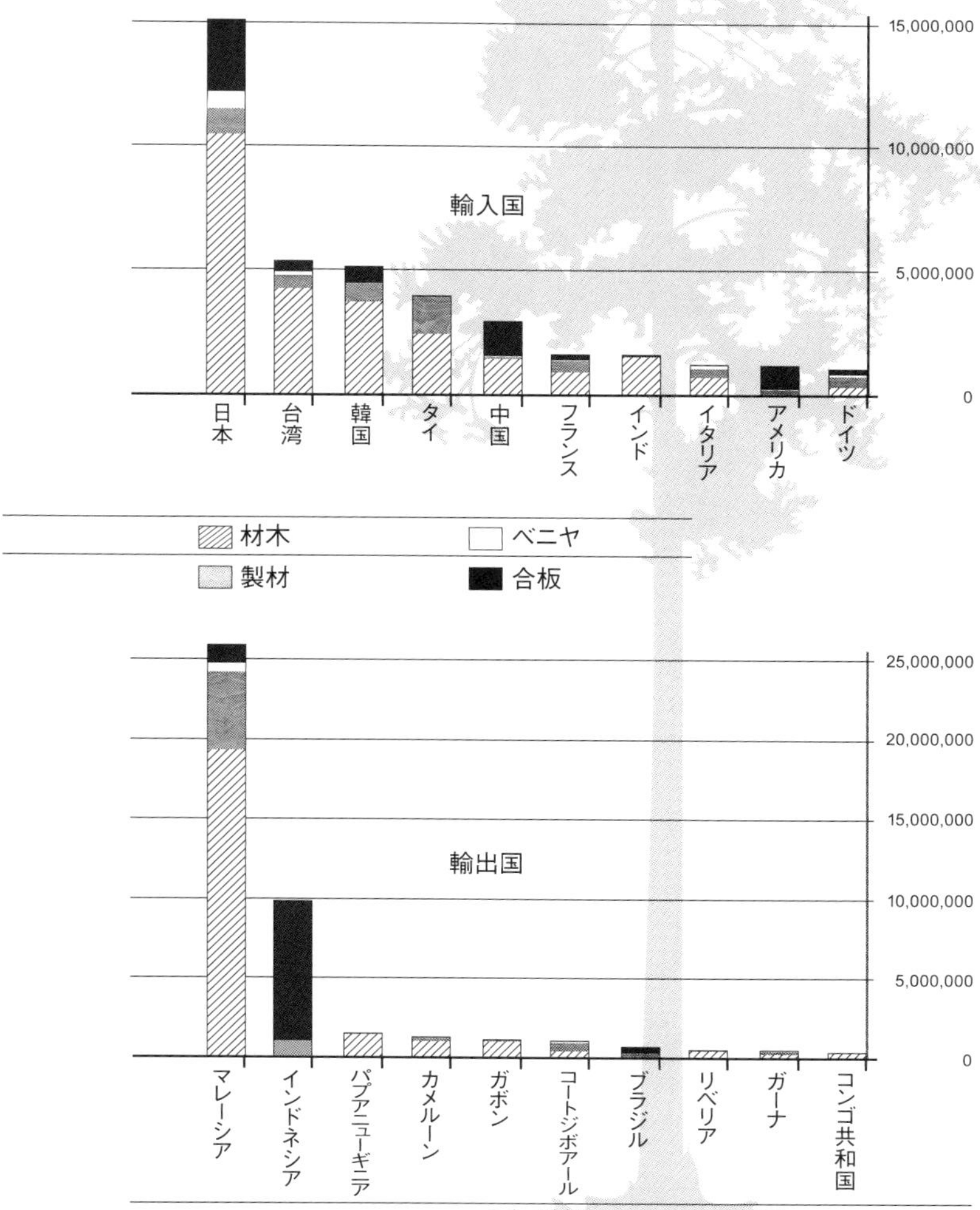

出典: ITTO Annual Report 1992

出典: Annual Reports; Faeh 2011; www.forestsmonitor.org; Global Witness

サラワク伐採企業の拡大(1990年〜)

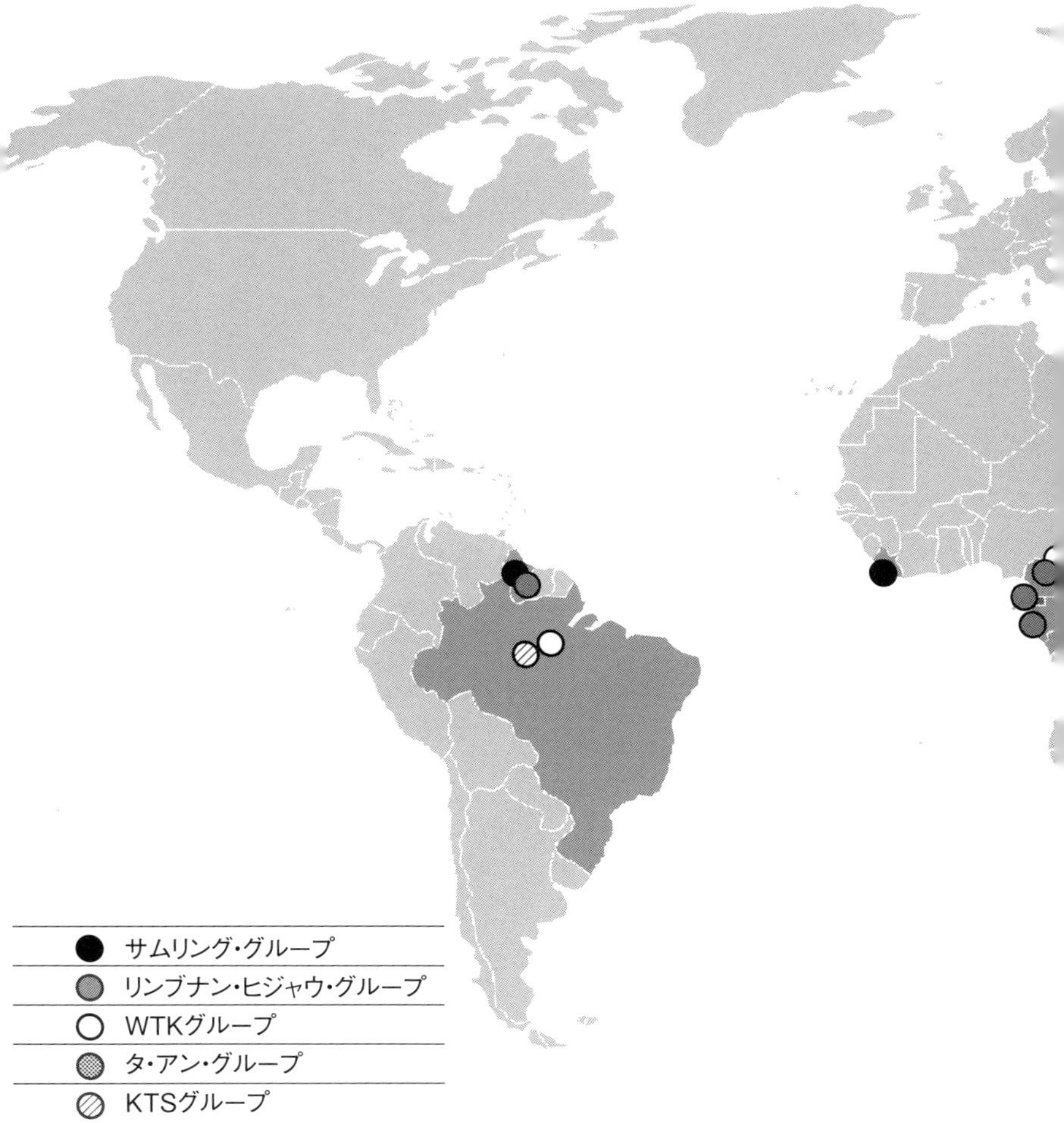

STOP
BARAM
DAM

RESPECT
FREE, PRIOR & INFORMED CONSENT
STOP
BARAM
DAM
BAKUN
is
ENOUGH
RESPECT
NATIVE
RIGHTS

タイブ政権は、数百平方マイルの熱帯雨林を水没させ、
ボルネオの先住民族数千人を強制移住させる事業を計画し、
サラワクの先住民族コミュニティが怒りの抗議行動に立ち上がった。

マレーシア
インドネシア
ブルネイ
ミリ
リンバン
ブルネイ
ラワス
トゥルサン
リンバン1
リンバン2
海
シナ
ンツル
バラム1
バラム3
ベレペー
バクン
ベラガ
ムルム
リナウ
ス
バレー
インドネシア
N
0
25
50
km

サラワクのダムプロジェクト(2014年現在)

ダムプロジェクト	現状	面積 (km²)	影響を受ける村の数	海抜 (m)	発電能力 (MW)
バクン	完成	700	31	255	2400
バレー	計画段階	527.3	1	241	1300
バラム1	計画段階	412.5	36	200	1200
バラム3	計画段階	6.3	4	435	300
バタンアイ	完成	76.9	59	125	108
ベラガ	計画段階	37.5	0	170	260
ベレペー	計画段階	71.8	5	570	114
ラワス	計画段階	12.4	1	225	87
リンバン1	計画段階	6.3	1	100	42
リンバン2	計画段階	41.3	11	230	245
リナウ	計画段階	52	3	450	297
ムルム	建設中	241.7	10	560	944
ペラグス	計画段階	150.8	78	60	410
トゥルサン	計画段階	47.4	5	510	200

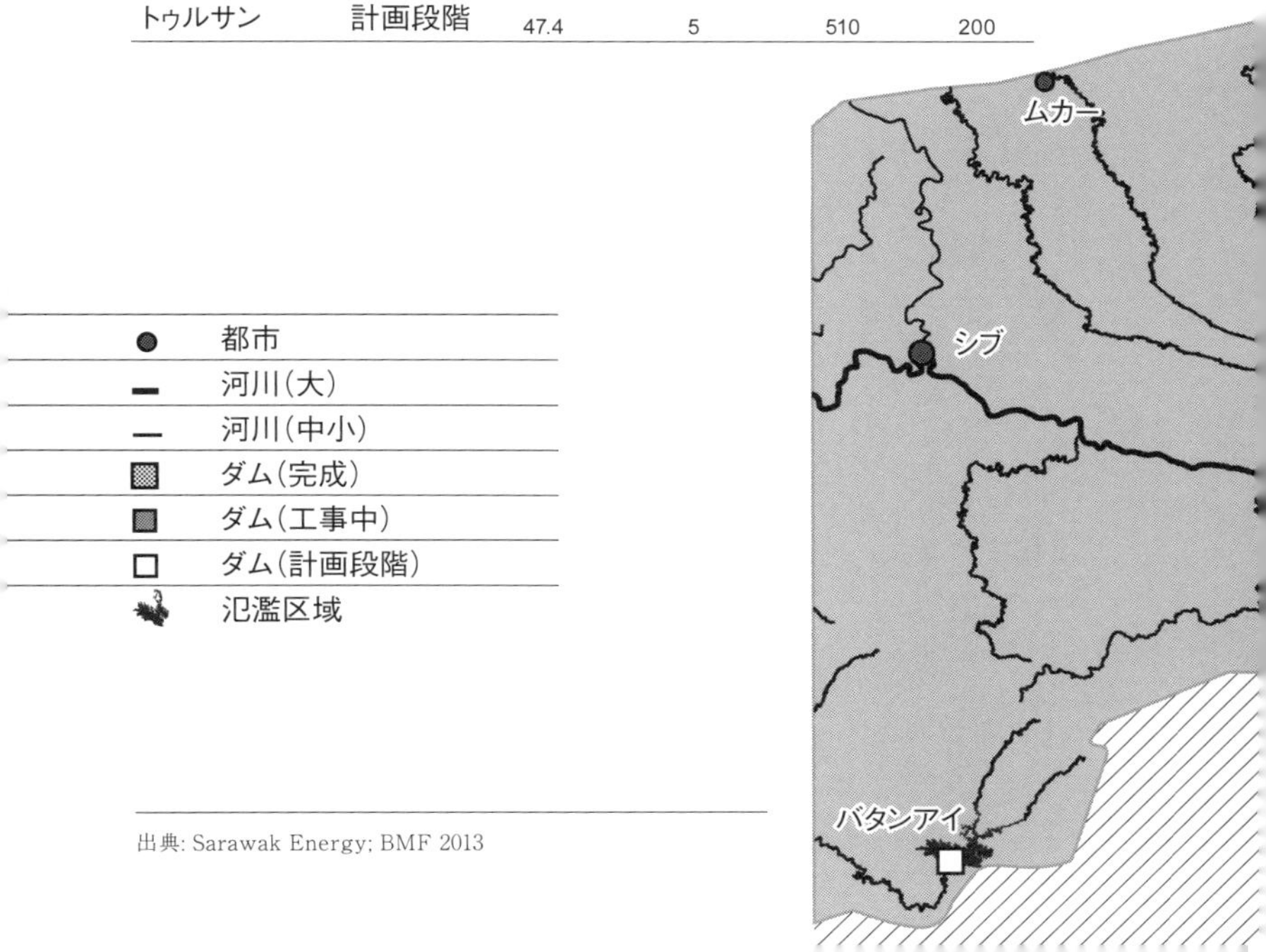

出典: Sarawak Energy; BMF 2013

雨林がオイルパーム・プランテーションに変わると、
景色はもう、元には戻らない。パームオイル企業は、
先住民族コミュニティに何の断りもなく彼らの土地を奪う。

世界のパームオイル消費量　1992年〜2014年（単位百万t）

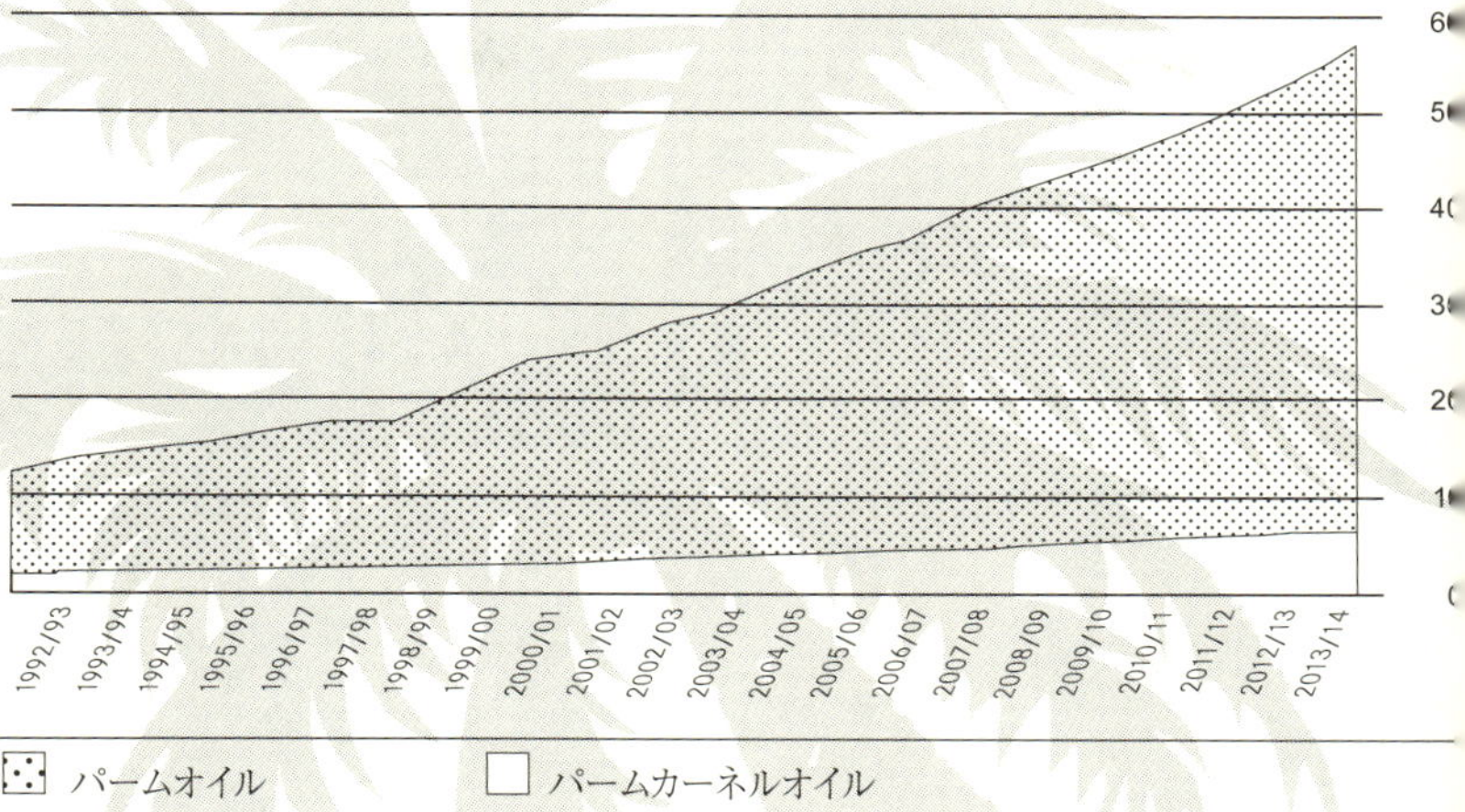

世界の植物性油脂消費量　1992年〜2014年（単位百万t）

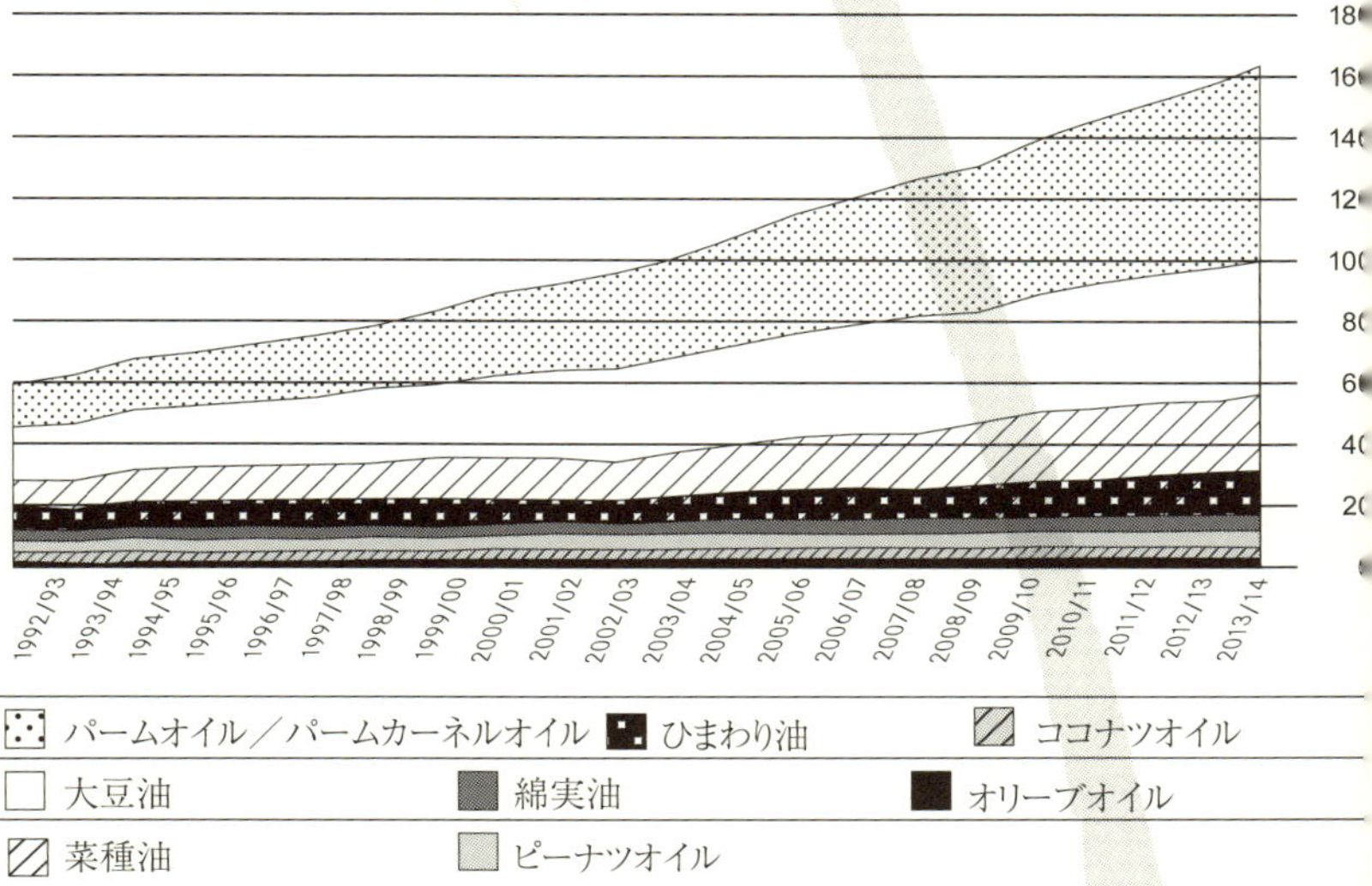

出典: USDA statistics

②

③

④

⑤

⑥

⑦

⑧

⑨

2011年、タイブのサラワク州首相就任30周年のタイミングで、市民運動家たちがオタワ（①～②）、シアトル（③～⑥）、ロンドン（⑫）にあるタイブ一族が所有する不動産の前で抗議行動を行なった。

さらにスイス、ベルンのマレーシア大使館前と国会議事堂前（⑦～⑨）、オーストラリアのホバート港（⑩）とアデレード大学前（⑪）でも抗議行動を行なった。

⑩

⑪

⑫

Stop timber corruptio
in Sarawak!
Freeze Taib ass ts
stop-timber-corruption.org
①

ボルネオの雨林１ヘクタールには
ヨーロッパのすべての森を凌ぐ
樹種が生息する。ボルネオの天然
の宝を次世代まで残そうと思うなら、
国際社会は断固とした行動で
支援していかなくてはならない。

は催涙ガスの毒で亡くなった。[原注51] 彼がペナン人と伐採業界との争いの唯一の犠牲者というわけではない。一九九四年九月八日、ロング・ムブイ付近の道路封鎖に対する治安維持活動で、催涙ガスが大量に使用され、六十歳のペナン人が死亡している。[原注52] また、一九九四年十月にバ・ケラメウの道路封鎖のリーダーであるアブン・イプイ牧師が、おそらくは伐採業者によって殺されている。彼の遺体は、腹部が切り裂かれ、彼の村の近くの川に浮かんでいるところを発見された。

あるペナン人の老人が当時を振り返ってこう言った。「あの頃はまるで戦争のようだった。サムリングなどの伐採企業が、私たちの森に何が何でも侵入して、貴重な木を切り倒そうとした。タイブ政権や警察はその行為を支援した。私たちの権利など、どうでも良いと思われていた」。

その頃、バラム川上流ではペナン人ジョー・ジェンガウ・メラが、伐採業者への抵抗運動のリーダー格になっていた。オーストラリア人宣教師たちが運営するボルネオ宣教師会の小学校を卒業したあと、彼は一九七〇年代に公立中等学校の課程を修了した。若いペナン人の例に漏れず、卒業後の最初の職は木材会社のガードマンだった。材木置き場から材木が盗まれないように監視するのが彼の仕事だった。一九九〇年代初頭、道路封鎖が盛んに行なわれていた頃に、彼の出身の村から多くの人が逮捕された。敬虔なクリスチャンである彼は、獄中の村民たちを訪ねた。これがきっかけとなって、彼は木材会社の仕事を辞め、ミリで給料の安いガソリンスタンドやコックの仕事に就いた。彼が、町にやって来るペナン人たちの重要な窓口となったのは、それからまもなくのことだ。彼は、はじめの頃は電話とファックス、やがてEメールを使って、ブルーノ・マンサーや海外NGOとペナン人たちとの仲介をした。クチンでコミュニティ・オーガナイザーとしての訓練を受け、ペナン人首長たちから対外的な代表者に指名された。一九九八年、ジョー・ジェンガウ・メラはバラム川上流の四つのペナン人コミュニティの首長たちと共に、ペナン人の土地の権利を求める初の裁判のため、先住民族弁護士ハリソン・ガウを訪ねた。その対象地域はのちに、ペナン・ピースパーク（第十章参照）となる。

一九九〇年代に、ペナン人の運動は二通りに別れていった。バラム川上流のペナン人コミュニティは固い結束で抵抗運動を戦い、原生林のかなりの部分をチェーンソーから守った。一方、リンバン川流域に点在する小規模グループのノマドたちは、テリトリーに伐採業者の侵入を許してしまった。マンサーは、その最後の狩猟採集民族のパラダイスをほんの数年前に発見し、日記に細かく記録してきた。しかし年々速度を増しながら破壊されていくのを、ただ見ているしかなかった。

マンサー最後の旅

ノマドたちが原生林を守れなかったことは、ブルーノ・マンサーにとってショックだった。そして彼はそれまでにも増して激しい運動を展開するようになった。彼は、自分の運動をもっと危険なものにすると公言した。そして実際、次々に危険な行動を起こしていった。一九九六年にはスイス・アルプスで命知らずの行動に出た。クライン・マッターホルン〔スイス南部にある山〕のケーブルカーのケーブルに自分の体を吊り下げ、ツェルマットの町まで八〇〇メートルを下って喝采を浴びた。目的は、熱帯材をこれ以上使わないように呼びかけることだった。一九九八年四月、国連ジュネーブ事務局にパラシュートで降り立った。目的は、イスラム教の祝祭に、和解のしるしとして生贄の子羊をマレーシア国連政府代表部に届けることだった[原注53]。その一年後、彼はモーターハンググライダーで滑空し、クチンのタイブの家の前に着陸した。

マンサーの活動は確かに人目をひくものではあったが、彼の運動仲間たちは計画性がなさすぎると思っていた。案の定、タイブは生物圏保存地区の計画に拒否権を発動した。たとえば、当時ブルーノ・マンサー基金の事務局長で、本書執筆時はチューリッヒ動物園情報教育長のロジャー・グラフはこう言っている。「私の不満は募る一方だった。あれではただ時間を無駄にしているだけだ。ブルーノは誰かしら要人に会うたびに、今度こそ事態が好転すると期待している様子だった。彼はいつも、すべての人が本当は善人だと思っていたからね。誰だって絶望したくなるよ[原注54]」。

森は急速に破壊され、運動は少しも効果を上げないとなれば、マンサーがとれる唯一の解決策はタイブと和解することだった。彼はタイブにお世辞をちりばめた手紙を書き、和平を提案した。中国人思想家の老子の言葉を引用するのが好きだったマンサーは、すべての人は本質的に善人であると確信していた。当然のことながら、人類は普遍的に善であるというマンサーの純朴な信念をテストする対象として、タイブは適材ではなかった。州首相タイブは、スイスのトラブルメーカーの口説き文句に、完全に無反応を決め込んだ。返事などよこすはずもなかった。

「疲れた。しかしマレーシア人の約束が果たされるまでは、やめるわけにいかない。一九八七年に政府が約束したペナン人の自治権と生物圏保存地区だ[原注55]」。これは一九九八年にマンサー自身がバーゼルのジャーナリスト、リュディ・ズーターに話した言葉だ。ズーターはのちに、マンサー伝を執筆する。一年後、マンサーは次の言葉で十年間のフラストレーションを表わした。「サラワクでの成功の可能性はゼロより

低い」。原注56

二〇〇〇年二月末、マンサーは再びボルネオに向かった。ボルネオ島のインドネシア領カリマンタンで三カ月すごし、ブルーノ・マンサー基金（ＢＭＦ）事務局長ジョン・キュンツリ、そしてスウェーデンの撮影チームと活動を共にした。彼らが十年前に製作を開始したマンサーの雨林保護運動を扱った映画が、完成間近だった。マンサーはそのあとサラワクに行き、ペナン人の友人たちと会おうと考えていた。二〇〇〇年五月二十三日、ブルーノ・マンサーは偽名を使い、徒歩でマレーシア国境を越えた。ボルネオの奥地バリオからそれほど離れていない場所だった。その翌日、彼はペナン人の友人一人とバリオを出発した。五月二十五日、マンサーは友人と別れた。一人でジャングルを数日歩き、彼の愛したバトゥラウィ山を越えてアダン地域にいる恩師アロン・セガに会いに行こうとしていた。その日を境に、ブルーノ・マンサーの足取りは途絶えた。それ以降、彼を見た者はいない。彼の二五キログラムのリュックサックも、見つからなかった。彼の居所を示す手かがりは、何もない。彼の失踪から五年がすぎた二〇〇五年三月二十日、バーゼル・シュタット準州の民事裁判所は、ブルーノ・マンサーが死亡したものと見なして失踪宣告を出した。

ブルーノ・マンサーはジャングルで事故にあったのか、殺されたのか、それとも絶望のあまり、最後の旅で自らの命を絶ったのか。大がかりな捜索が行なわれたが、彼の行方は杳《よう》として知れない。しかし一つだけ疑いようのないことがある。ペナン人の養子となったマンサーは、サラワクの原生林を守るという夢を打ち砕かれた末に、命を落としたということだ。

第六章

ブルーノ・マンサーの遺産

設立者が失踪したブルーノ・マンサー基金は、いくつもの壁を乗り越えなければならなかった。最も差し迫った課題は、雨林におけるペナン人テリトリーの地図を作ることと、サラワクで土地の権利を巡る裁判を起こすことだった。その活動のさなか、重要な原告の一人が原因不明で死亡する。その直後、あるペナン人女性が沈黙を破り、伐採企業の作業員たちから受けた性的暴行を語り始めた。

法廷での快挙

一九九〇年代初頭、カナダやアメリカのNGOの助けを借りて、ペナン人などサラワク先住民族は、何世代にもわたって狩猟採集を行なってきた雨林のテリトリーの地図作りをすでに開始していた。「私たちは道路封鎖のための力強いシンボルをペナン人に手わたしたいと思ったのです」と人権活動家ムタン・ウルドは当時を回想する。「マルディの役所の火事で、植民地時代の地図は消失したと聞いていました。しかし私たちの弁護士は、先住民族の土地の権利が法で認められていることを証明するために、どうしても地図が必要だと強く主張したのです」。

カナダのファースト・ネーション〔イヌイットとメティ以外のカナダの先住民族の総称〕のグループが、一九九七年に裁判で先住民族の土地の権利を勝ち取るという快挙を成し遂げ、[原注1] サラワクの先住民族はそれに触発された。マレーシアで中心的な役割を果たしたのは、バル・ビアンであった。ルン・バワン人〔先住民族については解説を参照〕牧師の息子バル・ビアンは、サラワクで開業した最初の先住民族弁護士だ。一九五八年に生まれ、マレー半島で法律を学び、その後メルボルンの大学を卒業した。サラワクに戻り、一九九二年にクチンでバル・ビアン弁護士事務所を開設した。クチン出身の人権活動家である若き華人弁護士シー・チー・ハオというパートナーとも出会った。まもなく二人は、膨大な件数の土地の権利訴訟に関わることになった。他の法律家たちがサラワク政府や強大な伐採業界からの報復を恐れて避けて通るような訴訟ばかりだった。これらの訴訟がきっかけとなり、バルとシーは二十年後に政界に進出することになる。二〇一一年、野党である人民正義党（ＰＫＲ：Parti Keadilan Rakyat）からサラワク州議会議員に選ばれたのだ。

二人の法律家は二〇〇一年五月に、いわゆるルマー・ノル訴訟と呼ばれる裁判で素晴らしい成果を挙げた。ルマー・ノル訴訟とは、イバン人コミュニティ首長のノル・アナク・ニャワイが、ボルネオ・パルプ・プランテーション（ＢＰＰ）とタイプ政権を相手取って起こした裁判だ。政府がイバン人の共有林の広大な部分を、彼らに無断でプランテーション用地として同社に貸与したのだ。[原注2] このイバン人勝訴は、マレーシアの法廷が原生林における先住民族の土地の権利をはじめて認めたケースだった。開発の手の入らない原生林は、狩猟採集に供する共有地の中心的要素であると、裁判で認められたのだ。「とても嬉しい。長い間取り組んできた問題で、重要な先例となった」。判決を受けて、シー・チー・ハオは興奮気味にそうコメントした。

サラワク高等裁判所のイアン・チン裁判長によって下されたこの判決は、司法がマレーシア政府から独立しているという驚くべき事実を見せつける形になった。チンは、司法の独立がどんな犠牲を伴うかを良く知っている。一九九八年には、彼が下した判決の中で与党連合・国民戦線の政治家が激しく非難されていたため、彼はマハティール・モハマド首相から脅し文句を浴びせられた上に、他の裁判官たちと共に「再教育」の名目で五日間のブートキャンプ（軍隊式訓練）送りとなっている。政府の利権の優位性を、法の番人たちの頭に叩き込むためだ。[原注3] 司法の独立は、マハティールの下、徹底的に打ち砕かれた。また一九八八年には、裁判官たちをマハティールの言いなりに動かすために、最高法院長サッレー・ビン・アバスが解任されている。[原注4] 二〇一四年現在でさえ、政府の利権が絡む問題となれば、マレーシアの裁判官が司法の独立を維持することは難しい。

タイブはイバン人に有利な判決に激怒し、司法長官J・C・フォン——タイブと緊密な間柄の政治的同志——に対し、即座に控訴を指示した。先住民族の土地の権利を求める裁判が洪水のように押し寄せる前に、タイブ政権は素早く州議会に「土地測量士法案」を提出した。この法律は、測量士の資格を持つ者以外が土地の測量をすることを禁じる法律だった。刑事罰を与えることで先住民族が共有地の地図を作れないようにし、土地の権利を求める裁判を起こせなくすることが目的だった。[原注5]これは明らかに、先住民族の権利に関する国際連合宣言にうたわれた基本的人権の侵害にあたる。[原注6]

土地測量士法は共有地の地図作成を違法としたが、すでに作成された地図を裁判所に認めさせないようにすることはできなかった。ルマー・ノル訴訟の判決は、先鞭をつけることに成功した。次々と起こされる先住民族の土地の権利の訴えを、何ものも阻止することはできなかった。二〇一〇年に作成された報告書によれば、その時点までに一四〇以上のコミュニティが集団訴訟を起こしたということだ。[原注7]それ以降も、裁判件数は二〇〇件を超えて増加し続けている。

歴史の力

首長ノルの勝訴の鍵は、共有地を彼ら先住民族が一九五八年より前から使用し、一九五八年以降もずっと使用してきたことを示す証拠だった。イギリス占領時代の一九五八年にサラワク土地法が施行され、大昔から続く先住民族の土地使用に制限が加えられた。一九五八年以降、先住民族のコミュニティは新しいテリトリーに移動する場合、政府の許可が必要になった。そしてその許可を得るのがとんでもなく大変だった。この法律の目的の一つは、サラワクの森を誰も所有できないようにして政府が使用を独占することだった。イギリスはアダットと呼ばれるボルネオの先住民族の慣習法を無視し、「先住民族の使用する土地」(Native Customary Land) は農地にしか認めなかった。

ペナン人は文字を書く習慣を持たないため、昔から土地を使用していたことを文書で示すことはとても困難だった。語り伝えられた歴史を体系的に記録し、大規模な地図を作成する必要が生じた。ペナン人ジョー・ジェンガウ・メラは、二〇世紀後半になってもノマドとして暮らしていたペナン・セルンゴの歴史と伝説を残す仕事に何年も費やした。彼らこそ、ロドニー・ニーダムが「東ペナン人」と呼んだ者たちだ。彼らが昔からずっと暮らしてきた場所はセルンゴ川流域だ。

ペナン人の口述歴史は、彼らを訪ねて直接話を聞いた政府の役人や人類学者や宣教師たちによって裏づけられた。その証言者の一人が、元イギリス植民地政府役人イアン・ウルクハートである。私は、ロンドンに程近いサウスクロイドンの彼の自宅で、彼とその妻バンティに会った。十八年以上もサラワクですごした二人は、当時のことを熱っぽく語った。人生最良の時期だったと、二人は口をそろえて言った。八十六歳のイアンはサラワクへの愛着の証拠として、片袖をめくり上げ、イバン人が彼の上腕に刻みこんだ大きな刺青を誇らしげに私に見せた。

イアン・ウルクハートは一九一九年生まれだ。第二次世界大戦中にイギリス軍兵士としてインドで戦い、そのあとイギリス植民地政府の役人となった。彼は一九四七年、若き役人としてサラワクに足を踏み入れた。ウルクハートは、ブルック家のベテラン役人が去ったあと、歴史上はじめてイギリスがサラワクに送りこんだ三人の役人の一人だった。[原注8] 彼は一九五五年から一九五七年までバラムの地区役人としてマルディに駐在し、本業の傍ら言語学と人類学の研究に従事して、その成果を『サラワク博物館ジャーナル』に発表した。[原注9]

ウルクハートはバラム川源流と流域を八回探索した。そこはボルネオの奥地で、ペナン人、ケニャ人、カヤン人、ケラビット人が大昔から暮らす土地だった。熱心なアマチュア写真家でもあった彼は、アカー川やバラム川の急流をボートで下る自らの姿や、ボルネオ宣教師会が飛行機から食料を落とすところ、ペナン人ノマドたちが彼を歓迎するダンスを披露するところなどを、8ミリカラーフィルムにおさめた。いずれも計り知れない歴史的価値を持つ映像だ。

「移動生活をするペナン人は、税金を払わなくても良い唯一のサラワク居住者でした」とウルクハートは回想する。「そのため彼らについての情報がなかったのです。他の先住民族は、一家族あたり年間一サラワクドルを支払わなければなりませんでした。私は、外出する時いつも、ロングハウスのすべての住民の名簿を耐水性のブリキケースに入れて持ち歩いていました」。

一九五七年、ウルクハート夫妻は雨林を探索していて、セルンゴ川源流の周辺地域に出た。その探索にはペナン人も同行していた。「ペナン人が私たちを先導し、私たちの荷物を持ってくれました」とウルクハートは言った。彼は、バラム川、トゥトー川、リンバン川流域にペナン人が長い間暮らしてきたと請け合った。そして、ペナン人の土地の権利がうまく法的に認められれば良いが、と言った。[原注10]

イアン・ウルクハートは二〇一二年に亡くなった。彼の語った歴史的事実はペナン人の土地の権利を求める裁判の証拠資料である。一九九八年、バラム川上流の四つのコミュニティが合同で、原生林と農地あわせて四一五平方キロメートルの権利を求める裁判を起こした。ケレサウ・ナアン首長〈ロング・ケロン〉、ビロング・オヨイ首長〈ロング・サイト〉、ペルタン・ティウン首長〈ロング・セピゲン〉、ジャワ・ニュイパ首長〈ロング・アジェン〉が原告となった。四つの村に暮らすペナン人一九〇家族〈約八〇〇人〉が、グヌン・ムルド・ケチル周辺の土地の権利を主張した。グヌン・ムルド・ケチルはインドネシアとの国境に近い標高一六〇〇メートルの山の尾根である。

グヌン・ムルド・ケチル周辺の雨林は、サラワクにわずかに残る原生林の一つだ。一九九〇年代にサムリング・グループに対してバラム川上流のペナン人が精力的な抵抗運動や道路封鎖をしたおかげで、樹齢数世紀の木々がまだ生き残っている。

ブルーノ・マンサーのサゴヤシ

ペナン人の首長たちは、ロング・ケロンの前の伐採跡地で車座になって待っていた。サイチョウの羽飾りをつけた麦藁帽子、バティック〈ロウケツ染めの布〉のシャツ、カラフルなガラスビーズのネックレスに、バラム川上流の一七のコミュニティの長老たちの個性が表われていた。威厳に満ちた表情の彼らは、燃え盛る白いろうそくを手に持っていた。大木で作った太鼓の連打、そして長い木の棒につややかな針葉樹の繊維を無数にくくりつけたセペルットによって、厳粛な儀式が執り行われた。

私がペナン人たちを最初に訪問したのは、セルンゴ川流域の原生林の只中にあるこの場所だった。彼らはそこで何世紀も暮らし、伐採者も寄せつけなかった。二〇〇四年十一月のその日、私は失踪したブルーノ・マンサーを追悼しサゴヤシを共に植えるために、ペナン人長老たちに会いに行った。この日出席した長老たちの多くは彼を見知っていて、ペナン人の文明を尊重し、伐採業者に立ち向かうペナン人を手助けした彼に、尊敬の念を抱いていた。首長の一人が私にこう言った。「ブルーノ・マンサーがいなくなったことは、ペナン人にとって空から太陽と月がいっぺんに消えてしまったようなものだった。もはや光明はどこにも見えなかった」。

私を歓迎するために、隣村ロング・サイトのビロング・オヨイ首長はワシの踊りを披露してくれた。荘厳な猛禽類の飛翔を表現した踊りだ。首長は両腕を上げ、敬虔な面持ちで頭を空に向けて傾けた。そうして空中へとジャンプし、喜びの叫び声をあげた。静かに地面に降り立つと、サペの音にあわせて揺れ動いた。サペはボルネオの先住民族の弦楽器だ。ペナン人がキリスト教に改宗する以前、彼らはワシの精霊が彼らの運命を決めると信じ、たくさんのタブーが生活を支配していた。ワシの踊りは彼らの歴史と伝統への敬意を表わしている。

ビロングと私は、失踪した雨林保護運動家の記念樹とするために、地面を掘ってサゴヤシの苗木を一本植えた。ペナン人はサゴヤシをウヴットと呼ぶ。ウヴットは彼らの文化の中心だ。ノマドだった頃、サゴヤシは単なる主食以上の意味を持っていた。葉柄を乾燥させると、狩りに使う吹き矢となる。ペナン人にとって頑強なウヴットは、森林破壊への抵抗運動のシンボルだ。

朝の太陽が木々にまとわりついた細かい霧を天空へとのぼらせ、森の空気が徐々に澄んできた。ペナン人たちがスピーチを始める時間になった。「道路封鎖をしなかったら、この森はずっと前に切られていただろう」と今日の主催者ケレサウ・ナアンは言った。「そして私たちはバラム川下流のペナン人のような目にあっていただろう。彼らは自分たちの家を建てる木材にも事欠き、イノシシはほとんど姿を消してしまっている」。

首長たちは次々と、自分のコミュニティの状況と地域での伐採業者の動きを報告した。タイブ政権が森林破壊に抵抗する彼らに、嫌がらせ目的でＩＤカードの発行や開発のための州からの資金提供を拒否していると多くの首長は言った。彼らは完全に誰にも頼れない状況になっていた。それでも生活の糧である森を失うよりはマシだと思っていた。しかし医療も受けられず、州政府が教育も提供しようとしない状況は、ペナン人にとって深刻な問題であった。

次の弁士は、バ・ティクの首長メライ・ナクだった。集会に参加した首長たちに助けを請うために、ロング・ケロンまで何日もかかって歩いてきた。伐採企業シン・ヤンのブルドーザーとチェーンソーが、日に日に彼の村に近づいていた。メライは、数週間もすれば彼らが水汲み場にしている集水地にまで伐採企業が踏み込んでくるのではないかと懸念していた。伐採業者を止められなければ、彼らの狩り場に何が起こるかわからないとも恐れていた。

首長たちは、今後どうするかについて議論し、伐採キャンプの責任者に警告文を送ることになった。警告文には首長全員が拇印を押してサインの代わりとする。ペナン人の伝統的なやり方だ。もし伐採企業が警告を無視するなら、もう一度警告し、それでもだめなら道路を封鎖する。小さな村バ・ティクを応援するために、メライ首長のもとにバラム川上流のペナン人たちから代表団を送り、道路封鎖を手助けすることになった。

伐採企業とのこの戦いでは、良い結果が得られた。数週間後、シン・ヤンは道路封鎖を恐れて、バ・ティクの共有地から撤退した。一九九〇年代の激しい戦いを経験していたので、伐採企業は衝突を避ける傾向にあった。正面から争うより、道路を作るとか、わずかな補償金を支払うといった口約束で先住民族を懐柔する方が効果的だと思っていた。しかし先住民族が少しでも抵抗を弱めようものなら、伐採企業は重機を侵入させ、あっという間に村の森には何もなくなる。残されるのは、価値のないわずかな切り株だけだ。

雨林の地図

エルンスト・バイエラーは、バーゼルのベウムラインガッセ9にある彼のギャラリーの奥の事務所で私たちを迎えた。有名な絵画ディーラーでありギャラリーのオーナーでもある彼は、ここで何十年もパブロ・ピカソやワシリー・カンディンスキーやアルベルト・ジャコメッティなどの絵を売買してきた。リーエン〔バーゼルの町〕における彼の伝説的とも言うべき絵画コレクションは、バイエラー財団の中核を成している。バイエラー財団とは、エルンスト・バイエラーと妻のヒルディの寄付金で運営される美術館の名だ。だがこの特別な日、齢を重ねた美術ディーラーは名画ではなくサラワクの吹き矢に見入っていた。

彼は頬を膨らませて、雨林の落葉樹で作られた吹き矢筒をふっと吹いた。矢が飛び出し、一瞬ののちに壁に突き刺さった。引き抜くのに大変な力がいるほど深く刺さっていた。バイエラーはペナン人の武器を思いがけずうまく扱えたことに、声を立てて笑った。彼の青い瞳がきらきらと輝いた。

二〇一〇年にこの世を去ったバイエラーは、美術コレクターを始めた当初から現代抽象画に魅了される一方で、アフリカやオセアニアの先住民族の芸術の素晴らしさにも目をつけていた。バイエラーが自ら設立した熱帯林のための芸術財団（The Art for Tropical Forest Foundation）を通じて熱帯林保護に多額の寄付をしてきたことは、あまり知られていない。

二〇〇六年五月の暖かな春の朝、ジョー・ジェンガウ・メラとムタン・ウルドが、サラワクからバーゼルへと吹き矢をプレゼントするためにやって来た。「私たちの文化では、尊敬できる素晴らしい人にだけ吹き矢をプレゼントします」と贈り物に添えられた手紙に書かれていた。手紙には一〇人の首長の拇印が押してあった。「吹き矢筒から放たれる毒矢は、数分のうちに動物を殺します。私たちの土地の権利を求める戦いを支援してくださったことへの心からの感謝をこめて、吹き矢を送ります」。

ブルーノ・マンサー基金は、バイエラー財団のサポートがなければ、設立者のいなくなった深刻な状況を乗り切ることはできなかっただろう。バイエラー財団はサラワクの雨林のペナン人テリトリーの地図作成のため、二〇〇二年から二〇〇七年までの間に五〇万スイスフラン以上を寄付してくれた。地図作りはブルーノ・マンサー基金の最も重要な事業であり、単に雨林に暮らすペナン人の昔からのテリトリーの地図を作るだけの作業ではなかった。地図に示されたテリトリーに暮らすコミュニティの口述歴史を体系的に書き起こす作業など、詳細な文化的調査にまで発展した。

ブルーノ・マンサー基金の地図作成研修を受けたペナン人チームは、ペナン人の村々と協力して大昔から暮らしてきた場所の地図を作成した。彼らにとっては、これ以上木を切らないでほしいと願う場所を示した地図だ。はじめに、名前のわかっている河川や山や流域をラフに書き込んでいく。それから、ペナン人にとって特に良い狩り場や役に立つ植物の生えている場所、そして先祖の墓地などの文化的に重要な場所を書き込む。

その次は、地図作成チームが何人かのペナン人長老を連れて森へ行き、彼らの証言をもとにテリトリーの境界線を引く。そして重要な場所には目印としてGPS座標を記録する。フィールドデータを収集するには数週間かかる。地図作成チームはその間ずっと、村から離れてジャングルにいる。フィールドから村に戻ればデータをコンピューターに入力し、スイスに転送して地図作りに活用する。

地図製作事業は二〇〇二年に開始された。ペナン人は雨林を何千平方キロメートルも調査し、世界中でこれまでに作成されたことのないほど詳細な先住民族の地図を作り上げた。河川が五二〇〇、その他の地形を示す目印が一八〇〇、そして毒矢の木の生えている箇所が五一三。同時に、何十ものペナン人コミュニティそれぞれに伝わる歴史を録音し、文字に起こし、一部は英語に翻訳した。それらをすべて一つにした彼らの豊かな文化データは、少なくとも彼らが語り伝えている時代までさかのぼって、その頃からずっと森を使用してきたという動かぬ証拠となる。彼らのテリトリーに関する詳しい知識がその裏づけだ。

これらの地図をもとにして、二〇一三年末までに土地の権利に関する六件の訴訟が起こされた。バラム川、トゥトー川、リンバン川上流付近の、合計三六〇〇平方キロメートルの雨林と農地が対象となった。ただ本書執筆時点で、サラワクの裁判所はまだどの件についても判決を出していない。

ケレサウの失踪

二〇〇七年秋、サラワクからブルーノ・マンサー基金にただならぬ知らせが舞い込んだ。ロング・ケロンのケレサウ・ナアン首長が行方不明になったというのだ。彼はバラム川上流のペナン人の土地の権利を主張する裁判で四人の原告の一人であり、重要な証言者の一人である。八十歳近いケレサウは、二〇〇七年十月二十三日に村の近くで彼を見たという情報を最後に、消息を絶った。自分で仕掛けた小動物用の罠を見に行くと妻に告げて出て行ったきり戻らないという。すぐに捜索隊が差し向けられたが、ペナン人たちは彼を見つけることができなかった。

数週間後、警察に届けが出された。一九九四年に隣村バ・ケラメウの牧師が、伐採業者との小競り合いのあとに失踪した時のことが思い出された。彼の遺体は失踪の四週間後に、ペナン人によって発見された。腹部を切り裂かれて川で倒れていた。

ケレサウの失踪も、伐採業者との緊張が高まった時に起こった。ロング・ベナリのペナン人がバラム川上流に新設された伐採道路にバリケードを作ったため、その年の四月から伐採企業サムリングは道路封鎖を取り壊すためにその地域に警備員を配備していた。しかしペナン人は伐採企業の侵入を見事に阻止した。五月、タイブ政権はペナン人を説得するためにサムリングの人間を差し向けた。[原注11]六月、伐採企業の調査員がペナン人の抵抗運動によって侵入を妨げられたために、ケレサウは脅迫された。ロング・ケロンとロング・サイトの首長は、近くのサムリング伐採キャンプの管理者に対し、文書で抗議した。[原注12]

その後数カ月間、サムリングの担当者が繰り返しケレサウのもとを訪れた。その担当者は村に資金援助を申し出、土地の権利の裁判を取り下げるよう説得を試みた。しかし首長は決然とその申し出を拒絶した。

首長の失踪から二週間後、なぞの訪問者二人を乗せたヘリコプターが村へやって来た。彼らは三万リンギット（一万ドル弱）を村に提供し、村民をびっくりさせた。彼らは何の見返りも求めないと言った。[原注13]

二〇〇七年のクリスマスの直前、ペナン人ハンターがケレサウの遺体をセルンゴ川の土手で発見した。ロング・ケロンから歩いて二時間ほどの場所だった。ネックレスと腕時計から、すぐにケレサウの遺体だとわかった。ケレサウの手は折られ、彼の持っていたパラン〔山刀〕はなくなっていた。遺体は回収され、村に運ばれた。そして数日後、ケレサウは埋葬された。二〇〇八年一月三日、ミリの警察に遺体の発見を報告し、調査を依頼した。だが警察が埋葬された遺体の検死をしたのはその二カ月後、ブルーノ・マンサー基金が事件を発表し、国際メディアがこの問題を取り上げてからのことだった。[原注14] 検死の結果は自然死とされた。[原注15] しかし不屈の首長は殺されたのだと、ペナン人たちは確信している。

ペナン人女性への性的暴行

二〇〇八年、フランス人ジャーナリスト、アンドレア・オーグがブルーノ・マンサー基金の地図作成事業のドキュメンタリー映画を撮っている最中に、背筋の凍るような事実が発覚した。弟でカメラマンのジョアン・オーグを伴った彼女は、ボルネオ奥地のバラム川中流の村を訪ねた最初のジャーナリストだった。その森はすでに、ほとんど伐採されたあとだった。ジュマ〔仮名〕という名の五十歳のペナン人女性が沈黙を破り、村で起きた出来事を語った。村はサムリングとインターヒル〔ミリに本社を置く伐採企業〕の伐採キャンプの近くだった。

「私ジュマは、ペナン人女性が伐採作業員に性的暴行を加えられていることを公表したいと思います」と彼女はアンドレア・オーグに言った。彼女は村で頻繁に起こるショッキングな事件について、詳しく説明した。酔っ払った作業員たちが何の前ぶれもなくオフロード車で村にやって来て、暴行する女性を物色し始める。特に若い女性を好み、妊婦だろうと十三歳にもならない少女だろうと構わなかった。

「車の音が聞こえると、私たちは何もかも放り出して森の中に逃げ込みます」とジュマは言った。「伐採キャンプの責任者にも警察にも、被害を訴えました。何の返事ももらえませんでした。警察は私たちが話をでっち上げているのだろうと言いました。今でも、村に警察が来てくれるのを待っています」。

アンドレア・オーグはバラム川の撮影を終えて海岸の町ミリに戻り、私と会うことになった。そこで彼女は、ジュマのショッキングなインタビュー内容を語った。作業員に対するこの嫌疑はあまりにも重大なので、真偽を確かめるまでは公表できないと私は思った。あるスイス人医師が当時、ブルーノ・マンサー基金でボランティアとして活動しており、たまたまサラワクにいたので、この容疑について調査を依頼した。被害者たちに聞き取り調査を開始してその供述が正しいとわかり、私たちは二〇〇八年九月十五日に女性たちの助けを求める声を公表した。マレーシア政府宛にEメールが殺到し、多くの市民が国連ジュネーブ事務局のマレーシア大使に抗議のはがきを送った。

近年ブルーノ・マンサー基金が行なったキャンペーンで、こんなにもマレーシアの一般市民に影響を与えたものはなかった。マレーシア最大の英字新聞『スター』もこの問題を取り上げ、性的暴行のあった地域で独自調査を行なって、二〇〇八年十月初頭に大きく報じた。執筆者はクアラルンプールの勇気あるジャーナリスト、ヒラリー・チューであった。原注16

タイブ政権のスポークスマンはペナン人女性たちの供述を攻撃し、すべて捏造だと批判した。挙句には怒り狂ったタイブ自身がメディアの前に姿を現わし、ブルーノ・マンサー基金などのNGOに対し、これはサラワク州と彼の開発政策に対する「破壊工作」だと糾弾した。彼はまた、この問題を取り上げたメディアに対して謝罪を要求し、記事の撤回を求めた。[原注17] 州副首相アルフレッド・ジャブは、ペナン人女性に対する性的暴行の話を「ブルーノ・マンサー基金が世界に向けてついた大ウソ」であるとまで言った。[原注18] 日刊紙『ボルネオ・ポスト』は、ある政治家の証言として、ブルーノ・マンサーがサラワク滞在中にペナン人女性を妊娠させたという長い記事を載せた。証拠は何も示されていなかった。[原注19] インターネットという例外を除き、サラワクのすべてのメディアはタイブ政権と伐採業界の掌中にある。タイブの末娘ハニファはサラワク唯一の民営ラジオ局ＣａｔｓＦＭと、二紙ある英字日刊紙のうちの一紙『ニュー・サラワク・トリビューン』の取締役をしている。[原注20]『ボルネオ・ポスト』は伐採企業ＫＴＳが経営している。[原注21] マレーシアで政治的な問題を公に議論することなど、ほとんど不可能なのだ。

　だが性的暴行へのマレーシア市民の怒りは高まり、臭いものにフタをすればすむというわけにはいかなくなった。当時のマレーシア女性・家族・コミュニティ開発大臣ウン・イェン・イェンは、連邦内閣の会議でこの問題を取り上げ、調査を命じた。[原注22] 結果は一年後に発表され、ペナン人女性の供述は事実と認められた。[原注23] この報告書の内容は世界中に広まり、『ワシントン・ポスト』などの国際メディアに取り上げられた。[原注24] 一年後、複数のＮＧＯのグループが調査を行ない、ジュマが証言したケース以外に、バラム川流域での先住民族女性や少女に対する性的暴行が七件暴かれた。[原注25]

　サムリングは『スター』に名指しされたため、同紙とヒラリー・チューを名誉毀損で訴えた。だがリーク文書により、実はサムリングがこの問題を深刻に捉えていたことがわかった。「ペナン人女性へのレイプ事件」と題する同社の内部文書には、この件の責任者であるマネージャーが作業員たちに対し、会社に無断でペナン人の集落に立ち入ったり、ペナン人を車に同乗させたりしないように伝えたと書かれていた。[原注26]しかし本書執筆時点までの間に、加害者と思われる者たちに刑事訴追がなされることはなかった。彼らはまだ、伐採業界やサラワク州政府や警察の保護の下にいる。

第七章

オフショア・ビジネス

タイブとそのエージェントたちが資本市場にアクセスできるのは、巨大銀行のおかげだ。バックマージンの支払いやマネーロンダリングをするため、木材王たちは口の堅い金融機関とだけビジネスをする。タイブ帝国の金の流れを追って、私たちはスイス、ウォールストリート、そしてシティ・オブ・ロンドンへとたどり着いた。

クレディ・スイス前の記念碑

二〇〇七年二月二十三日、いつもと変わらない金曜日の朝、チューリッヒのバーンホーフシュトラーセには冷たい北風が吹き抜けていた。二〇人あまりの若者がパラデプラッツ〔バーンホーフシュトラーセに面し、UBS（Union Bank of Switzerland）とクレディ・スイスの本社がある広場〕に向かってゆっくりと歩いていた。肩に松の幹を担いでいる。行方不明となったブルーノ・マンサーを偲んで、幹の上部には雨林の動植物が彫刻されていた。短い行列の先頭はヤニーネ・マンサー。二十歳になるブルーノの姪だ。「雨林での破壊行動をやめよ。クレディ・スイスはサムリング・グループへの融資をやめよ」と書かれたプラカードを持っている。

パラデプラッツの二月の低い太陽はクレディ・スイス本社ビルの屋上に斜めに射し込み、ネオクラシカルな建物の壁面には暖かな光が降り注いでいた。それでもまだ冬の寒さの残る中、若者たちはビルの正面玄関前にどっしりとした松の記念碑を立てた。ブルーノ・マンサーは二〇〇〇年五月に、サムリング・グループが伐採ライセンスを持つ森で行方不明になった。サムリング・グループは今も、ペナン人の雨林を破壊し続ける大企業の一つだ。マンサー失踪の七年後、クレディ・スイスはサムリング株が香港証券取引所に上場される際のメイン銀行になろうとしていた。ブルーノ・マンサーの家族やたくさんのスイスの友人たちにとっては横っ面を張られたようなものだった。彼はサムリングとの疑惑に満ちた取引をやめるように同行に求め続けていたのだから。「スイスの銀行がこのような取引に関わるなんて、開いた口がふさがりません」とブルーノの兄エーリッヒ・マンサーと妹モニカ・ニーダーバーガー・マンサーは親族を代表して言った。「サムリングは、私たちの兄ブルーノが何年もかけて守ってきたものをすべて壊そうとしているのです」。

しかしクレディ・スイスは、そんな訴えには耳も貸さなかった。「クレディ・スイスはサムリングの新規株式公開を取り扱います」。この一時間後、ブルーノ・マンサー基金と被抑圧民族協会（The Society for Threatened Peoples）〔ドイツに本拠地をおく国際NGO〕との話し合いの席を、同行のチーフ・リスク・オフィサー、トビアス・グルディマンはそう言って締めくくった。この言葉で、同行の姿勢ははっきりした。スイスの巨大銀行は、熱帯雨林を守ることより目先の利益を優先したのだ。

クレディ・スイスは二〇〇七年三月初頭、「グローバル・コーディネーター」としてサムリング・グローバル株を株式市場に上場することで、同社の経営者たちに二億八〇〇〇万ドルの資金を調達してやった。イギリスのHSBC（香港上海銀行）とオーストラリアのマッコーリー・セキュリティーズもそこに加わった。これだけの大金が調達できれば、サラワクの木材王たちは生産を拡大し、雨林をさらに破壊し、債務を返済することができるだろう。クレディ・スイスには約一〇〇〇万ドルが入った。この取引に関わった者たちは、ボーナスをたんまりもらえるとさぞかし楽しみだったろう。[原注1] 一方、ボルネオの雨林に暮らすペナン人は、相変わらず何も得るものがない。マレーシアの課税当局もまた、この取引による実入りがないはずだ。なぜならサムリング・グローバルは、法人税のまったくかからないバミューダ諸島〔タックスヘイブンとして知られるイギリス海外領〕に登記されているからだ。[原注2]

上場後、サムリングの株価は跳ね上がった。発行価額二・〇八香港ドルが四カ月で三・四〇香港ドルになった。しかしその高値は長く続かなかった。二〇〇八年の金融危機にもならないうちから株価は急激に下がり始め、投資家たちから笑顔が消えていった。

上場から五年たった二〇一二年、同社の所有者ヨウ一族は上場廃止を決定した。ヨウ一族は自社の株式の大部分を手放さず、わずかな株だけを市場に残した。その少数の株の株主たちは、一株〇・七六香港ドルで売却するハメになった。発行価額と比べて六三％の損失だった。[原注3] 二〇一二年六月二十日にサムリング・グローバル株が銘柄リストからはずされた時には、クレディ・スイスはすでにサムリングとの取引を完全に終了していた。[原注4]

二〇一〇年、ノルウェー政府が倫理的理由から、当時一二〇万ドル相当のサムリング株を売却し、同社をブラックリストに載せた。その株は、世界有数の機関投資家であるノルウェー年金基金が購入したものだった。ブルーノ・マンサー基金とそのパートナー団体による運動が奏功し、ノルウェー政府は年金基金の倫理委員会にサムリングの事業活動調査を命じた。二〇一〇年八月二十三日の記者発表において、ノルウェー財務大臣シグビョルン・ヨンセンは、「倫理委員会はサムリング・グローバルについて評価し、サラワクとガイアナ（第八章参照）の雨林における同社の森林運営が違法伐採と深刻な環境破壊の原因になっていると結論づけた。したがって私は委員会の勧告に従い、同社を年金基金の投資ポートフォリオから除外すると決定した」という声明を発表した。[原注5]

サムリングのケースは、アブク銭目当ての取引がもたらす社会と環境への影響、とくに雨林の破壊などの結果を巨大銀行が黙認していることを示すわかりやすい例であった。クレディ・スイスやＨＳＢＣなど国際金融サービスを提供する巨大銀行のノウハウと評判がなくては、サラワクの木材王たちが国際金融市場にアクセスすることはなかっただろう。一方ウォールストリート、シティ・オブ・ロンドン、チューリッヒのパラデプラッツなどに本拠地をおく西側の銀行家にとって、木材王たちは魅力的な金ヅルだ。イギリスの団体グローバル・ウィットネスの試算によれば、一九七〇年代の終わり以降のサラワクの七大木材企業との取引で、HSBC一社だけで一億三〇〇〇万ドル以上を稼いだということだ。[原注6]

一方、サムリングは別の意味でも金融の世界を撹乱していた。所有者のヨウ一族は世界中の熱帯木材で儲けた巨額な利益（第八章参照）を、木材ビジネスだけでなく他のセクターにも投資していた。特に有名なのは不動産だ。サムリング創設者の息子の一人チー・シウ・ヨウは、一九八六年から二〇〇六年までカリフォルニアに住み、そこであっという間に不動産業界の重鎮にのし上がった。彼が立ち上げた企業の一つ、サン・チェイス・ホールディングスは、設立後すぐに「アメリカ政府とかつてないほど重要な不動産パートナーとしての関係」を築き、アメリカ政府から二〇億ドル以上の不動産を購入した。二〇〇一年から建設が始まり、約一万人の居住者を擁するマウンテン・ハウスという名の北カリフォルニアの都市開発計画は、サン・チェイス・ホールディングスの事業だ。二〇〇八年、この町は全世界に影響を及ぼしたアメリカのサブプライムローン危機〔アメリカで低所得者向け住宅ローンを過剰に貸しつけ二〇〇七年頃にバブルが崩壊したために起きた経済危機〕の震源地となった。[原注7]

サムリングの不動産ビジネスの経営者たちは、汚職に手を染めていた疑いがある。たとえば一九九〇年代初頭にチー・シウ・ヨウが総額九六〇万ドルものシアトルの豪邸をタイブ一族にタダで提供していたことを、『サラワク・レポート』が伝えている。[原注8]タイブ一族との疑惑に満ちた関係を示すもう一つの例としては、マレーシアでヨウ一族が所有する不動産開発事業の株の一五パーセントをタイブ一族が所有している。その不動産とは総額数億ドルに及ぶ西クアラルンプールのゴージャスな「デサ・パークシティ」（面積約二平方キロメートルの高級住宅街）だ。[原注9] どちらの一族も、豪邸の提供やサラワクでの伐採ライセンス発行に関する互いの関係については、沈黙を守っている。

UBSの小切手

スイスの大手銀行UBSもまた、問題を抱えている。マレーシアのサバ州首相ムサ・アマンとの熱帯木材取引を通じた汚職である。すべては二〇〇六年四月十一日、ムサ・アマンの若きマレーシア人エージェント、マイケル・チア（チア・ティエン・フォーとしても知られる）が、シンガポール金融街のUBSの支店に入っていったことから始まる。チアは小切手一一枚、金額にして一五〇〇万ドルをポケットに入れていた。チアはUBSビルでエレベータに乗り、一八階にいる彼のクライアント・アドバイザーを訪ねた。チアと銀行家は、エアコンの効いた顧客相談室のドアの向こうへと消えていった。まもなく、すべて片がついた。チアの小切手には、銀行員のサインの横に小ぎれいな印鑑が押された。「UBS株式会社シンガポール支店。受領」。二日後、UBS香港支店のチアの口座には、一五〇〇万ドルが払い込まれた。[原注10]

マイケル・チアは、あるマネーロンダリング事件の重要人物だ。この事件は、香港、マレーシア、スイスの汚職防止当局や検察庁の大規模な調査の対象となった。[原注11] 二〇〇六年と二〇〇七年の二年間だけで、シンガポール、香港、チューリッヒのUBSの口座を通して、マレーシアでの熱帯木材貿易のバックマージンが九〇〇〇万ドル以上も流れたと見られている。[原注12] しかもそれは、おそらく氷山の一角にすぎない。複雑な取引が展開され、ＵＢＳだけでなくイギリスのＨＳＢＣやシンガポールのＯＣＢＣ（Oversea-Chinese Banking Corporation）も関与していた。ブルーノ・マンサー基金の申し立てを受けて二〇一二年八月二十九日、スイス司法長官がＵＢＳなどに対し、銀行の注意義務違反とマネーロンダリングに関して犯罪捜査を開始した[原注13]。

チアの口座に払い込まれた小切手の背後には、ムサ・アマン州首相がいた。サラワクと同様に、隣州サバでも伐採ライセンスや輸出許可の最終決定は政府のトップが下す。またサラワクと同じく、サバも雨林の伐採で利益を得るのは主に州首相である。ムサはマレーシア外務大臣アニファ・アマンの兄だ。ムサの妻は、マレーシア連邦司法長官アブドゥル・ガニ・パタイルの親戚である。マレーシア政治家の仲間内では、有力者との血縁関係は刑事訴訟を免れる保証書のようなものだ。

木材マフィアに極上のサービスを

ＵＢＳの調査における重要参考人の一人はこう供述した。「ムサ・アマンは、サラワクで自分と同じ地位にいるタイブが森林破壊でどのように利益を得ているか、注意深く観察していた。最大の違いは、ムサがビジネスに乗り出したのが二〇〇三年なのに対し、タイブは三十年以上も携わっていた点だ。タイブはこの間、汚職システムを完璧なものに仕上げた。サラワクの方がずっと広大でずっと価値のある森があり、タイブはそれをコントロールできた。サバでは、木材のほとんどは何十年も前に切り出されてしまっていた」。

そう証言した男性は、ベルン旧市街で十一月の冷たい霧ものともせず、薄いコットンのシャツだけで上着もはおっていなかった。三十歳代半ばのその男性を仮にリンと呼ぶことにする。彼はスイス検察庁の質問に答えてきたばかりだった。このマネーロンダリング事件においてUBSが果たした役割を明らかにするために、彼はスイスの捜査官に協力したのだった。「いえいえ、大丈夫です。もっと酷い寒さを経験したこともありますから」と彼は言って、短い日数とは言えスイス滞在中にもっと暖かい服を買った方が良いのではないかという私のアドバイスを退けた。ともかくもそんな服装だったので、腕のロレックスがひときわ目立っていた。

クルサール・ベルン〔会議場・ホテル・カジノなどがある複合施設〕に着くと、リンは熱帯雨林とその利益がたどるルートについて図を描いて説明した。UBS訴訟のブルーノ・マンサー基金側の弁護士であり法学教授でもあるモニカ・ロス、ジャーナリストのクレア・ルーカッスル、そして私の三人は、彼の話に聞き入った。二〇一二年十一月二十日のことだ。

リンは現役の木材貿易商で、その世界のあらゆることに精通していた。「政治家、伐採業界、銀行が編み出したマネーロンダリングと汚職の仕組みについて詳しくご説明しましょう」と彼は私たちに言った。「木材ビジネスは、東南アジア全体で同じ構造です。汚職の第一段階は、伐採ライセンスの発行です。ムサやタイブのような独裁者は、賄賂を取れるどんなチャンスも見逃しません。そして伐採ライセンスの発行は、最高のチャンスです」。

ライセンス発行時には、サイン一つで政治家の懐に数百万ドルが入る。伐採業者が成功するか否かは賄賂で決まる。州が発行するライセンスがなければ、マレーシアで木材伐採も加工もできない。賄賂を支払わない者は、どうがんばっても木材ビジネスに参入することなどできない。このことで、木材ビジネスが政治と密接につながっていることがよくわかる。そして、東南アジアの熱帯雨林の破壊は、腐敗した政府と木材ビジネスが引き起こしたことだということがよくわかる。気前よく賄賂を支払えば、たとえ伐採業者が木を切りすぎても、保護樹種を切り倒しても、他のどんな法律に違反しても、政府と警察は簡単に目こぼししてくれる。

「汚職の第二段階は、奥地の森から海岸の輸出港まで木材を運搬する時です。トラックでの輸送は費用もかかるし、危険です」とリンは言った。「木材の量が多ければ、業者は船を使います。それには政府の許可が必要です。ここでも政治家は、賄賂を手に入れることになります」。

UBSのクライアントでありムサのエージェントでもあるマイケル・チアは、輸送部門にも精通していた。彼の父親は一九九七年、サバのさまざまな河川における木材の船舶輸送の独占権を与えられた。それはまさに金鉱脈だった[原注14]。ムサ・アマンは、次の輸送ステージ、つまり輸出に際しても、タイプの弟オンと同じ方法で業者の上前をはねる。つまり現金と引き換えに輸出許可を発行するのである（第五章参照）[原注15]。

「木材が輸出されて日本、中国、韓国、台湾などで加工される場合、マレーシアから巨額の金が流出し、その金がマレーシアに戻ることは決してありません」とリンは続けた。「マレーシアの木材企業は、冗談のように安い金額が書かれたニセの輸送明細書を提示し、マレーシアには利益が出ていないように見せかけます。インボイス（伝票）には、香港やシンガポールのダミー会社に支払われる本当の金額が書いてあります。そのダミー会社から、バックマージンがマレーシア政治家の外国銀行の口座に直接払い込まれるのです。この方法でいくと、バックマージンがマレーシアを通過することは決してありません」。

金の流れがマレーシアから見えないのも当然だ。だが外国の銀行口座にはその痕跡が残る。世界銀行の

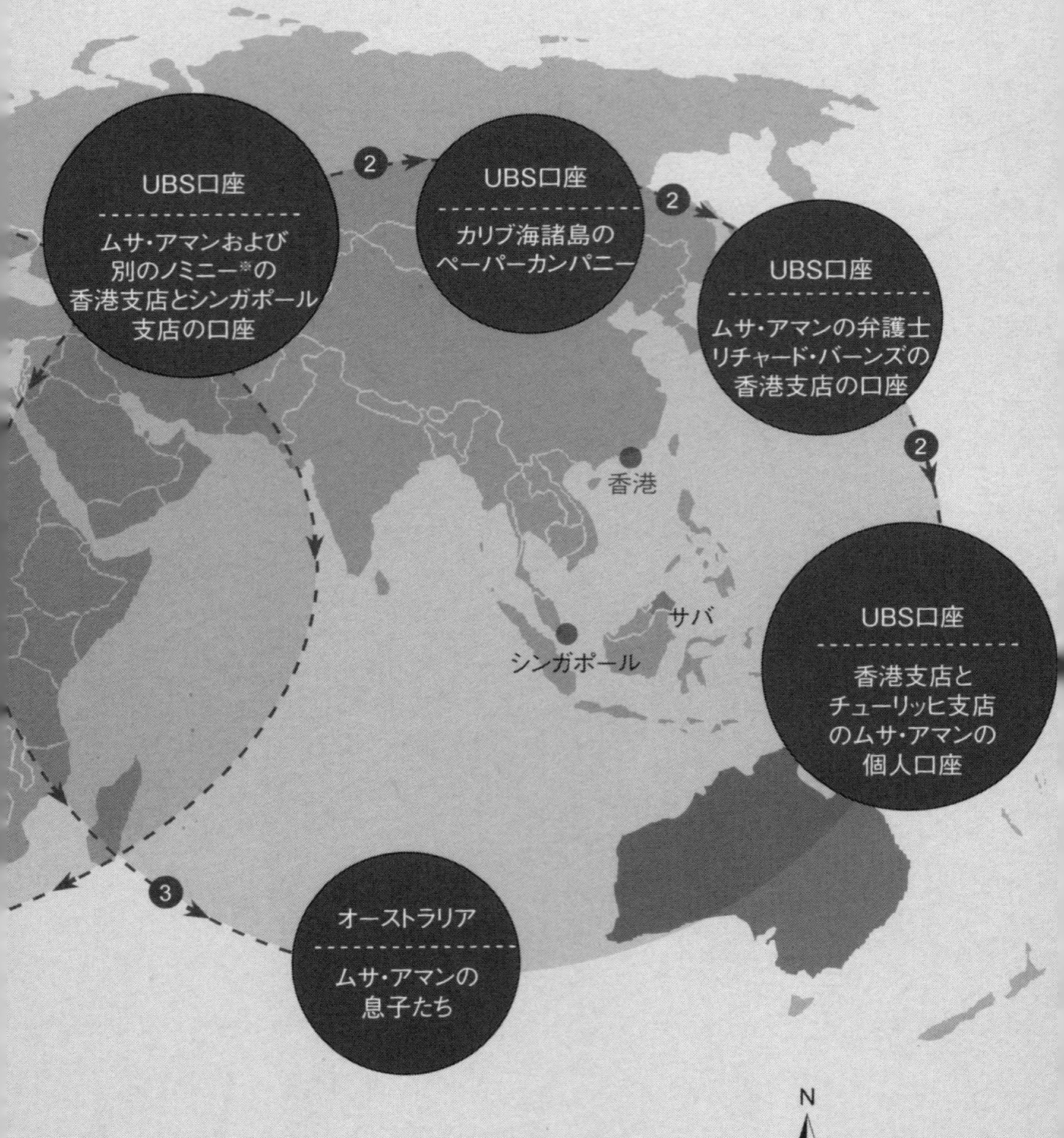
2
UBS口座
ムサ・アマンおよび
別のノミニー※の
香港支店とシンガポール
支店の口座
UBS口座
カリブ海諸島の
ペーパーカンパニー
UBS口座
ムサ・アマンの弁護士
リチャード・バーンズの
香港支店の口座
香港
サバ
シンガポール
UBS口座
香港支店と
チューリッヒ支店
のムサ・アマンの
個人口座
3
オーストラリア
ムサ・アマンの
息子たち
N

出典: BMF 2013

UBSとムサ・アマンのケース

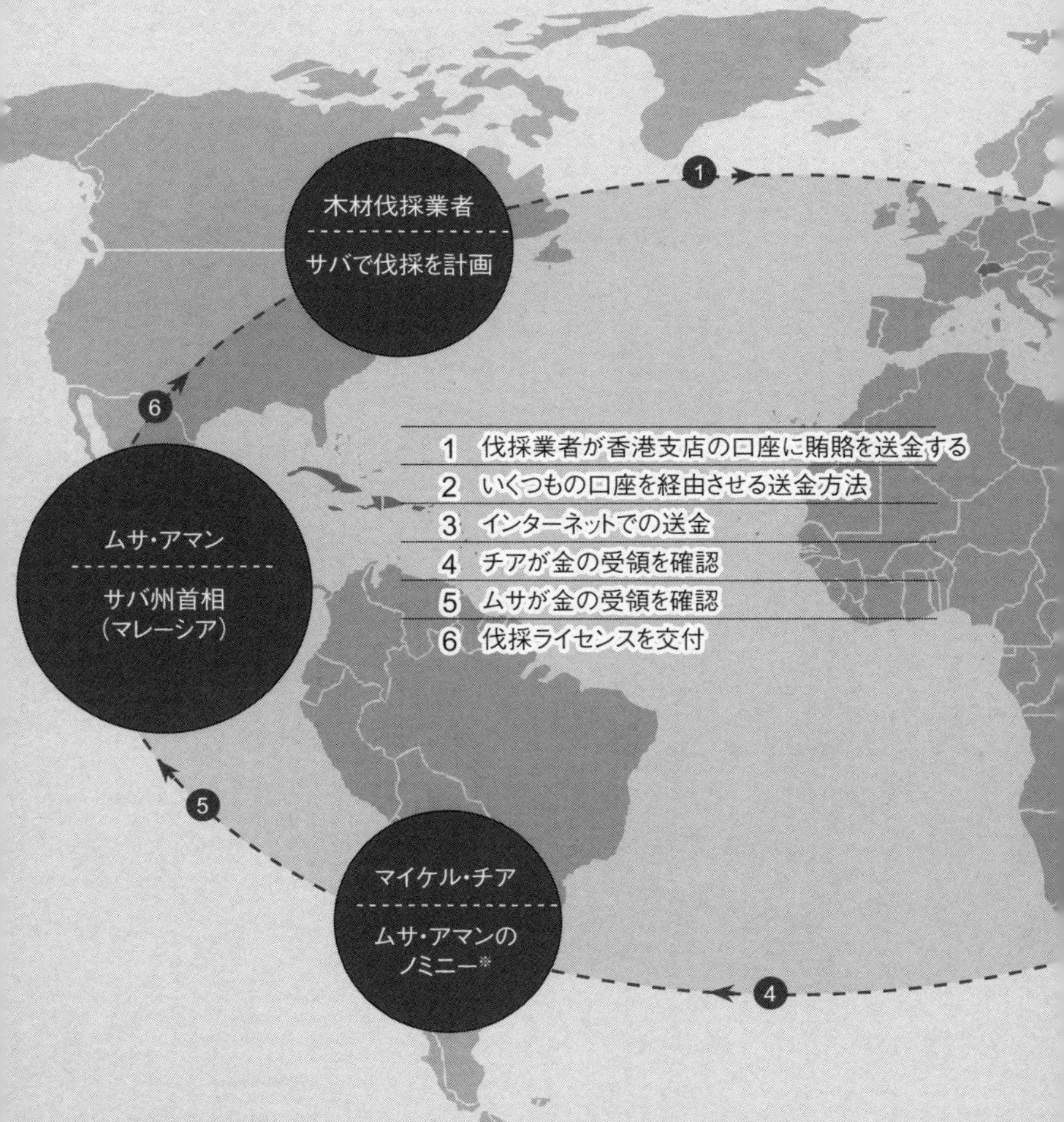

※ノミニー
外国で法人を設立する際に、第三者名義で登記できる制度をノミニー制度という。この場合のノミニーとは名義を貸した人のこと。

推計によれば、全世界の木材ビジネスにおいて、年間一〇〇億から一五〇億ドルの利益が申告されていないということだ。木材原産国の経済から金が流出する仕組みが、完璧にできあがっているのだ。[原注16]

「UBSはこのビジネスに参加する多くの銀行の一つにすぎません」とリンは言った。「東南アジアに支店のある銀行なら皆、このビジネスのことを知っています。そして多くは、そこから利益を得ています」。それから、こうつけ加えた。「本当はこれは言いたくないのですが、UBSは私たちをとりわけ優遇してくれました」。

UBSシンガポール支店でチアの担当だったクライアント・アドバイザーとその上司は、最初からチアの金がクリーンではないことを承知していたはずだとリンは言った。UBSと取引する前、チアはHSBCシンガポール支店とも取引していた。HSBCは危険を察知して、チアの口座を解約するよう求めたのだという。そこで今度はUBSが、ムサ州首相のエージェントを迎え入れた。

伐採業界からの賄賂は数十万ドルの頭金から始まる。「伐採ライセンスのための預かり金」と裏書されている場合もある。だが時おり、一度に二〇〇〇万ドル払い込まれることもある。チアは自分の持つ複数の口座の残高を確認し、どれか一つが目立って怪しまれることのないように気をつけていた。彼は、さまざまな企業や仲間のネットワークを通して金を動かした。すべてUBS香港支店の口座だ。UBSはチアのために証拠隠滅用の会社まで用意してくれた。どの会社も、本社所在地はすべてイギリス領ヴァージン諸島〔タックスヘイブンとして知られる〕だった。社名はたとえば、CTFインターナショナル、ブリストップ、ゼニック・インベストメントなどだ。

総額九〇〇〇万ドル以上の取引の終着点は、ムサの顧問弁護士リチャード・バーンズかムサ自身のUB

S香港支店やチューリッヒ支店の口座だ。[原注17] UBSは、ムサやその弁護士が「重要な公的地位を有する者」（PEPs：politically exposed persons）だと知っていたはずだ。本来なら怪しげな金の取り扱いを拒否すべきだったろう。同行は二〇〇八年にムサのビジネスに疑惑を抱き、複数の国の汚職防止当局に報告したと主張している。だがそれまでの二年間は、UBSはムサの行動を黙認していた。[原注18] のちのスイス政府による犯罪捜査の際、それがUBSにとって仇となった。その時、同行はLIBOR〔London Interbank Offered Rate：ロンドン銀行間取引金利〕の世界的な不正や、アメリカ・フランスでの違法取引に手を染めていた。

だがそこまで状況が悪くなる頃には、ムサの金はとっくにUBSにはなかった。証言したインサイダーたちを信じるならば、すでにオランダのある銀行に移されていたということだ。

ドイツ銀行の闇

一九九二年、ブルーノ・マンサーはマレーシアから戻ってすぐに、ドイツ銀行レラハ支店に口座を開設した。レラハは、スイスのリーエンと国境をはさんで隣接するドイツの町だ。口座開設の理由は、サラワクの雨林保護活動に寄付をしてくれるドイツ人の便宜を図るためだった。ブルーノ・マンサー基金はこの寄付用口座を十二年間そのまま活用した。レラハ支店との関係は、常に友好的なものだった。口座番号は、インターネットやブルーノ・マンサー基金の資金集めのイベントで公開されていた。

二〇〇四年十月中頃、私はブルーノ・マンサー基金のレターボックスにドイツ銀行からの手紙を見つけた。いつもの銀行からのお知らせか何かだろうと思った。開封して読んでみて驚いた。「当行の約款第一九条第一項により、当行はお客様との取引をいつでも解約する権利を有しています。この権利を行使し、お客様の口座は二〇〇四年十一月十九日に解約されることになりました。それ以降、お客様との取引は一切致しかねますので、それまでにご対応をお願い致します」と書いてあったのだ。原注19

何かの間違いだろうと思い、ドイツ銀行に電話をかけた。レラハ支店の行員の説明は、何だか良くわからなかった。EUが新規定を採択し、海外に本部のある団体の口座を持てなくなったと彼は言った。その新規定とやらの照会を求めたが、待てど暮らせど回答は来なかった。その代わりに、こんなそっけないアドバイスが送られてきた。「デュースブルク〔ドイツ中西部の都市〕のプライベート・バンキング〔富裕層の個人を対象とした資産運用サービス〕部門に電話してください。そこでお答えします」。数十億ユーロの資産を管理するプライベート・バンキング部門が、たかだか数百ユーロの残高しかない団体の口座を相手にするものか、と私は訝しく思った。

デュースブルク支店のプライベート・バンキング部門の紳士的担当者は、私の問い合わせ内容を丁寧に聞き、パソコンに口座番号を入力し、簡単にこうコメントした。「申し訳ございませんが、この口座の解約に関して私にご説明できることは何もございません」。

「あのう、今回の解約には理由があるんでしょうか?」と私は尋ねた。

「はい。あります。しかし、それがどんな理由なのかをご説明できる者はおりません」。

デュースブルク支店とコンタクトをとったことで、少なくとも解約日を延期することだけはできた。おかげで、ブルーノ・マンサー基金がドイツの別の銀行に口座を開設する時間的余裕はできた。新しい口座はドイツ・ポストバンクのニュルンベルク支店で作ることにした。そこでは何も問題は起こらなかった。

ＥＵの新規定とやらのことを、誰も聞いたことがないということだった。

私はドイツ銀行のフランクフルト本店に抗議の手紙を書くことにした。コピーをとって、ドイツ銀行スイスＣＥＯヨーゼフ・アッカーマンにも送った。多くのスイス人がそうであるように、アッカーマンもブルーノ・マンサーの名前は良く知っているはずだ。ベルンの連邦議会前で決行した六十日間ハンストのおかげで、この国でマンサーの名を知らない者はいない。

クリスマス直前に、私はドイツ最大の金融機関ドイツ銀行に手紙を出した。「貴行はマレーシア最大の海外投資家の一つであり、現在も東南アジア市場におけるポジションをさらに拡大しようと精力的に活動されていることと存じます。私たちの口座の閉鎖に関し、何らかの政治的配慮がなされたと疑わざるを得ません」。

四年前に失踪したブルーノ・マンサー個人宛に、丁寧な返信が届いた。手紙には、この問題を調査すると書かれており、私が手紙を出したことに対して「アッカーマン博士名義でも」謝辞が述べられていた。二週間後の二〇〇五年一月六日、ドイツ銀行は最終決定文書を送ってきた。「口座解約の決定理由について、お客様にご説明する義務は当行にはございません。これまでのご愛顧に感謝いたします。（……）心より新年のご挨拶を申し上げます」[原注20]。

熱帯の島のオフショア・ビジネス

アッカーマンの部下たちとやり取りをしている頃、ドイツ銀行がタイブ政権に一億三五〇〇万ドルの融資をしたという事実を、私はまだ知らなかった。[原注21] さらにその六カ月後、ドイツ銀行はマレーシアのラブアン・オフショア金融サービスセンターで、六億ドル以上の高利回り州債を発行した。[原注22] こうした融資や債券発行は、フランクフルトの銀行家たちにとって莫大な短期的利益があがる投資だ。タイブの敵が作った団体の小口の寄付口座を開設したままではタイブのご機嫌を損ないかねない。せっかく好条件の投資ができるというのに、そんなリスクを犯そうとは誰も思わないだろう。

ラブアンはボルネオ島北海岸から八キロメートル沖にある熱帯の島だ。高速フェリーならボルネオ島からすぐだ。かつてイギリス直轄植民地だったラブアンは、地味な島だった。時おりダイビング目的の旅行者が来るくらいで、特に観光客誘致もなされなかった。しかし一九九〇年、マレーシア首相マハティール・モハマドが、ラブアンを金融機関への規制を最小限にしたオフショア金融センターにしようと思いついた。それ以来、大手銀行のほとんどすべてがラブアンに支店を開設した。ドイツ銀行をはじめ、UBS、クレディ・スイス、HSBC、ゴールドマン・サックス、シティバンクなどなど〔二〇一七年七月時点で日本の三菱東京UFJ銀行、三井住友銀行、みずほ銀行も支店を持っている〕。タイブにとっては、自分の家の玄関先に金融センターができたも同然だった。誰からも指図されずに、国際金融の立役者たちとビジネスし放題だ。

こうした銀行の多くは、タイブの国際金融取引に関わった金融機関として名前が聞こえてくる。ドイツ銀行の他に、UBSもゴールドマン・サックスもサラワク州債に触手を伸ばしている。二〇〇四年十二月、UBSはラブアンとルクセンブルクでタイブ政権のために三億五〇〇〇万ドルの債券を発行した。[原注23] 次はゴールドマン・サックスの番だ。二〇一一年と二〇一二年、同行は二件の債券発行で、それぞれ八億ドルずつをタイブ政権にもたらした。[原注24]『ウォールストリートジャーナル』によれば、ゴールドマン・サックスはこの二件の債券のうち最初の一件だけで、五〇〇〇万ドル以上の利益を得たということだ。同行にとってマレーシア公債は、まさに金のなる木というわけだ。[原注25]

タイブ政権は二〇〇四年にUBSが発行した債券（いわゆる「サラワク・コーポレート・スクーク」〔sukuk：イスラム債。イスラム教の教義に従って発行された有価証券〕の一部を利用して、経営難に陥っていたクチンの半導体メーカー、ファースト・シリコンを買収した。[原注26]その二年後、タイブ政権は同社をドイツの半導体メーカーXＦａｂグループに売却した。サラワク州が被った売却損は二五億リンギット（約八億ドル）だったと見られている。タイブはファースト・シリコン買収に高い金額を支払ったように見せかけ、差額は自分の懐に入れたのだろうか？　二〇一〇年、州議会の野党議員チョン・チエン・ジェンはファースト・シリコン売買について追及し、議長から即刻、停職処分を言いわたされた。[原注27]

クチン出身の若々しい法律家チョンは、長年、タイブ政権の金融取引に批判的だった。エネルギッシュな政治家チョンは、二〇〇四年にクチンから国会議員に選ばれた。二〇〇六年には、民主行動党（DAP：Democratic Action Party）からサラワク州議会議員に当選した。チョンは左派政党ＤＡＰの副議長でもある。赤いロケットがシンボルマークのＤＡＰは、汚職と戦い続けている。タイブが州の歳入を私物化している状況は、ＤＡＰにとって長年の懸案だった。

二〇一三年初頭、タイブ政権が八年間で一一〇億リンギット（三四億ドル）以上の裏金を作っていたことを、ＤＡＰが突き止めた。その背後には、タイブの息のかかった企業や架空組織が存在するとＤＰＡは見ている。サラワク州議会で財務大臣として答弁したタイブは、その裏金がサラワクの「発展」のために役立つものだと他人事のように言っただけだった。

「使途を隠蔽することは、議会制民主主義の基本原則に反する」とチョンは野党議員としてコメントした。[原注28]二〇〇九年にはタイブが大臣を務める三省が政府支出の半分をコントロールしているという事実を、DAPが追及したことがある。その他の一〇省は、残りの半分の予算を分け合っていた。[原注29]しかしその金の大部分が最終的にタイブやその一族や派閥の人間の懐に入り、マレーシアをはじめ世界中の金融・不動産セクターの資産を違法に入手するために使われたのかどうかは、透明性が確保されないことには知る方法がない。

だがマレーシア経済から流出する巨額の金について、ワシントン・D・Cに本部をおくNPOグローバル・ファイナンシャル・インテグリティには尻尾をつかまれている。同団体は、透明な資本市場を構築し、発展途上国や新興工業国からの資本流出を食い止めるために活動している。同団体の試算によると、二〇〇一年から二〇一〇年までの間に、約二八五〇億ドルの利潤が申告されないままマレーシアから国際資本市場に流出したということだ。そのためマレーシアは、中国、メキシコに次ぐ世界第三位の資本流出国となった。ちなみに中国やメキシコの経済規模はマレーシアの数倍もある。[原注30]サラワクから流出した資本はこのうちの一部だが、それでも巨大銀行を魅了するに足る金額だ。

ペクニア・ノン・オレット

ドイツ銀行は、マレーシアの金融機関K&Nケナンガ・ホールディングスを通じて、タイブ一族と特に緊密な関係を持った。ケナンガとはイランイラン（*cananga odorata*）のマレーシア名である。イランイランはシャネルNO５などの有名な香水に用いられる、ジャスミンに似た香りを持つ熱帯の花だ。ローマ人の格言に「ペクニア・ノン・オレット」（金は匂わない）（金に貴賤はないの意）というものがあるが、ケナンガ・グループにぴったりの言葉だ。彼らは良い香りには興味がない。興味があるのは金儲けだけだ。

Ｋ＆Ｎケナンガ・ホールディングスは、総額六億一二〇〇万リンギット（一億九〇〇〇万ドル弱）の資産を持つ。二五・一％の株を保有する筆頭株主は、タイブが所有するＣＭＳキャピタルだ。ドイツ銀行は子会社であるシンガポールのドイチェ・アジア・パシフィック・ホールディングスを通して、ケナンガの株を一三・八％保有している。ケナンガの役員席には、タイブの義理の息子サイド・アーマド・アルウィー・アルスリー（タイブの末娘ハニファの夫）、ＣＭＳのＣＥＯリチャード・カーティス、そしてドイツ銀行の新旧の支店長クラス三人が座っている。[原注31]

同社の子会社の一つ、ケナンガ・ドイチェ・フューチャーズは、ドイツ銀行が三七％の株を保有しており、マレーシア証券取引所で株取引を行なっている。[原注32] ケナンガ・グループは、普通の銀行業務も行なう。二〇一一年末時点で、預金総額は二五億リンギット（約七億六〇〇〇万ドル）だった。[原注33]

最近、ケナンガは投資銀行業務を拡張し、スリランカ、ベトナム、サウジアラビアに子会社を設立した。同社は、タイブのお気に入りの事業にも資金を調達している。ＳＣＯＲＥの枠組みでサラワクに一二ものダムを建設するプロジェクトだ。ＳＣＯＲＥとは、「サラワク再生エネルギー回廊」（Sarawak Corridor of Renewable Energy）の略（第九章参照）。二〇一一年、ケナンガはサラワク・エナジーに二五億リンギット（七億六〇〇〇万ドル）を調達した。サラワク・エナジーは州営企業で、ＳＣＯＲＥのダムの所有者だ。[原注34]

ドイツ銀行は、こうした問題のある事業について、あまり話したがらない。マスコミからの問い合わせや被抑圧民族協会からの手紙などにも、無視を決め込んでいる。

ドイツ銀行とケナンガとの強いつながりは、ドイツの大銀行がタイブ一族とのビジネスに積極的なことを物語っている。しかし問題は、タイブが非合法的に手に入れた金のロンダリングにケナンガ・グループが関与しているのかということだ。二〇一一年、マレーシア証券取引所の監督官庁がケナンガ・ドイチェ・フューチャーズに対し、マレーシア・マネーロンダリング防止法違反で二〇万リンギット〔六万ドル〕の罰金を課した。[原注35]

ドイツ銀行とタイブ一族は、ビジネス上、もう一つのつながりを持っているが、これは同行の協力が得られないために、まだよくわかっていない。内部告発者ロス・ボイヤートによれば、アメリカにおけるタイブの不動産は、ソゴ・ホールディングスと呼ばれる会社が所有しているということだ。同社の所在地は、イギリス王室属領チャンネル諸島のジャージー島だ。[原注36] ソゴ・ホールディングスは、カナダにあるタイブの不動産会社サクトへの二〇〇〇万ドルの融資にも関与している。〔第一章参照〕[原注37] ジャージーのソゴ・ホールディングス株はすべて、ドイツ銀行のオフショア信託〔海外で租税を逃れて資産運用できる金融機関〕に預けられた。その三分の一はとなりのガーンジー島にあるドイツ銀行子会社が、三分の二はカリブ海ケイマン諸島にあるドイチェ・バンク・インターナショナル・トラストが保有している。[原注38]

二〇一一年、ブルーノ・マンサー基金はドイツ政府にこの問題を告発し、ＢａＦｉｎ〔ドイツ連邦金融監督庁〕がドイツ銀行とタイブ一族との関係を調査することになった。[原注39] 調査は「マネーロンダリング防止法に規定されるデューデリジェンス〔投資対象となる資産の価値やリスクを調査すること〕遵守」と「金融機関による内部セキュリティ対策」に関して行なわれた。しかしながら、規制官庁が提訴するための「法的根拠はない」というのが、ＢａＦｉｎの下した結論だった。原注40

小さなフランクフルト・ソーセージ

ドイツ銀行とタイプ一族との関係をさらに知るために、二〇一三年春、ブルーノ・マンサー基金は同行の株を購入した。すべての株主は株主総会に出席し、経営者に直接質問をする権利がある。その重要な瞬間は、二〇一三年五月二十三日にやって来た。メッセ・フランクフルトの「フェストハッレ」と呼ばれる巨大会議場で、サラワクから駆けつけたムタン・ウルドと私は発言者名簿に名前を書いた。ドイツ銀行の経営陣にタイブ一族との取引について説明を求めることが目的だ。もちろん、私はブルーノ・マンサー基金の口座がなぜ解約されたのか、九年が経過した今、ドイツ銀行の口座を再び開設できるのかも知りたいと思っていた。

ランチは、マスタードの添えられた美味しいフランクフルト・ソーセージとポテトサラダだった。ドイツ銀行のマークの形の青いペーパーウエイトが、白いテーブルクロスの上に乗っていた。何百人もの白髪頭の少数投票権株主たちが、食堂を歩き回っていた。

六時間待って、――その間、出席者の大半はすでに帰ってしまっていた――ようやくムタンと私は演壇に立つことを許された。自分のマイクをオフにしたドイツ銀行会長の前で私たちに与えられた発言時間は四分だった。私たちの発言が終わると、共同ＣＥＯユルゲン・フィッチェンが質問に答えた。彼は礼儀正しく、当たり障りのない回答をした。当たり前のことしか言わなかった。実は私も、それ以上のことは期待していなかった。重要なのは、私たちがそこで発言したことの法的な意味だ。これでドイツ銀行は、汚職に対する私たちの批判に気づきもしないで「誠実に」タイプ一族とビジネスをしているなどと、もう主張できなくなった。

ブルーノ・マンサー基金はその数日後、ドイツ銀行からのEメールを受け取った。それまでよりずっと明確なメッセージが書かれていた。BMFが再び顧客として歓迎されるのかどうかという質問に、はっきりと答えてきた。

Re：取引の再開について
日時：二〇一三年五月二十七日十三時三十五分二十六秒CEST〔中央ヨーロッパ夏時間〕
宛先：info@bmf.ch
分類：親展

親愛なるシュトラウマン博士
取引の再開についてお問い合わせありがとうございました。
しかしながら、ドイツ銀行はブルーノ・マンサー基金様との取引の再開はできかねます。
前向きなお答えができず申し訳ございません。

敬具

（……）

ドイツ銀行個人・企業顧客サービス（株）[原注41]

スイス・コネクション？

スイスの銀行も、タイブとその一味に何百万ドルも稼がせるために資産運用をしているのだろうか？タイブが歯の治療のために自家用ジェットでよくジュネーブを訪れていたと、あるマレーシア人情報提供者から数年前に聞いて以来、この疑問はずっと私の頭の中にあった。

二〇一一年初頭にアラブの春〔アラブ世界で発生した大規模な反政府デモを主とした騒乱〕が起きた時、スイスはエジプト、チュニジア、リビアの支配者一族名義の数百万ドルの資産を凍結した。ブルーノ・マンサー基金は当時のスイス連邦大統領で外務大臣だったミシュリン・カルミー・レイに対し、UBSがタイブ一族のために資産運用をしているという噂がマレーシアで広まっていると伝えた。さらに、タイブの姪エリア・ジェネイド・アバス（叔父から州の土地を一万ヘクタールもらい受けている）は二〇一〇年にスイス人と結婚し、それ以来スイスとは関係が深い。そこでブルーノ・マンサー基金は、二〇一一年三月、スイス連邦参事会〔スイス連邦政府の内閣〕に対してタイブがスイスに持っている資産をすべて凍結するよう求めた。[原注42]

しかし、残念ながらそれはできない、というのが外務大臣からの回答だった。スイス連邦参事会が外国の権力者の資産を凍結する権限を持っているのは確かだが、それは当該国にその資産が戻される恐れがあって、司法共助〔司法機関・捜査機関の国際的な協力〕の要請があった場合に限られる。「しかし該当する個人が依然として権力の座についている場合、司法共助の要請がなされるとは考えにくい」。したがって、その資産が犯罪起源のものかどうか法廷が調査することは不可能であろうということだった。だが、ミシュリン・カルミー・レイはBMFの申し立てをFINMA（スイス金融市場監査局）に伝えてくれた。[原注43]

この件でスイス大統領がタイブの資産に関する声明を発表したというニュースは、オンラインメディアによってマレーシアに伝わり、公式の反応があった。お返しに、タイブの方が改選したての州議会で声明を述べると発表したのだ。ジャーナリストは皆、固唾を飲んで見守った。だがタイブは結局、びっくりするようなことは何も言わなかった。自分は汚職に手を染めてなどいない、スイスに金は持っていないと言った。[原注44] ブルーノ・マンサー基金の展開した運動が功を奏し、マレーシア汚職行為防止委員会（MACC）〔二〇〇九年マレーシア汚職行為防止委員会法に基づいて連邦議会が設置した機関〕は二〇一一年六月九日、タイブに対する調査を開始した。[原注45] 本書執筆時、つまり調査開始から三年たっても、委員会は調査結果を発表していない。ところがスイスの銀行とタイブの関係について、タイブ一族の内部者から告発があった。

「私の義父だったタイブは、マレーシアで最も裕福で、東南アジア全体でも資産額はトップレベルです」。ピンクの口紅にベージュのスカーフ姿のエレガントな女性が、クアラルンプールのシャリーア法廷（イスラム法廷）で真実を述べると宣誓し、そう証言した。マレーシアの有名ポップシンガーの姉で、当時四十九歳のシャーナズ・アブドゥル・マジドは、元夫マームド・アブ・ベキル・タイブの一族に関して知っていることすべてを暴露し始めた。

「前夫は、カナダ、アメリカ、カリブ海地域、フランス、モナコ、スイス、ルクセンブルク、香港、マレーシアに一一一もの銀行口座を持ち、その預金総額は七億リンギット（二億一〇〇〇万ドル）以上です。マレーシアのサラワクやマレー半島、そして全世界に、不動産も所有しています。一一二もの会社の取締役に就き、五〇ものビジネスの株主です。外国に出かける時は必ず自家用ジェット機を使っています」[原注46]。

タイブの長男アブ・ベキルはシャーナズとの十九年の結婚生活の末に、彼女を捨てて若いブロンドのロシア人のもとへと走った。当初、シャーナズは夫に戻ってきてほしいと思っていたが、二〇一二年十二月に、タイブの不動産のうち自分の取り分を求め、アブ・ベキルとの関係は清算することにした。タイブ一族の所有するCMSの元取締役である彼女は、この政治家一族のことを世間に暴露してやることにした[原注47]。離婚訴訟の法廷で彼女が話したことは、タイブ一族を震撼させた。そしてマレーシア国民を呆れさせた。

シャーナズは離婚訴訟の和解金と精神的苦痛への慰謝料として、元夫から四億リンギット（約一億二〇〇〇万ドル）のムターフ（退職金）を要求した。のちに彼女は、その額を一億リンギット（三〇〇〇万ドル）に減額した。こんな金額はタイブの息子にとってはした金だと彼女は言った。「彼にとっての一億リンギットは、普通の人にとっての一〇セントにすぎません」。裁判を戦うに当たって、彼女は有能なインド人弁護士ラフィ・モハド・シャフィ博士に弁護を依頼した。彼は法廷で自分の依頼人に質問しながら、タイブ一族の財産の詳細が暴かれていくのをどう見ても楽しんでいた[原注48]。

シャーナズの証言はスイスにも衝撃を与えた。しかし彼女の主張が立証されることはなかった。二〇一三年にスイス検察庁が調査した結果、シャーナズが証言した複数のスイスの銀行のうち、タイブと取引があったのは一行だけだった。その口座も、一九九九年に解約されていた。[原注49] ムサ・アマンのケースとは異なり、スイス検察庁は犯罪捜査を行なわず、これ以上この問題を取り扱わないと決定した。

第八章

森林破壊を追って

サラワクの木材王たちは、タイブ政権下で栄えた。今日、彼らは世界の熱帯木材ビジネスで重要な存在となっている。リンブナン・ヒジャウやサムリングなどの多国籍企業は、世界中で合法・非合法の森林破壊に関与している。彼らは驚くべきスピードで、東南アジア、アフリカ、南アメリカ、オーストラリアの森を破壊している。

雨林の首長　バーンホーフシュトラーセに立つ

ダークスーツに身を包んだアマゾンの国ガイアナの先住民族のトシャオ（首長）。ルーズネクタイの上からかけた雨林の果実の皮のネックレスが、紳士らしさを際立たせていた。彼はアカウィニ川のほとりのアカウィニ村の村長デヴィッド・ウィルソンだ。彼の村には八〇〇人が暮らしている。ガイアナの首都ジョージタウンからは、北に七〇キロメートルほどである。黒い瞳の若き首長は、彼の国からチューリッヒのバーンホーフシュトラーセまで、七七〇〇キロメートルを旅してきた。マレーシアの木材企業サムリングとそれに融資するクレディ・スイスから彼の村を守るために、彼はジャーナリストたちに毅然と事態を説明した。

「サムリングにはまんまと騙された」とトシャオは語り出した。「元教師と名乗る人間が木を少し切りたいと言うので、私たちの森へ入ることを許した。だがそれはすべて、仕組まれた詐欺だった。その男はインテリア・ウッド・プロダクツという小さな木材会社の人間で、その会社はサムリングのダミー会社だったのだ」。

サムリングが香港証券取引所に上場した二カ月後の二〇〇七年五月、東南アジアのサラワクと南アメリカのガイアナから雨林に暮らす人々がチューリッヒに集結した。先住民族の代表たちを招いたのは、ブルーノ・マンサー基金と被抑圧民族協会。スイス国民にマレーシア企業サムリングの陰謀を知らせるためだった。国際的な抗議行動が行なわれたが、クレディ・スイスはサムリング株を上場させてしまった。先住民族はクレディ・スイスに、彼らが暮らす森の破壊に対する一〇〇〇万ドルの補償金を要求した。だが雨林の住民たちは本当に伐採業者やスイスの銀行から補償金をとろうとしているわけではなく、単なる象徴的な要求だった。[原注1]

「ある日、インテリア・ウッド・プロダクツの取締役が村に来た。政府の役人たちも一緒だった」とトシャオ・デヴィッド・ウィルソンは語った。「インテリア・ウッド・プロダクツの人間は契約書を差し出して、私たちのテリトリーの木を伐採する許可を政府からもらったと言った。それから私たちをいくつかのグループに分けて、五分で契約書を読めと言った。だが私たちは法律の専門用語などわからなかった」。アカウィニの住民たちは、木材業者との契約書にサインをさせられた。その数日後、サムリングの子会社バラマ・カンパニーの作業員が来た。巨大なブルドーザーやトラックやショベルカーを使って、森の木を切り始めた。

「バラマ・カンパニーの作業員たちは、村民も村の協議会も眼中になかった。村に断りもなく入ってきて、動物狩りまで始めた。やめるように言ったが、やめなかった。私たちは彼らに、アカウィニ川に橋を作らないように要求した。アカウィニ川は最も重要な川で、飲み水もそこから取っていた。だが彼らはまったく聞く耳を持たなかった」。デヴィッド・ウィルソンは続けた。「サムリングが村で行なった暴挙の結果、村ではチフスが流行した。アカウィニでそんな病気が流行ったことは今まで一度もなかった」。[原注2]

トシャオ・デヴィッド・ウィルソンは、アメリンディアン・ピープルズ・アソシエーション〔ガイアナのNGO。アメリンディアンはアメリカンインディアンの別称〕総裁のデヴィッド・ジェイムズ弁護士、そして人類学者ジャネット・バルカンと共に、スイスを訪れていた。

ガイアナは、南アメリカの大西洋沿岸の国だ。面積は二一万五〇〇〇平方キロメートル、人口は七七万人。主要産業は鉱業と農業で、主な輸出産品は金、ボーキサイト、砂糖、コメである。[原注3] 国土の八五%が熱帯雨林に覆われ、樹木一〇〇〇種以上、鳥類一六〇〇種、その他の脊椎動物一一〇〇種がガイアナの固有種だ。ガイアナ・シールドと呼ばれる高地は、隣国ベネズエラ、ブラジル、スリナム、フランス領ギアナまで続いている。ボルネオと並んで、地球上で生物多様性が最も高い地域の一つである。ジャガー、オウム、ホーアチン〔ツメバケイ。南アメリカ原産の鳥〕――ガイアナの国鳥――など、熱帯雨林の奥地には本当に素晴らしい生き物が数多く生息している。

イギリス植民地だったガイアナは、一九六六年に独立した。南アメリカで唯一、英語を公用語とする国である。ガイアナ人の約三〇%はアフリカ系で、サトウキビ・プランテーションで働かせるためにオランダ人入植者が大西洋を越えて連れてきたアフリカ人奴隷の子孫だ。一八三三年に奴隷制度が廃止され、イギリス植民地の地主たちは、プランテーション労働者としてインド人を連れてきた。その子孫は人口の四三%だ。一方、二一世紀初頭の先住民族の割合はわずか九%である。[原注4]

人類学者ジャネット・バルカンはガイアナ人で、現在、バンクーバーのブリティッシュコロンビア大学森林資源管理学部教授だ。彼女はサムリングを厳しく批判する。「サムリングがコントロールする伐採ライセンスは、マレーシアよりもガイアナでの方が広大で、その面積は一六〇万ヘクタール以上です。さらにサムリングは四〇万ヘクタールの森で違法伐採を行なっています。別の会社が持っているライセンスで伐採を行なっているのです」〔ガイアナの法律で伐採ライセンス貸与は違法〕。[原注5]

ジャネット・バルカンの生家は製材所だ。だから彼女は雨林の過剰伐採にはとても詳しい。ガイアナの政治腐敗や伐採業界の悪巧みに対する彼女の舌鋒は鋭く、そのためガイアナ国内には敵がたくさんいる。ガイアナにいた頃は、マクシ人などの先住民族と共に、イウォクラマ国際雨林保全開発センター〔ガイアナ政府等が設立したNPO〕で働いていた。

一九九〇年代初頭にサムリングなどのアジアの伐採企業がやって来たことで、ガイアナの森林セクターは多大な影響を受けた。「国の森林法規が不適切なために、アジアの木材業界が不当に利益を得た」とバルカンは言う。「彼らは、地元の中小企業がライセンスを持つ、あまり伐採の進んでいない森で伐採を始めました。今では、アジアの伐採業者がガイアナの中・大規模林伐採ライセンスの七九%をコントロールするまでになっています」[原注6]。

最も腹が立つのはマレーシア企業のサムリングが一九九一年にガイアナでビジネスを始めて以来、ガイアナに法人税を一ドルも払っていないことだと、二〇〇七年の集会でバルカンは言った。にもかかわらず、サムリングはガイアナ政府と直接投資に関する取り決めを結んでいて、非課税燃料などの優遇措置を享受しているのだという。サムリングは会計上のトリックを使って、ガイアナで利益が出ていないように見せかけている。赤字申告し続けた同社は、たちまちガイアナ最大の木材輸出企業となった。木材のほとんどは加工されずに、中国やインドに送られている[原注7]。

サムリングの子会社バラマはガイアナの伐採地のかなりの部分で違法行為を行なっていたにもかかわらず、二〇〇六年にWWF（世界自然保護基金）ガイアナの後援を得て、大胆にも森林管理協議会（FSC）の「持続可能性」認証〔一九九三年にWWFが中心となって設立された団体の実施する森林認証制度〕を取得した。二〇〇六年三月、WWFは、FSCの認証を得たサムリングの五七万ヘクタールが世界最大のFS

C認証熱帯林であると、誇らしげに発表した。[原注8] この持続可能性認証は、SGSクオリフォールが発行したものだ。SGSクオリフォールは、ジュネーブに本社をおくスイスの認証企業SGS（Société Générale de Surveillance）の南アフリカの子会社である。

ジャネット・バルカンと夫のジョン・パーマーはサムリングに関する詳細な調査を行ない、同社がFSCの厳格な基準を守っておらず、認証を受けるのはおかしいと結論づけた。FSCの認定組織である国際認定サービス（Accreditation Services International）は国際的な批判を浴びたため、サムリングのガイアナでの企業行動について調査した。そして二〇〇七年一月に、バラマのFSC認証は取り消された。[原注9]

クレディ・スイス、HSBC、マッコーリー・セキュリティーズは、ガイアナでのサムリング認証スキャンダルなどものともせず、この二カ月後に香港証券取引所でのサムリング・グローバルの株式公開に踏み切った。だが、いくつもの国際NGOが反サムリング・キャンペーンを展開し、転機が訪れた。ガイアナの代表団がスイスを訪れてから四週間後の二〇〇七年五月末、抗議の声があまりにも強くなったために、サムリングはアカウィニ村と近隣のセントモニカ村の周辺の森からブルドーザーを撤退させるまでに追い込まれた。先住民族が森林破壊に抵抗し、トシャオ・デヴィッド・ウィルソンがはるばるチューリッヒまで出かけた甲斐があった。[原注10]

その年の秋、ガイアナでのサムリングの違法伐採に対し、やっとのことで刑事罰が下された。ガイアナ大統領バラット・ジャグデオがバラマを強く批判し、森林局の職員がマレーシア企業の違法行為を隠蔽していたことを明らかにした。[原注11] 最終的に、バラマなどのアジア企業に対し、詐欺、伐採ライセンス規則違反、輸出文書偽造の罪で、合計二〇〇万ドル以上の罰金が課された。[原注12] バラマ一社だけで約一〇〇万ドルの罰金

を支払った。これはガイアナ史上、最大の金額だったが、同社はその支払いにほとんど抵抗を示さなかった。[原注13]

本書執筆時点で、サムリング・グループは子会社バラマ・ガイアナのＦＳＣ認証をまだ取り戻していない。サムリングが持続可能な森林管理をすることは今後もあり得ないとＷＷＦは自らの過ちに気づき、二〇〇九年にサムリングとのパートナーシップ契約を解除した。[原注14]

森林破壊の震源地サラワク

サムリングがガイアナでやったことは、この業界における例外ではない。残念ながら、サラワクの木材王たちは同じようなことをどこででもやっている。彼らはすでに、カンボジア、パプアニューギニア、ブラジルなどで違法伐採を理由にブルドーザーを撤退させられてきた。彼らは世界中で、熱帯雨林の赤土を切り崩して森林を破壊している。その爪あとを追跡した者なら誰でも、タイブの木材伐採コネクションに突き当たるだろう。かつてブルック一族の領地だった「ファア・ランド・サラワク」（美しき国サラワクの意）は理想的な温情主義で統治されていたが、タイブ政権下で熱帯雨林破壊の震源地となってしまった。[原注15]

イギリスのＮＰＯグローバル・ウィットネスは、サラワクの伐採・プランテーション企業四社（サムリング、シン・ヤン、ＷＴＫ、タ・アン・ホールディングス――すべてＨＳＢＣの取引相手）が世界の森林一八〇〇万ヘクタールの伐採とプランテーション化に関与していると試算した。[原注16] ここに、リンブナン・ヒジャウの持つ八〇〇万から一〇〇〇万ヘクタールの伐採ライセンスとプランテーション・ライセンスも加えなければならない。同社は世界最大の熱帯雨林破壊者である。サラワクのリンブナン・ヒジャウは六大陸一七カ国で事業を展開し、売上額は一〇億ドルを超える。単なる木材伐採業者から、いちはやくコングロマリットになった企業だ。今日では、石油・ガス、観光、メディア、情報テクノロジーの分野にまで手を広げている。[原注17]

サラワクの木材伐採・プランテーション産業は、世界中の森を破壊に導いている。そして先住民族の生存を長きにわたって脅かし、生物多様性に壊滅的な影響を与えている。赤道アフリカの雨林に何が起きているか？　リンブナン・ヒジャウがその森を切り尽くすのに大忙しだ。[原注18]楽園のようなパプアニューギニアの太古の森は？　サラワクのたった三つの企業が、脇目も振らずに材木へと加工している。[原注19]タスマニア島の古いユーカリの森は？　タ・アンが日本市場のために、フローリング材に加工している。シベリア地方の稠密な針葉樹林（タイガ）でさえ、マレーシアの木材王たちのチェーンソーが明けても暮れても唸り声を上げている。かつてボルネオで植民地支配を受けた側の人間が、その昔ヨーロッパ人たちが示した例に倣って、今では彼らと同じか、それ以上の残忍さを発揮している。

これらの企業は皆、サラワクの独裁政権にそのルーツを持ち、タイプの庇護の下、汚職と環境破壊と先住民族の人権侵害の上に一つのビジネスモデルを築き上げてきた。彼らはそのモデルを自ら実践するだけでなく、世界中のさまざまな場所へと輸出した。

社会正義と自然保護にまったく興味がない彼らは、ビジネスで金儲けしたいという欲望しか持ち合わせていない。彼らのような一部の人間が巨万の富を手にする一方で、多くの先住民族がないがしろにされ、権利を侵害された。彼らは、生きる糧としてきた自然に恒久的なダメージを受け、森林破壊の犠牲者となった。約束された繁栄は、森に暮らす者のうち、ほんの少数にしか届かなかった。

マレーシアの長者番付を見れば、誰が雨林から恩恵を受けたのかがはっきりとわかる。『フォーブス』によれば、七十七歳のリンブナン・ヒジャウ会長ティオン・ヒュー・キンは、一五億ドルの資産を持つ。七十四歳のサムリング創設者ヨウ・テク・センと、息子のヨウ・チー・ミン、ヨウ・チー・シウの資産は、八億六五〇〇万ドルと見積もられている。タイブのいとこでタ・アン会長である六十二歳のハメド・セパウィは、一億七五〇〇万ドルの資産家だ。[原注20]

しかしこの金額は、間違いなく控えめすぎる。公開された資産しか計算に入れていないからだ。そして彼らに伐採ライセンスを発行することで、彼らに巨万の富をもたらした男は、『フォーブス』の番付には出てこない。それはタイブである。タイブはおそらく、マレーシアで最も金を持っている。多くの人の目に曝される政治家であるがゆえに、彼は自分の富を隠し続けている。しかしブルーノ・マンサー基金は、彼の資産が少なくとも一五〇億ドルはあると見ている。[原注21]

聖書とチェーンソー

サラワクの木材王たちの成功の秘訣とは何だろうか？　ティオン・ヒュー・キン伝を読み、彼の歩んできた道を知れば、彼の一族がビジネスで大成功をおさめた理由の多くを知ることができる。ティオンは一九三五年にシブ〔サラワク州の都市〕で生まれた。サラワク最長のラジャン川の下流に位置するシブは、当時まだ小さな貿易の町だった。シブに暮らす多くの人と同じように、ティオンの両親も中国南部の福州からの移民だ。サラワクには二〇世紀初頭に移住してきた。福州移民の多くはキリスト教徒で、中国を離れるチャンスに飛びついた者たちだった。最初の一〇〇〇人の福州移民は、一九〇一年にシブに到着した。一九〇〇年の義和団の乱〔清朝末期の動乱〕直後だった。当時、中国では、西洋人宣教師と接触のあったキリスト教徒は無差別に攻撃された。[原注22]

ラジャ・チャールズ・ブルックにとって、華人定住者はラジャン川流域の肥沃な土地の開墾にうってつけだった。彼はサラワクまでの渡航費を肩代わりしてやり、大人一人につき土地を一ヘクタール与え、公費から一人につき三〇サラワクドルを五年の期限付きで貸し付けた。[原注23] この投資は、大成功だった。シブの華人移民の子孫たちは、のちにマレーシアで最も成功をおさめたグループに属することになる。サラワクの福州人コミュニティは、百年後に一二万人に膨れ上がった。だがシブのビジネスマンたちは今、率先して森林破壊を行なっている。サラワクの六大木材・プランテーション企業のうち五社が、福州から来た華人移民によってコントロールされている。[原注24]

ティオン・ヒュー・キンはシブから少し川を下った所にある村の質素な家庭で育った。両親は水田と小さなゴム・プランテーションを持っていた。ティオンはメソジスト系ミッションスクールを卒業し、カトリックのセイクレッド・ハート・スクールに進学した。そして叔父の経営する木材会社で働くようになる。彼の叔父はＷＴＫの創設者ウォン・トゥオン・クウァンである。

一九七五年、ティオンは叔父の会社を辞め、自分の木材会社を立ち上げた。そしてリンブナン・ヒジャウ〔緑よ永遠なれ〕という麗しい社名をつけた。[原注25]

やがて、ティオンの心に深く刻み込まれる出来事が起きる。当時のサラワク政府トップであるラーマン・ヤクブ州首相（タイブの叔父）が彼を逮捕し、数週間にわたって拘禁したのである。ラーマンはティオンに共産主義者の疑いをかけた。だがおそらくは、ティオンが金持ちになりすぎて、政治家としての自分を脅かす恐れがあると思ったのだろう。もう一人、木材ビジネスマンで野党の政治リーダーだったジェームズ・ウォンもその時、逮捕された。リンバン・トレーディングの社長だった彼は、ティオンと同じ理由でラーマンの捜査に引っかかった。[原注26]

釈放後、ラーマンの覚えがめでたくなるように、ティオンはこの上ない卑屈な方法で彼に服従の姿勢を示した。ラーマンがゴルフをしに台湾に出かけた時、一緒に行って彼がゴルフコースを回る間、ひたすら日傘を指し掛けて歩いたのだ。[原注27]ティオンは肝に銘じた。政治家のうしろ盾がなくては、木材ビジネスで成功はない、と。政治家は常に、伐採ライセンスや許認可に関して自分たちより強い立場にいる。必要とあれば、彼らは誰かを牢屋にぶち込むことだってできる。ティオンは木材マフィアの鉄則を学んだ。政治家のご機嫌をとれ、戦利品は分かち合え、そして心からの感謝を表わせ。

一九八一年にタイブが州首相になると、ティオンはすぐにタイブのお気に入りの弟アリプをジャヤ・ティアサの取締役に招いた。ジャヤ・ティアサは上場企業で、リンブナン・ヒジャウの子会社である。タイブ一族の他の人間や政治仲間も、リンブナン・ヒジャウの一二の子会社の取締役や株主として迎え入れた。タイブはお礼の印に、新規の伐採ライセンスを与え、期限切れの伐採ライセンスを更新してやった。その総面積は一五〇万ヘクタール、[原注28]一〇〇億ドル以上の価値があった。[原注29]こうしてティオンの会社は、設立後わずか十年でサラワク最大級の木材企業となった。

シブ出身の木材ビジネスマンであるティオンが経済的に成功したのは、政治リーダーに目をつけたからだけではなかった。プロテスタントとして育ったティオンが実践する厳格な労働倫理も、重要な役割を果たした。「ティオンの成功にはおそらく、彼が所属する宗派の宗教的価値観も影響したでしょう」と、元牧師で人権活動家のウォン・メン・チュオは言う。彼はティオンと同様にシブのメソジスト教会に所属し、ティオン一族を子どもの頃から知っている。「懸命に働け。時間を無駄にするな。倹約しろ。物質的な富を神の恵みと思え。これは典型的なピューリタン〔一六世紀に英国国教会の改革を唱えたプロテスタントのグループ〕です。しかし同時に、儒教の教えでもある」。

『プロテスタンティズムの倫理と資本主義の精神』は、ドイツの社会学者マックス・ウェーバーの著作のタイトルだ。一九〇四年に出版されたこの有名な大論文の中で、ウェーバーは宗教と経済的成功の関係を論じている。それから百年、木材王ティオン・ヒュー・キンほどウェーバーのプロテスタント資本主義者を体現した者はいないかもしれない。木材王でプロテスタントなのは、彼だけではない。サムリングの創立者の息子ヨウ・チー・ウェンは、プロテスタント教会シダン・インジル・ボルネオ（ボルネオ福音教会）の新しい礼拝所を建てるためにビンツルの土地を寄付している。ジョー・スタッドウェル〔イギリス人ジャーナリスト〕の最近の研究『エイジアン・ゴッドファーザーズ』（*Asian Godfather*）によれば、東南アジアのほとんどのビジネス王たちの成功も、プロテスタンティズムの魔力によるところが大きいということだ。[原注30]

「多くのピューリタンと同じく、ティオンは酒もたばこもやらないし、賭け事もしません。このことは彼の社会的なイメージをアップさせ、ビジネスにとっても良いことでした。さらに、教会（そして、昔のキリスト教宣教師たち）は、ビジネスのネットワークを形成する上でも大変重要でした」とウォン牧師は言う。「だが残念ながら、多くのキリスト教徒と同じく、ティオンも宗教の教えの都合の良い部分だけ大事にして、環境保護や社会正義などの価値観は無視しています[原注31]」。

パプアへの進出

一九八〇年代が終わりに近づいた頃、サラワクの雨林をあまりにも切りすぎたために加工に適した高級木材が底をつきそうになった。マレーシアの木材王たちは、木材の新しい供給源を探し始めた。一番近いのは、東南アジア近隣諸国の手つかずの森だった。まだまだ伐採できる余地は十分にあった。インドネシアはマレーシアに対し、政治的に門戸を閉ざしたままだった。そこで、パプアニューギニア、カンボジア、ソロモン諸島、その他の太平洋の島国の原生林を、集中的に伐採することになった。サラワクの森林破壊で得た利潤がたっぷりあったので、軍資金には事欠かなかった。新たな伐採地へ向かう投資の準備は万端だった。

サラワクの紋章はサイチョウを象《かたど》ったものだ。ガイアナはホーアチン、パプアニューギニアは極楽鳥である。これらの紋章を飾る美しい鳥たちは、皆それぞれの雨林に生息する種で、皆、森林伐採の影響をもろに受けている。極楽鳥の三九種はニューギニアとその周辺の雨林にしか生息していない〔極楽鳥の正式名はフウチョウ。世界に生息するフウチョウは四四種〕。東南アジアの群島を歩いた偉大な探険家アルフレッド・ラッセル・ウォーレスは、極楽鳥を地球上で最も美しく、みごとな羽を持つ生き物と呼んでいる[原注32]。オスの独特の求愛行動は有名だ。パプアニューギニアの先住民族は何世紀もの間、その羽を儀式や装飾に使用してきた。
世界で二番目に大きい島ニューギニアは、サラワクやガイアナと同じく広大な原生林を擁し、世界有数の生物多様性を誇っている。そこにはキノボリカンガルー、ハリモグラ、大蛇など、魅力あふれる生き物が生息する。青と緑に輝く羽を持つアレクサンドラトリバネアゲハは世界最大の蝶で、羽を広げた時の長さは最大二八センチメートルにもなる。二一世紀の最初の十年だけでも、一〇〇〇種類の新種の動物がニューギニア島で発見されている。[原注33]
ニューギニア文化の多様性も、とてもユニークだ。ニューギニアだけで、一〇〇〇種以上もの言語が使われている。政治的な点に目を向けると、ニューギニアは二つの国に分断されている。島の西半分、西パプア（イリアン・ジャヤ）は、一九六三年にインドネシアに併合された。パプアニューギニア（一九一九年からオーストラリアに支配され、一九七五年に独立した）は東の半分だ。パプアニューギニアの民族的多様性は、政情不安の原因ともなっている。島国の政府の構造的な弱さも手伝って、外界からやって来る収奪者にとっては、たやすく天然資源を奪い取れる理想的条件が整っている。
一九八九年、リンブナン・ヒジャウはマレーシア企業としてはじめてパプアニューギニアの雨林を伐採した。一年後、オーストラリア人判事トーマス・Ｅ・バーネットによる調査が行なわれ、同国の森林資源管理が杜撰で大規模な汚職が蔓延しているとする報告書が発表された。[原注34]別の調査では、ティオンがビジネスの邪魔になりそうな現地の政治家を、片っ端から買収していたことがわかった。[原注35]ティオンがパプアニューギニアの木材産業でほぼ独占的な地位を獲得するのに、数年しかかからなかった。ティオンはパプアニューギニアに参入するために、六〇社以上の企業を立ち上げている。そのうち、公式にリンブナン・ヒジャウ・グループに所属しているのは数社だけだ。[原注36] 一九九三年に『ザ・ナショナル』という名の新聞を創刊した例は、とりわけ狡猾だった。同紙はパプアニューギニアに二紙しかない英字新聞の一つである。この新聞を利用して、世論を巧みに誘導した。確固たる地位を築くために、民衆の支援は欠かせない。

サラワクにおけるティオンのライバルでサムリングの創設者ヨウ・テク・センもまた、あくどい手口でパプアニューギニアに進出した。一九九五年、彼の会社コンコルド・パシフィックは、奥地のアイアムバク村からパプアニューギニア西部にあるキウンガという小さな村まで、「開発事業」と称して道路を敷設し始めた。まもなく、サムリングの姉妹企業によるこの道路敷設は、手つかずの原生林を伐採する口実だったことがわかった。七年間の「工事期間」が終わっても、敷設されるはずの六〇キロメートルの道路はまったくできていなかった。そのかわりに、数千ヘクタールの原生林から価値の高い木材が切り出されていた。[原注37] 二〇一一年、パプアニューギニア国家裁判所は同社に対し、伐採によって被害を受けた先住民族への補償金として総額九七〇〇万ドルを支払うよう命じた。木材企業が敗訴する非常に稀なケースだ。[原注38]

グリーンピースの調査によれば、パプアニューギニアの二〇〇五年の木材輸出の八〇％以上はマレーシア企業が手がけたということだ。ティオン帝国に所属する二社は、わずか五カ月間で四三万五〇〇〇立方メートルの熱帯材を輸出した。同国の総木材輸出量の半分近くだった。[原注39] この木材のほとんどは、中国などアジア各国に丸太の形で輸出された。つまりこの輸出でパプアニューギニアに落ちた金はほんのわずかだったということだ。だがこの盗難まがいの行為の最大の犠牲者は、その森に暮らす先住民族である。そもそも彼らの許可なしに伐採などしてはならないはずなのだ。

数々の独立機関による調査が行なわれ、リンブナン・ヒジャウはパプアニューギニアに進出した当初から汚職や違法伐採に手を染めていたことが明らかになった。二〇〇六年の世界銀行の試算によれば、パプアニューギニアで伐採された木材の七〇％は違法伐採によるものだったという。[原注40] しかし同国の政治家も司法制度も、経済的植民地化を進めるマレーシア人には手を出さなかった。それもそのはずだ。ティオンはパプアニューギニアの腐敗政治家や官僚から大歓迎を受けていたのだ。彼らもまた、森林伐採で一儲けできるからだ。[原注41]

さらにあろうことか、二〇〇九年、パプアニューギニア政府の提案により、名目的には今でも同国の元首であるエリザベス二世女王からティオン・ヒュー・キンの同国への貢献が認められ、大英帝国勲章第三勲位が授与された。[原注42]

シブに定住した移民の息子ティオン・ヒュー・キンは今、何十億ドルもの金を動かすコングロマリットの頂点に立っている。ガボン、赤道ギニア、インドネシア、ニュージーランド、ロシアなどの国々での木材伐採・プランテーション操業だけでなく、香港、マレーシア、カナダ、アメリカでメディア企業、オーストラリア、中国、パプアニューギニアで不動産会社、ミャンマー、マレーシアで石油・ガス会社も経営している。[原注43] ビジネスの拡大に結びついた初期投資は、もともとすべてタイプから与えられた伐採ライセンスとサラワクの森林破壊で手に入れた金である。

アフリカから

マレーシアの木材産業は、世界中の市民の監視の目が届かないのをいいことに、中央・西アフリカでも世界有数のプレーヤーとなった。一九九〇年代以降、マレーシア人は特にガボン、赤道ギアナ、コンゴ共和国で盛んに伐採を行なっている。[原注44] ここでもまた、先陣を切ったのはサラワク企業、特にリンブナン・ヒジャウだった。アフリカでは、子会社シマー・インターナショナルがリンブナン・ヒジャウの事業を行なっている。シマー・インターナショナルはアフリカの木材を中国に輸出する上で重要な役割を担っている。国際自然保護連合（IUCN）によれば、リンブナン・ヒジャウは中国にとって熱帯のオクメ〔カンラン科の広葉樹。別名ガブーンマホガニー〕の重要な供給元である。オクメは中国でベニヤ用原料としての需要が高い。[原注45]

　アフリカ進出にあたってティオンは、テオドロ・オビアン・ンゲマのような評判の悪い男とつき合うことも厭わなかった。産油国、赤道ギアナの大統領だ。オビアンは反対者の拷問や殺害など無数の人権侵害で有名な、アフリカで最悪の独裁者と言われている。[原注46] 息子の「テオドリン」〔本名はTeodoro Nguema Obiang Mangue〕は父親から森林大臣に任命されており、同国の木材ビジネスに参入する外国人投資家に巨額の賄賂を要求した。[原注47] しかしマレーシア企業にとって「テオドリン」など、何の障害にもならなかった。一九九〇年代半ばには、この独裁者の息子とのビジネスに乗り出し、リンブナン・ヒジャウはすぐさま同国においても独占同然の状況になった。アメリカ合衆国司法省の調査によれば、リンブナン・ヒジャウは「テオドリン」に、伐採した木材一立方メートルにつき三万中央アフリカフラン〔約六〇ドル〕の賄賂をわたしていた。それと引き換えに同社は森林法の遵守を免れ、自然が保護されているはずの国立公園での伐採を許可された。[原注48] 同国の森は数年のうちにほとんど切り倒され、一九九七年に七〇万立方メートルだった同国の木材輸出量は、二〇〇四年には三〇万立方メートルにまで落ち込んだ。[原注49] その間、一億ドル以上の賄賂が森林大臣の懐に入った計算になる。

二〇〇九年に死去した独裁者オマール・ボンゴに四十年もの長きにわたって統治されていた西アフリカの隣国ガボンでも、リンブナン・ヒジャウは木材業界最大手だ。同社はガボンで一六九万ヘクタールの熱帯林をコントロールしている。同国の利用可能な森林面積の一七％である。[原注50] リンブナン・ヒジャウによって二〇一〇年までに切り倒された木（一九九六年以来、数百万立方メートルに及ぶ）のほとんどは、加工されずに中国に輸出された。そのため、木材加工などでガボンに落ちる金はほとんどなかった。[原注51] コンゴ共和国でも同じパターンでビジネスが行なわれている。リンブナン・ヒジャウは二〇〇一年以降、コンゴ共和国から中国への木材輸出を手がけている。二〇〇四年の輸出量は、五〇万立方メートルであった。[原注52]

クメール人の国への侵略

二〇〇七年、サムリング・グループ株が香港証券取引所で公開され、その結果、クレディ・スイスによって世界中の投資家に同社が紹介されることになった。だがその際、サムリングの華々しい経歴から重大な部分が省かれていた。[原注53] 一九九四年から二〇〇一年までの間、サムリングはカンボジアで最大の木材企業だった。だがその後、同社は政府の決定によってクメール人〔カンボジアの先住民族〕の土地から追い出されることになる。カンボジア政府は、二〇〇二年一月一日をもって国内における同社のすべての伐採ライセンスを終了させた。この決定は、主にヨウ一族の同国でのビジネスのやり方が原因となっていた。

中国南部の広州にルーツを持つ中国系サラワク人ヨウ・テク・センは、一九三八年に生まれ、サラワクが独立した一九六三年に二十五歳で木材業界に入った。一九七六年、彼はサムリングを創設した〔北京語で三本の木という意味である〕。当初は、彼のライバル、シブ出身のティオンが経営するリンブナン・ヒジャウと同規模だった。はじめの頃、ヨウはタイブ州首相から伐採ライセンスを取得して、ティオンと同じように成功をおさめていた。一九九〇年代半ばまでには一六〇万ヘクタールの伐採ライセンスを持つに至っていた。[原注54]しかしティオンの方が商才に長けており、その後、海外への投資額を増大させたリンブナン・ヒジャウは、サムリングよりも規模が拡大した。

ヨウ一族はガイアナに参入した三年後、海外進出の重要な一歩を新たに踏み出した。今度はマレーシアの近隣国カンボジアに進出したのである。一九九四年八月十八日、サムリングの子会社ＳＬインターナショナルはカンボジア政府から七八万七〇〇〇ヘクタールの伐採ライセンスを取得し〔同国の森林の一一％〕、一夜にしてカンボジアの木材市場で最大の企業となった。[原注55]

その一年前、内戦と独裁政治の終焉から数十年たっていたカンボジアは、国連の監視の下で新政府を選ぶ選挙を行なった。一九七〇年代のクメールルージュ〔第二次大戦後にポル・ポト独裁政権を支えた武装組織〕による二〇〇万人のカンボジア人大量殺戮の爪あとは、まだ生々しく残っていた。紛争後の脆弱な状況の中、政府の体制も足元が固まっておらず、サムリングのなりふり構わぬ搾取の餌食には持ってこいだった。

政府が議会にも諮らずに広大な面積の伐採ライセンスを同社に与えていたため、イギリスのＮＧＯグローバル・ウィットネスは、カンボジアでの同社の違法性について疑問を投げかけ始めた。ガイアナと同様、サムリングはカンボジアに「投資する」見返りに、何年間も税を免除されていた。[原注56]グローバル・ウィットネスは、サムリングがカンボジア軍や国境警察から違法に木材を購入していたこと、軍とクメール・ルー

ジュに見かじめ料を支払っていたこと、そして伐採エリアで暮らす人々の木材使用を妨害していたことを突き止めた。[原注57]

動物保護区での大量の違法伐採など、サムリングによるさまざまな法規違反が明るみに出たため、一九九六年、カンボジア政府は同国内での同社の木材伐採を一時的に禁止する措置に出た。ヨウ一族は当然この措置に納得せず、命令を無視して伐採を続けた。一九九七年四月、ついにサムリングのカンボジア子会社の取締役ハン・チェン・コンは、農業大臣から同社の違法伐採をとがめる警告文書を受け取った。[原注58]

その三年後、アジア開発銀行はカンボジアの森林政策について調査し、「システムに重大な欠陥がある」と結論づけた。サムリングの子会社SLインターナショナルは最大の伐採ライセンス保有者であり、この評価が下される原因を作った企業だった。[原注59]

当然の成り行きとして、その二年後にサムリングはカンボジアを追放された。同社がカンボジアで操業していた六年半の間に、ヨウ一族の利益のためにどれほどの木が切り倒され輸出されたか誰にもわからない。当のサムリングは、社史からこの外聞の悪い出来事を削除しようと必死だった。世間の批判を受けて、サムリングは仕方なく二〇〇七年五月、自社のホームページで「間接所有の子会社」SLインターナショナルが二〇〇一年末までカンボジアで木材を伐採していたことを認めた。だが「私たちの信じる限り」違法伐採に関するすべての批判については事実無根と主張した。[原注60]

残念ながら、カンボジアでこれだけの経験をしても、サムリングはルールを守ってプレーすることの重要さを学ばなかった。違法伐採から得る利益は、あまりに莫大だ。たとえば二〇〇九年のソロモン諸島の新聞記事によれば、「サムリング・サン」という名で木材を伐採していたマレーシア企業に対し、ある村の村長ヘンリー・スタードラが先住民族ハイラダミ人の土地から出て行くよう求めた。「スタードラ氏は、サムリング・サンが典型的な法律違反企業だと言った。同社は他の州でも伐採をしており、土地の所有者たちは皆、用心しなければならないとも言っている」[原注61]。

ヨウ一族が所有するサムリングなどの企業は、創立以来ずっと組織全体で法律違反を続けている。ガイアナで罰金が課され、パプアニューギニアでは数億ドルの補償金を請求され、ソロモン諸島では違法伐採を行なった。サムリングのビジネスは、汚職と環境破壊の巣窟だ。だが荒稼ぎをした当の加害者たちに責任が問われることは稀である。

オーストラリアの縁故主義

二〇一一年のクリスマスの十日前、真夏のオーストラリアで黒髪の若い女性がタスマニア島ミュラー山の樹齢四百年のユーカリの木に登った。タスマニアはオーストラリア最南の州だ。三十歳の美人教師ミランダ・ギブソンは、地上六〇メートルの枝の上に四角い板を固定して、その上に座った。厳しい気候をものともせず、オーストラリアの森林政策を批判するために。

「私はこの森が守られると決まるまで、ここを離れない」とギブソンは誓った。ユーカリに登って破壊の危機に瀕する原生林をそこから見守り、自分が「見張りの木」になると宣言した。その四カ月前、オーストラリア首相ジュリア・ギラードは南タスマニアの四〇万ヘクタールを超える原生林を保護区にすると発表した。だがこの発表のあとに、具体的な動きは何も起こさなかった。伐採業者がミュラー山付近まで接近してきた時、ギブソンは行動する時が来たと直感し、その地域の最古の木を占拠する決意をした。そうして彼女は樹上で一年以上すごし、「樹上座り込み」のオーストラリア人新記録を樹立した。樹上では、焼けつくような暑さも、嵐のような強風も、雹や雪も経験したが、一度も木を降りたことはなかった。

ラップトップと無線LANのおかげで、樹上から森林政策の変化を追いかけ、ブログに毎日コメントを書き込むことができた。原注62 彼女はホームページを覗きにきた人々に「今が本当の森林保護をする時だと世界中に知らせてください」と呼びかけた。彼女の驚くべき行動は、地元のNGOマーケッツ・フォー・チェンジ、ヒューオン谷環境センター、ザ・ラスト・スタンドの応援を得て、メディアの目を引いた。オーストラリアの国内メディアだけでなく、イギリスの新聞『ガーディアン』、テレビ局のBBC、CNN、アルジャジーラも、タスマニアの森を守る彼女の行動を報じた。

ミランダ・ギブソンは森の特等席からスティックス渓谷（ギリシャ神話で冥府を流れるステュクス川にちなんで名づけられた）の壮大な景色を見下ろした。荘厳な木生シダ。一〇〇メートルの高さに成長する世界一高いユーカリ、ストリンギーガム（*Eucalyptus regnans*）。さまざまな固有植物種に加え、タスマニアの湿潤なユーカリの森は、絶滅危惧種の生息地でもある。たとえばフクロネコ。オーストラリア本島ではずっと昔に絶滅してしまった、犬ほどの大きさの肉食有袋類タスマニアンデビル。美しいシロオオタカ、オナガイヌワシ、カラフルなオトメインコの繁殖地でもある。オトメインコはサザンブルーガム（*Eucalyptus globulus*）の木の洞《うろ》にしか巣を作らない。ミュラー山をさらに登っていくと、UNESCOの世界遺産に登録されているタスマニア原生地域（Tasmanian Wilderness World Heritage Area）があり、その中に三つもの広大な国立公園がある。だが、広大なユーカリの原生林で伐採業者に操業させるため、その国立公園の境界線は恣意的に引かれたのだと環境保護団体は言う。
世界中の多くの場所と同じように、マレーシアの伐採業者はこの場所にも手を伸ばしている。タイブ一族と関係の深い木材企業タ・アンは、タスマニアの自然林の破壊に中心的な役割を果たしている。二〇一一年八月、オーストラリア連邦政府とタスマニア州政府が、特に生物学的価値の高いタスマニアの森四三万ヘクタールの保護に合意する一方で、タ・アンはベニヤ製造用に年間二六万五〇〇〇立方メートルの木材の調達を政府に確約させた。それだけ大量の木材を供給するには、太古のユーカリの森を切り倒さなければならないことが、まもなく明らかになった。両政府の歴史的合意は、何の意味もなくなった。
マレーシアの木材会社の中でも、タ・アンはタイブ州首相と特に縁が深い。同社は一九八〇年代半ばにタイブのいとこハメド・セパウィ、PBBの政治家ワハブ・ドラー（PBBはタイブの政治権力の基礎となる政党）、ビジネスマンのウォン・クオ・ヘアによって設立された。タ・アンは、すぐにサラワクの広大な伐採ライセンスを与えられた。もちろん、一般競争入札を求める声などなかった。[原注63] 会長として、筆頭株主として、タイブのいとこセパウィはタ・アンで最強の男だ。[原注64] だが社内の者たちは、セパウィなどタイブの隠れ蓑にすぎないのではないかと見ている。背後でこの会社を操っているのは、タイブであろう、と。[原注65]
ハメド・セパウィは一九四九年生まれで、十二歳年上のいとこタイブの腹心の一人である。彼はマレーシア国内の少なくとも五五のビジネスで、相当な株式を保有している。彼は建設会社ナイム・ホールディングスの会長で、大株主だ（一六％）。サムリングでも主要株主である。州営電力会社サラワク・エナジーの会長でもある。現在タイブが社長を務めるサラワク木材産業開発公社では、二〇〇六年までハメド・セパウィが社長をしていた。彼はアメリカやオーストラリアでもさまざまなビジネスに触手を伸ばし、オ

ーストラリアでは木材加工だけでなく、不動産、金融投資なども手がけている。[原注66]

タ・アンはサラワクでペナン人の雨林を切るだけでなく、奥地でオランウータンの生息地も破壊してきた。「ハート・オブ・ボルネオ」として知られるその地域は、マレーシア、インドネシア、ブルネイの三カ国政府が共同宣言をした保護区である。[原注67] 同社が示す数字によれば、タ・アンは今、サラワクに三六万二〇〇〇ヘクタールの伐採ライセンスと、三一万三〇〇〇ヘクタールのプランテーション・ライセンスを持っているということだ。[原注68]

上得意の日本市場に木材を供給するための新しい森を探して、タ・アンは二〇〇六年にオーストラリアに進出した。そしてユーカリからベニヤを製造する工場を二つ作るために、タスマニア州政府から何百万ドルもの補助金を受けた。タスマニア州営企業フォレストリー・タスマニアと供給契約を交わす際、タ・アンは向こう二十年間木材供給を絶やさないと同社に約束させた。タ・アンにとって魅力的だったのは、タスマニアの木材価格がマレーシア広葉樹の四分の一だということだった。木材が安く手に入るというのに、タ・アンはタスマニアでの操業開始時からずっと赤字申告を続け、法人税を払ったことは一度もなかった。ガイアナのサムリングとまったく同じである。[原注69] だが実際には、多額の利益が出ていた。二〇一二年、タスマニアでのタ・アンの売り上げは二九〇〇万オーストラリアドルで、損金は一〇〇〇万オーストラリアドルだった。その上、タ・アンはオーストラリア政府から補助金をふんだんにもらっていた。タスマニアにやって来てからの補助金総額は、四五〇〇万オーストラリアドルに達する。[原注70]

「タ・アンのオーストラリアでの操業は、経済にとっても環境にとっても持続可能ではありません」と、ヒューオン谷環境センターのジェニー・ウィーバーは言う。同センターはタスマニアの小さな環境保護団体で、このオーストラリア最南端の自然保護に携わっている。「タ・アンはタイプの環境軽視の姿勢をタスマニアにそのまま持ち込んだのです。同社は今、猛烈な勢いで私たちの雨林を伐採しています。守るべき太古の森を、です」。

タ・アンはオーストラリアで税を支払わなかったが、タスマニア州政府はハメド・セパウィのビジネスから利益を受けることができた。州営電力会社ハイドロ・タスマニアは、サラワクの雨林に計画されたサラワク・エナジーのダム建設事業から莫大なコンサルタント料と契約料を得たのだ。だがサラワクの先住民族の代表団が、このダム建設でどんなに酷い影響を受けるかを伝えにブルーノ・マンサー基金の援助でオーストラリアまで行ったため、二〇一二年末にハイドロ・タスマニアはこの事業からの撤退を決定した。[原注71]

二〇一三年一月三十一日、樹上占拠中のミランダ・ギブソンに勝利が訪れた。ユーカリの上で座り込みを始めて、一年以上が経過していた。オーストラリア政府が、タスマニアの森一七万ヘクタールをUNESCOにタスマニア原生地域として拡張申請すると発表したのである。[原注72] 二〇一三年三月七日、ミランダ・ギブソンはほっとした表情で幸せそうにタスマニアの雨林の頂上から降りた。樹上占拠開始から四百四十九日目のことだった。[原注73] その三カ月後、UNESCO世界遺産委員会はオーストラリア政府の申請を承認した。「見張りの木」周辺を含めた原生林は、世界自然遺産に加えられた。[原注74] ミランダ・ギブソンやジェニー・ウィーバーたちの懸命の努力がなければ、このオーストラリアの森は守られなかっただろう。

だがタスマニアの森を守る戦いは、まだまだ終わらない。オーストラリアでは二〇一三年九月に保守党が政権をとり、新首相トニー・アボットがタスマニアの森七万四〇〇〇ヘクタールについてUNESCO

の世界自然遺産から除外するよう申請したのだ。[原注75] 幸い、UNESCOはこの申請を却下した。

これまでに述べた例は、マレーシアの伐採企業が世界中の森林破壊に果たしている役割のほんの一部にすぎない。この二十年間、マレーシアの伐採企業はスリナム、ブラジル、ベリーズ、カメルーン、インドネシア、ロシア、ニュージーランド、ソロモン諸島、バヌアツでも伐採を手がけてきた。タイブ一族やマレーシアの有力政治家たちは、そうした企業の多くに直接的に関与し、世界中の雨林伐採から利益を享受してきた。

コア・ビジネス　環境破壊

こうした木材企業（大多数がサラワクの企業）は、持続可能な木材生産に関与したことなど一度もない。自国で金を儲けるだけでは飽き足らず、他の発展途上国の脆弱な政権に環境破壊と汚職の文化を輸出してきた。そうして伐採量を際限なく増やし、アジア各国に木材を輸出してきた。熱帯林の原産国は、マレーシアの木材王に自国の木材を剥ぎ取られるだけで、そこから継続的な経済的利益を受け取ることはできない。それどころか、環境破壊や社会の崩壊という犠牲を強いられるのだ。

グリーンピースは一九九七年、ブラジル議会に対し、マレーシア企業がアマゾン川流域に進出していることを警告する報告書を作成した。[原注76] アマゾン川流域といえば、世界最大の原生林がある。「私たちの経験から、アジアの伐採企業が熱帯雨林の主な破壊者であることがわかっている」とグリーンピースは報告し、サラワク企業の大きな役割について強調している。[原注77] 他のNGOも、マレーシア政府があと押しするマレーシア伐採企業の拡大を懸念している。[原注78] ちょうどその時、サムリングやＷＴＫがアマゾン川流域の広大な伐採ライセンスを取得したばかりだった。だが国内の政治家たちが反対の声を上げたために、ブラジルの木材伐採計画は頓挫し、マレーシア企業はその後まもなく、この地からの撤退を余儀なくされた。[原注79]

サラワクの木材企業は、世界進出から二十年たった今も、世界の熱帯木材ビジネスで重要な役割を演じ続けている。そしてそれらの企業の伐採行動は、持続可能なものとはほど遠い。この間、そうした企業のすべては大きな成長を遂げただけでなく、事業内容も多様化した。ただすべての企業に共通して言えることは、汚職にまみれた政治と、勝手な判断でルールを無視できるほどいい加減な森林法運用のおかげで、繁栄を遂げたということだ。そうした企業は熱帯木材から得られる莫大な儲けを利用して、ホテル、不動産、メディア、海運業、パームオイル生産などの新分野に進出していった。だがもとを正せば、彼らは熱帯の自然を犠牲にした利益でそうしたビジネスを展開しているのだ。

第九章

緑の荒廃地

伐採が持続可能でないとわかり、今サラワクはオイルパームの単一栽培で埋め尽くされようとしている。パームオイル産業は、東南アジアの雨林破壊の最大の原因となった。だが同時に、ダム建設事業も数万人の先住民族の生活を脅かしている。

恐怖のハイウェイ

ボルネオの北海岸、石油掘削の町ミリから、サラワク第三の町ビンツルまでをつなぐ道路は二本ある。ミリからビンツルまでは直線にして約二〇〇キロメートル。古い方の道路は内陸の丘陵地を通り、先住民族イバン人のロングハウスの前を何度も通過する。新しい方の道路は、海岸に沿って走っている。

海岸沿いの道はミリ南部のルアク湾を通る。そこは「億万長者街道」と呼ばれ、サラワクの木材王たちの財力を誇示するような宮殿が立ち並んでいる。高いフェンスと鉄の門に守られ、一般人がおいそれと覗けないようになっている。「立ち入り禁止！」という大看板が掲げられ、無断で侵入すれば銃を持った警備員に狙われかねない。

しばらく走ると、今度は道の両側にオイルパームが林立し始める。小さな町ニアをすぎる頃には、殺風景な眺めが何十キロメートルも続く。道路沿いのオイルパームの列は途切れることを知らず、地平線の彼方まで同じ景色だ。野生動物も人間も気配すらなく、不気味なほど静まり返っている。道端に標識が立っていて、夜更けにはこのあたりに武装した強盗団が現われると警告している。海岸沿いの道路のこのあたりは、「恐怖のハイウェイ」としても知られている。[原注1]

プランテーションの間に伐採したばかりの場所があった。泥炭地がむき出しになっていて、そこが数年前まで成長を続けていた緑豊かな低地雨林だったことを悲しげに物語っている。だがそこが森だったのは過去のことだ。今は見わたす限り、四方八方どこまで行っても単一栽培の農地が広がっている。動物もいなければ、オイルパーム以外の植物もない。

オイルパームは学名を *Elaeis guineensis*〔和名はギニアアブラヤシ〕という。西アフリカ原産で、東南アジアに植えられたのは一九世紀のことだ。二〇世紀後半に、プランテーション用植物として栽培面積が拡大した。最初はマレー半島で、そのあとインドネシア、サバ、サラワクへと広がった。そして世界中に広まり、かつて熱帯雨林があったところならどこででも見られるようになった。マレーシアだけとってみても、オイルパーム・プランテーションの面積は一九九〇年から二〇〇五年までの間に五〇％以上増加し、四二〇万ヘクタールに達した。全国土の八分の一以上である。[原注2]

純粋に経済面だけを見れば、オイルパームの拡大はマレーシアに恩恵をもたらしたが、雨林にとっては壊滅的な災難しかもたらさなかった。そしてこの国の先住民族にとってもそうだ。東南アジアでは今、オイルパーム・プランテーションの拡大は急速な森林破壊の最大の原因となっている。オイルパーム・プランテーションが生物多様性に及ぼす影響をイギリスの科学者グループが調査し、憂慮すべき結論に至った。マレーシアとインドネシアに作られているオイルパーム・プランテーションのほとんどは、雨林の犠牲の上に成り立っているというのだ。そして雨林のプランテーション化は、生物種の急速な減少を招いている。プランテーションの生物多様性は雨林の一五％以下で、ほんの数種類のどこにでもいる生物種の生息地にしかならない。一方、雨林の絶滅寸前の動植物は、ほぼ完全に失われてしまうということだ。[原注3]

この数十年、熱帯植物の中でアフリカ原産のオイルパームばかりがこうも大規模に栽培されることには理由がある。まず、オイルパームは単位栽培面積当たりの収量が高い。二番目に、用途が多岐にわたっている。苗木を植えてから三～四年で赤い実が収穫できる。果肉を圧搾してとれるパームオイルは熱量が豊富だ。内果皮の中の核からとれるパームカーネルオイルは、パームオイルよりさらに油分が多い。殻を乾燥させれば燃料ペレットになる。

もし熱帯林へのダメージがなかったら、この有益な作物はもっと褒められて然るべきかもしれない。食品業界、化粧品業界、化学産業などが、原材料としてパームオイルを求めている。スーパーマーケットの棚に並ぶ商品一〇のうち一つは、パームオイルを含有していると言われている。今日、あなたが最初に食べたパームオイルは、朝食の中に入っていたかもしれない。パームオイルはマーガリンやシリアル、卵料理に使うスパイスミックスの原料などとして使われることが多い。オレイン酸が多く含まれているため、室温で固形状という植物油脂には珍しい性質を持つ。それゆえに加工が容易だ。さらに、最近、多くの国の保健当局から健康に悪い油としてやり玉にあげられるトランス脂肪酸を含まない。そして最後の理由としては、他の油よりも安い。[原注4]

世界のパームオイル年間生産量は五七〇〇万トン（二〇一三年）。今、最も重要な植物性油脂である。油脂市場でのシェアは三分の一（三五％）で、大豆油（二七％）、菜種油（一五％）、ひまわり油（九％）を凌いでいる。[原注5] 本書執筆時点のインドネシアとマレーシアをあわせたパームオイル生産量は、世界の生産量の八五％である。だが他の熱帯の国々の生産量も、上記二カ国に追いつき、追い抜かん勢いだ。それも、マレーシアのパームオイル企業の海外進出の結果である場合が多い。二〇〇九年から二〇一三年までの間で、アフリカのコンゴ川流域の雨林に一六〇万ヘクタール以上のオイルパーム・プランテーションの計画が発表された。サイム・ダービーやアタマ・プランテーション、フェルダなどのマレーシア企業が、その先頭に立っていた。[原注6] パームオイル人気が続いている主な理由は、植物性油脂から生産されるバイオ燃料の

ブームと、食品生産における植物性油脂の需要増である。[原注7]

大規模オイルパーム・プランテーションが作られれば、サラワクの低地に暮らすイバン人などの先住民族は先祖伝来の土地を失う。タイブ政権が彼らに何の断りもなく彼らの土地をパームオイル企業に明けわたしてしまったことを知るのは、たいていブルドーザーが大挙してやって来た時である。サラワクのオイルパームの九〇%は大企業や州によって大規模に作付けされたものだ。オイルパームの実は、収穫するとすぐに腐ってしまう。収穫後二十四時間以内に搾油しなければならないため、流通管理が難しい。果肉の保存期間が短いことは、収益の多い大規模農家に有利に働く。搾油工程まで含めて利益を上げようとすれば、栽培面積が少なくとも四〇〇〇〇ヘクタールは必要だ。[原注8]

持続可能なパームオイル?

サラワク北部、ティンジャル川流域の先住民族の小さな村ロング・テラン・カナンの住民たちは、タイブの息のかかったパームオイル産業の暴挙を、身をもって体験した。一九九〇年代半ば、タイブ政権の農業大臣は、彼らの共有地七八〇〇ヘクタールのプランテーション・ライセンスをリンウッド・ペリタ・カンパニーに与えた。同社は民間企業(リンウッド)とタイブがコントロールする州営企業ペリタとのジョイントベンチャー企業だ。村の住民たちには何の承諾も得ていなかった。その後まもなくブルドーザーがやって来て、オイルパームを植えるために村の二次林や農地の大部分の地ならしを始めた。森の木がすべて切り倒されただけでなく、コショウ、カカオ、ドリアンの木も切られてしまった。飲料水は汚染され、

水田もブルドーザーの餌食になった。[原注9]
「私の植えたものは、すべてリンウッドのブルドーザーに持ち去られた」と、村民の一人バヤ・シガーは当時を回想して言った。「カカオの木を三〇〇〇本ほど持っていたが、すべてなくなってしまった。まともな話し合いなどなかった。ブルドーザーは日曜日に来ることもあった。村民が皆、教会に行っている間だ。補償金をもらった者もいるが、何ももらっていない者もいる。私は何の補償ももらわなかった」。[原注10]
村民たちはリンウッドの横暴なやり方に抵抗を試みたが、会社から送り込まれたチンピラに逆に脅された。警察も役所も、村民を助けてくれるどころか、企業の味方をした。一九九七年、四人の村民が先住民族出身の弁護士ハリソン・ガウに弁護を依頼し、コミュニティを代表してリンウッドとサラワク州政府を相手に裁判を起こした。裁判では、彼らの土地の権利を認めること、リンウッド・ペリタのプランテーションライセンスを取り消すこと、そして村の共有地に侵入する作業員たちに禁止命令を下すことを求めた。
地方裁判所が判決を下すまでに十二年もの歳月が流れた。村は三三七九ヘクタールの土地に関して権利が認められた。しかしその土地には、判決が出るまでの間にオイルパームが植えられてしまったので、かわりにリンウッドは村に補償金を支払うよう命じられた。敗訴したパームオイル企業とサラワク州政府はその判決さえも不服として、即座に控訴した。
この間、リンウッドはマレーシアの巨大パームオイル企業ＩＯＩに買収されていた。東南アジア最大級のパームオイル企業で、オランダ、アメリカ、カナダに精油工場を持っている。ＩＯＩの創設者リー・シン・チェンは『フォーブス』のマレーシア長者番付で第四位、総資産額は五二億ドルと見積もられてい

る。[原注11]

IOIは、持続可能なパーム油のための円卓会議（RSPO：Roundtable for Sustainable Palm Oil）の設立メンバーでもある。RSPOは二〇〇四年にスイスの法律に基づいてWWFやパームオイル産業などが立ち上げた組織で、チューリッヒに登記されている。RSPOの理事会にはIOIグループから代表者が一人送り込まれている。RSPO事務局はクアラルンプールにある。[原注12] RSPOの持続可能性基準は、文章だけ見るととても立派なことが書いてある。たとえば、先住民族コミュニティに影響を与える可能性がある場合は、その先住民族の合意をとらずにオイルパーム・プランテーションを作ることは禁ずる、とある。しかし実際には、RSPO基準など張子の虎だ。認証ラベルの原則を守らせようにも、当のRSPOは彼らに対して強制力のない無能な官僚的組織にすぎない。RSPOに金を出しているのは強大な企業なのだから当然だ。

ロング・テラン・カナンのケースでは、「持続可能な」生産活動をしているIOIがリンウッドを取得したことで、さらに数百ヘクタールの二次林や果物の木が切り倒され、そこにオイルパームの苗木が植えられることになった。二〇〇九年末、BBCの取材チームがこの地域を訪れ、悲惨なまでに大規模な自然破壊をフィルムにおさめた。IOIは、それが村民の了承をとってのことであると主張し、RSPOも、IOIがサラワクの土地管理を責任を持って行なっていることを認めていると弁解した。[原注13] これが「持続可能な」オイルパーム・プランテーションの現実の姿である。

同じ頃、IOIがボルネオ島インドネシア領に新設した広大なオイルパーム・プランテーションも違法だったとわかった。同社は行政の許可なく、現地の慣習法で先住民族に認められている土地の権利も無視して、西カリマンタンのクタパン地域で何百ヘクタールもの雨林を伐採し、沼沢地の水を抜いてしまった。インドネシア政府に提出された書類はでたらめで、環境影響評価がすむまでは新しく入手した土地に何も行なわないと書いてあった。しかしそれは明らかにウソであった。二〇一〇年三月、オランダの環境保護団体ミリユーデフェンシー（Milieudefensie: 地球の友）がカリマンタンにおけるＩＯＩについて調査し、このインチキは暴露された。[原注14]

ボルネオの先住民族はＩＯＩと長い間交渉を続け、国際的にもさまざまな反対運動が展開されたが、法律違反の発覚はＩＯＩに何の影響も及ぼさなかった。ＩＯＩが新設するプランテーションについてＲＳＰＯの認証発行が一時中断したことは事実だが、同社の製品は相変わらず「持続可能な方法で生産された」ものとして市場に出回った。[原注15] 裁判所の調停によるＩＯＩとロング・テラン・カナンとの交渉は、これから何年間も続くだろう。一方、インドネシアでは、先住民族がさじを投げてしまった。クタパン産のＩＯＩパームオイルは、あと何年かで「持続可能な方法で生産された」製品として市場に出回ることになりそうだ。

ＲＳＰＯ持続可能性認証という発明品は、パームオイル産業にとってはまさに錦の御旗だった。どんな批判を受けても、企業行動をまったく変えずに、認証を笠に着て「持続可能な方法で」生産されていると主張できるのだ。この認証ラベルは、パームオイルを燃料として使用するという、環境への影響に賛否両論の出そうな新分野に市場を開く場合に、特に力を発揮する。ほぼすべての大手パームオイル企業はそのことをよくわかっており、今、西ヨーロッパ諸国などの先進国に燃料としてＲＳＰＯ認証のパームオイルを売込み中だ。それ以外の用途についても、消費者がさほど必要としていないような商品だろうと何だろうと、いくらでも売りさばいていくことだろう。
二〇一三年、マレーシアの一〇八の組織と企業がRSPOメンバーとして登録された。その中には、巨大パームオイル企業IOIやサイム・ダービーなどもいた。タイブ一族も、この「持続可能なパームオイル」ビジネスに乗り出している。タイブの弟オンは、彼の所有するアチ・ジャヤ・プランテーションを通して、西マレーシアのジョホールに一万二〇〇〇ヘクタールのRSPO認証オイルパーム・プランテーションを所有している。彼は二〇〇四年に、このプランテーションを五億一二〇〇万リンギット（一億五九〇〇万ドル）で購入した。二〇一三年四月、オンはIOIと交渉し、このプランテーションを買値よりずっと高い金額で売ろうとしたが、失敗に終わったとニュースは伝えている。[原注16]
RSPOは環境や先住民族にとって、一体何の役に立つのだろうか。パームオイル生産に環境・社会面で基準が設けられ、RSPOメンバーが皆、書類の上とは言えそれを守ると約束したのだから、歓迎すべきことであるはずだ。だが、こうした基準は――特に環境保護の面では――強制力が弱く、監視し、確実に遵守させるのはとてつもなく困難だ。IOIのケースは、パームオイル産業の利益が左右される場合に、認証ラベルなどほとんど意味がないことを示している。さらに、RSPOはパームオイル産業にとって第三者的存在ではない。
WWFは、「持続可能なパームオイル」の創設に関わっていながら、RSPOの環境や社会へのインパクトについてまったく対応しようとしてこなかった。WWFはパームオイル生産者にとってのRSPO認証の経済的利益に関する調査報告書を発表したことはあるが、RSPOができて十年たった今になっても、環境や地元住民への影響については何の評価もしていない。[原注17]

雨林を犠牲にした上で大規模な単一栽培で生産された製品を、持続可能と呼ぶのはどうかと思う。オイルパーム・プランテーションがある場所ならどこでも、雨林として森が育つことが可能だ。プリンストン大学とチューリッヒ工科大学の科学者の計算によれば、一九九〇年から二〇〇五年までの間にマレーシアとインドネシアで、オイルパーム・プランテーションのためだけに四〇〇万ヘクタール以上の森が破壊されたということだ。[原注18] 資本集約的なパームオイル産業の犠牲者は、雨林を生活の糧とする先住民族だけではない。オランウータンやゾウ、巨大な花をつける植物（ラフレシアやショクダイオオコンニャク）といった希少種を含む絶滅の危機に瀕する熱帯の動植物も、今後ますます脅かされることになるのだ。

これまでに、RSPO認証ラベルが雨林の保護に役立ったことを示す証拠はない。しかし、パームオイルが本当に環境に優しいのか疑問に思われている中で、RSPOがその信頼性を高め、新市場を開設してやったことは確かだ。スイスを例にとれば、RSPOが設立された二〇〇四年にはパームオイルの年間消費量は二万一〇〇〇トンだったのに対し、二〇一二年には三万四〇〇〇トンへと六二％も増加している。[原注19] 欧州委員会は二〇一二年末、RSPOをパームオイルの持続可能性認証として十分な証拠になると認め、RSPO認証のパームオイルは補助金で手厚く保護された再生エネルギー市場に参入できるようになった。そのため、欧州連合ではパームオイルの売り上げが急増した。[原注20]

フィンランド国有企業ネステオイルを例にとろう。同社はIOIの主要顧客である。同社は、二〇一五年から「持続可能」と認証されたパームオイルだけを使用すると主張して、パームオイルから燃料を生産することを正当化している。[原注21] 同社はシンガポールとロッテルダムに一二億ユーロ（一六億ドル）を投じて新しい精油工場を作り、年間一六〇万トンものバイオディーゼル燃料が生産可能だ。[原注22] 二〇一二年だけで、ネステオイルは一三六万トンのパームオイルを燃料に加工した。これは世界のパームオイル生産量の二・七％に相当する。[原注23] ネステオイルは、世界最大のパームオイル消費者となった。

ノルウェーは、フィンランドとはまったく違う答えを出している。二〇一〇年から二〇一二年までの間に、ノルウェーの年金基金は、IOIなど熱帯雨林の伐採に関与するマレーシア、インドネシア、シンガポールのパームオイル企業三〇社の株をすべて手放した。ノルウェーの年金基金は六五〇〇億ドル以上の資産を運用しており、世界有数の機関投資家であったため、この影響は計り知れなかった。ちなみにノルウェー政府は、タ・アンの株もすべて売却した。[原注24]

土地収奪プロジェクト

サラワクのオイルパーム・プランテーションの急速な拡大は、州首相タイブの汚職と密接にリンクしている。タイブが州首相としての地位ばかりか、資源計画大臣の座まで獲得したのは、たまたまではない。どのエリアにオイルパーム・プランテーションや木材伐採のライセンスが発行されているかを示す公式な地図はなく、政府の土地取引はトップシークレットだ。土地のどの部分を選んで支持者に分配するかは、タイブの権力の根幹を支える部分だ。だが幸いサラワク政府にも、タイブが人知れず土地を配分してボルネオの雨林を破壊することを良しとしない勇気ある内部告発者がいるため、情報が外部に漏れ出てくることがある。

二〇一〇年末、シンガポールのインド人街にある家族経営の小さなホテルで、私はそんな内部告発者の一人と秘密裏に会った。彼の身の安全のために、私は彼とマレーシアでコンタクトを取ることができず、彼との会合の前後に、彼に電話をすることもできなかった。マレーシアの秘密警察スペシャル・ブランチに尾行されることを、彼は非常に恐れていた。タイブの最大の秘密を暴露したことがわかれば、報復される可能性がある。彼は私に、その秘密の情報が入っているというグレーのメモリスティックを手わたした。

一見、ごく普通に「土地測量」とタイトルをつけられたファイルには、人名、日付、土地の価格、面積などが書き込まれ、あまり重要そうには見えない。だがよく見てみると、このサラワク土地測量省の長大なリストは、取り扱い注意の恐るべき資料だとわかった。それはタイブが、一九九九年から二〇一〇年までの間に、自分の家族や政治・ビジネス仲間などに数十億ドル相当の州有地一五〇万ヘクタールをどう分配したかを示すリストだった。[原注25] 彼らは、州や先住民族の土地に最大六十年間、木材伐採やオイルパームなどの単一栽培の独占的許可を与えられていた。これらの土地の分配について、公の審査は何もなかった。タイブが自分で判断を下し、市民には何の説明もしていない。

少なくとも一九万九〇〇〇ヘクタールのオイルパーム用地が、タイブの近親者や、タイブの家族が株を所有する企業に分配されていた。タイブの息子アブ・ベキル、妹のラジア、いとこのハメド・セパウィ、姪のエリア・ジェネイド（ラジアの娘）、そしてタイブ自身が株を所有する企業デルタ・パディなどが、代表的なところだ。その価値は数億ドル相当だ。このうち四万五〇〇〇ヘクタール以上は、タイブ一族に無償で提供されていた。残りの土地の価格も、市場価値をはるかに下回っていた。[原注26] 土地の多くは取得後まもなく、高値で売られていた。ジャーナリストのクレア・ルーカッスルは自分のホームページ、『サラワク・レポート』で、二〇〇四年五月の十二日間のうちにタイブの弟アリプとアリが、州有地一万五〇〇〇

ヘクタールを転売して四〇〇〇万リンギット（約一二〇〇万ドル）もの利益を手にしたと伝えている。[原注27]

二〇一二年、グローバル・ウィットネスはタイブの土地収奪のメカニズムをもっとよく知ろうと、専門の調査員をサラワクに派遣した。その調査員はマレーシアの土地測量省に、オイルパーム・プランテーションのための土地を取得したいと思っている外国人投資家の代理人と名乗った。彼はずっと小型カメラを隠し持って、タイブのエージェントとの会合を撮影した。[原注28]

それからほどなくアンディ・S（調査員の仮名）は土地測量省とコンタクトをとり、同省はタイブのいとこファティマ（四十八歳）とノーリア（五十五歳）のところに彼を連れていった。ファティマとノーリアは、タイブの叔父であり前任者であるラーマン・ヤクブの娘である。長年の確執の末、二〇〇八年のはじめにタイブはラーマンとの関係を表向きは修復していた（第五章参照）。この時は一族に平和が戻っており、州首相とラーマンの八人の娘たちとのビジネスが可能になっていた。

調査員は、サラワクで最高の五つ星ホテル、プルマン・クチンでファティマとノーリアに会い、売買交渉を行なった。ホテルの部屋なら外部に情報が漏れる心配がないと思っているファティマとノーリアは、土地収奪がどのようにして成功したかを無防備に話し始めた。彼女たちは、アンプル・アグロという企業の土地はどうかと持ちかけた。同社はファティマとノーリアをはじめ、他の五人の姉妹との共同所有の会社だ。所有者の中には、タイブの政党PBB選出の連邦議会議員ノラや、マレーシア首相ナジブ・ラザク〔二〇〇九年四月、マレーシア首相に就任〕の弟と結婚したカディジャもいる。[原注29]

二〇一一年初頭、アンプル・アグロはタイブからテコヨン地区〔サラワク南西部の森〕の五〇〇〇ヘクタールのライセンスを取得し、そこを伐採して二〇七一年までオイルパーム・プランテーションとして使用できることになった。同社は伐採ライセンスの取得に約三三万ドルを支払い、一ヘクタール当たり約一ドルの年間賃借料にも合意した。そこは百年以上前から先住民族イバン人が使用してきた森だった。だがタイブ政権はイバン人の土地の権利を全面否定し、州有地に分類していた。

ファティマとノーリアからのオファーは、アンプル・アグロの土地のライセンスをグローバル・ウィットネスの調査員に四九四〇万リンギット（約一五〇〇万ドル）で売るという内容だった。タイブのいとこたちは、濡れ手で粟の大儲けをしようと目論んでいた。先住民族の権利を踏みにじることにも、良心の呵責など感じていなかった。「この人たちは土地を不法占拠しているんですよ」とノーリアは隠しカメラに向かって言った。「土地の権利なんて彼らにはありません。彼らが騒ぎを起こせば、面倒なことになるかもしれませんけどね」。

アンディ・Sに土地のオファーを持ちかけたのは、ラーマンの娘たちだけではなかった。ビリオン・ヴェンチャーという会社には、三万二〇〇〇ヘクタールの土地の購入を打診された。タイブの腹心ヒー・イー・ペンが所有する企業だ。木材王ヒー・イー・ペンは、二億三〇〇〇万リンギット（約七〇〇〇万ドル）を要求し、自分の甥を交渉にあたらせた。甥は歯に衣着せぬ男だった（もちろん撮影されているなど夢にも思っていないが）。購入金額の一〇％を州首相に手わたす必要があると彼は言った。しかしその支払いについては、彼の叔父ヒー・イー・ペンが受け持つということだ。契約が成立すれば、タイブは約七〇〇〇万ドルのバックマージンを手にすることになる。[原注30]

ビリオン・ヴェンチャーの提示した土地は素晴らしい二次林で、サラワク北部リンバン川上流、ケラビット人の村ロング・ナピルの近くに位置していた。ＵＮＥＳＣＯが保護するグヌン・ムル国立公園からはほんの数キロメートルしか離れていない。そこは何世紀もの間、先住民族ペナン人とケラビット人が使用してきた森だった。タイブは、先住民族に何の相談もなく、その雨林をすべて切り倒し、オイルパーム・プランテーションにするライセンスを発行したのだった。二〇一一年三月、先住民族の原告団が慣習法によるその土地の権利を認めるようサラワクの裁判所に訴えた。そこは以前、ブルーノ・マンサー基金が地図の作成を支援した地域だった。だがサラワク高等裁判所における第一審公判のあと、申し立ては棄却された。先住民族原告団はマレーシア控訴裁判所に控訴し、本書執筆時点でまだ判決は出ていない。[原注31]

二〇一三年五月五日に行なわれた議会選挙の数週間前に、グローバル・ウィットネスはアンディ・Sの撮影したビデオを公開し、マレーシア国内は怒りで大騒ぎになった。何週間かでYouTube動画の視聴者数は一〇〇万人を越えた。だがタイブは、国民からの圧力をなんとか切り抜けた。クアラルンプールの汚職行為防止委員会も検察庁も、タイブには指一本触れようとしない。

タイブの汚職回廊

近い将来、オイルパーム・プランテーションとはまったく別の分野で、タイブの新たなサラワク「開発」マスタープランがサラワクの熱帯雨林を破壊する恐れが出てきた。オイルパーム・プランテーションの拡大と同じように、ここでも汚職と寡頭政治が中心的な役割を演じている。犠牲者はまたしてもサラワクの先住民族、特に奥地に暮らすペナン人、カヤン人、ケニャ人、ケラビット人などのオラン・ウル（奥地の人）である。強制移住させられ、文化が根絶やしにされかねない状況だ。すでに原生林の大部分は切り倒され、二次林の大半はプランテーションに様変わりしているが、タイブはさらに先住民族の文化を支える川を水底に沈め、巨大ダムを作ることを計画している。二四〇〇メガワットのバクンダムは二四億ドルもの巨費を投じ、二〇一一年にサラワクで完成したアジア最大級のダムである。[原注32] バクン貯水池に沈んだ地域の面積は六九六平方キロメートルで、シンガポールよりも少し広い。[原注33] 地形を変化させ、巨大な貯水池を作ることとの社会・環境への影響は計り知れない。雨林で暮らす数万人の先住民族がこのマンモスダムのために生活の場を追われ、荒涼としたスンガイ・アサップ移住センターへ強制移住させられた。

マレーシア連邦政府が後援するサラワク再生エネルギー回廊（ＳＣＯＲＥ：Sarawak Corridor of Renewable Energy）によって、タイブはサラワクを工業化する一大計画を進めている。総投資額一〇五〇億ドルというこの事業は、東南アジアにおける史上最大のエネルギー計画であり、世界的に見てもとびぬけて野心的な、資本集約的プロジェクトである。[原注34] 基本的なアイディアは単純だ。巨大な貯水池にボルネオの壮大な河川から流れ込む水を貯め、大量の電力を作り出す。それを高圧電線でサラワクの海岸地域に運ぼうというのだ。安い電力で、アルミニウム精錬業、鉄鋼業、ガラス製造業などのエネルギー集約型（そして環境に有害な）重工業を海岸地域に呼び込もうという寸法だ。

タイブにしてみればこの計画は、ダムの建設から始まって、高圧電線の架設、そして重工業の発展まで、ＳＣＯＲＥのすべてのステージで彼の一族に旨みをもたらすという利点がある。反対にサラワクの先住民族は、すべてのステージで損害ばかりを被る。水没によって土地を失い、政府が作った移住センターに強制移住させられ、補償金もまともに得られない。

こうした「巨大開発計画」は過去の遺物だという気がするが、タイブは一九六〇年代の感覚のままであり、金儲けの新たなチャンスとしか考えられないらしい。そして彼は、今までの経験から、彼の邪魔をする者は誰もいないことを知っている。

この巨大ダム建設計画が一般の人々の知るところとなったのは、単なる偶然からだった。二〇〇八年初頭、中国の南寧で開催されたエネルギー会議の主催者が、本当は内密にするはずだったサラワク・エナジーのプレゼンテーションの内容を誤って会議のホームページに載せてしまったのだ。当時、サラワク・エナジーの社長だったタイブの義理の弟アブドゥル・アジズ・フセインがその会議で、二〇二〇年までに（二〇〇八年のピーク時の電力需要量は一〇〇〇メガワット以下であるのに対し）総出力七〇〇〇メガワットの一二もの水力発電所を建設するというタイブ政権の意欲的な計画を発表した。[原注35]その時マレーシア政府は、当時建設中だったバクンダムの電力をマレー半島まで七〇〇キロメートル以上の海底ケーブルで送る計画だった。[原注36]

だがその後、多くのことが変わった。南シナ海を通ってマレー半島まで電力を送る計画は、経済性が低いと判明した。カナダの巨大鉱業リオ・ティント・アルキャンは、サラワクでのアルミニウム精錬工場の建設計画を中止した。バクンダムの実際の建設費用は数十億ドルにのぼった。そして実際に送電が始まってみると、サラワクの電力は予想をはるかに上回る供給過剰になった。

ただ一つ変わらなかったのは、タイブのダム建設に向けた異常なまでの意欲だった。問題噴出のバクンダムの完成を待たずに、二〇〇八年、ラジャン川上流にムルムダムの建設が始まった。建設現場は一般人の立ち入りが厳しく制限され、オーストラリア人プロジェクト・マネージャーの下、中国人とパキスタン人の労働者二〇〇〇人が一四一メートルもの高さのダムの建設に参加した。完成すれば九〇〇メガワットの電力を作り出すことになる。
セメントはタイプ一族の経営するセメント独占企業チャヤ・マタ・サラワクから調達すれば良い。総工費一五億ドルのムルムダムの社会・環境影響評価は、工事が三分の二まで進んでから行なわれた。[原注37]そのため、工事は遅れずにすんだ。そんな影響評価の結論など、やらなくてもはじめからわかっている。ムルムダム工事は行なわなければならない、そして沿岸に暮らす先住民族は出て行かなければならない、という結論だ。先住民族には補償として「アメ」が与えられた。新築住宅への移住というアメだ。だがタイプ一族はその住宅建設からさえ、利益を得た。タイプ一族が経営する企業ナイム・ホールディングスとチャヤ・マタ・サラワクが、ムルム移住センター建設事業で二億二〇〇〇万リンギット（約六〇〇〇万ドル）をせしめている。[原注38]
ブルーノ・マンサー基金が行なった調査で、二〇二〇年までに完成することになっている一二のダムがすべて建設された場合、熱帯雨林一六〇〇平方キロメートルが水の底に沈み、二三五のコミュニティに暮らす三万人から五万人の先住民族が住む場所を追われることがわかった。[原注39]
タイプの「サラワク再生エネルギー回廊」は、社会と環境に深刻なダメージを与えるばかりではない。そもそもその名称が、おこがましい。再生エネルギーと同じグリーンエネルギーとして、石炭を年間一二八〇万トンも消費する火力発電所が計画されているのだ。[原注40]
さらに、ＳＣＯＲＥの中でも優先順位の高い事業として、原油生産の強化が入っている。[原注41]このマンモスプロジェクトの名称を、「再生エネルギー回廊」ではなく巨大「汚職回廊」とでも変更した方がよほど正直なのではないだろうか。

雨林を水没させたノルウェー人

水力発電所と火力発電所を作るというタイプの野望を実際に進めているのは、一人のノルウェー人だ。トシュテイン・ダーレ・ショットヴェイト。二〇〇九年末からタイブの義理の弟の後任としてサラワク・エナジーのCEOの座に就き、事業を取り仕切っている。もっとも、ショットヴェイトのリーダーシップ下にあるとは言え、サラワク・エナジーの実権はしっかりとタイブ一族の手に握られている。タイブのいとこハメド・セパウィは同社の会長だ。株は一〇〇%サラワク州が所有しているため、州首相が変わらない限り同社の決定権は常にタイブのものである。[原注42]

ショットヴェイトの年俸は一二〇万ドル。マレーシアの会社経営者の中でも群を抜いた高額所得者である。彼は、サラワクの人々に繁栄をもたらすために一所懸命に働く献身的な開発援助ワーカーという印象を持たれたいようだ。[原注43]だが三十年前に雨林伐採でもたらされると約束された繁栄が実現していないように、彼が約束するサラワクの繁栄も実現しそうにない。そんなことは、巧みな話術でごまかしてしまえば良い。そして汚職や、タイブ政権の反則技が、今日のサラワクの発展を妨げる最大の要因だということも十分にわかった上で、おくびにも出さない。

ノルウェーのテレマルク県で育ったショットヴェイトは、サラワク・エナジーのブログで子ども時代の写真を披露し、リューカンという生まれ故郷の小さな町が滝を利用した水力発電で一九一一年に工業都市の仲間入りをした、という美談を語っている。[原注44]ペナン人の子どもたちと開設したての幼稚園で熱烈な握手をしている写真も掲載されている。[原注45] しかしショットヴェイトは、必要とあればまったく違った人間に豹変する。たとえばタイブ政権の水力発電所計画に反対するサラワクの先住民族を、ザ・セーブ・サラワク・リバーズ・ネットワークやブルーノ・マンサー基金などのNGOが支援した場合だ。二〇一三年五月、ショットヴェイトはあるノルウェー人ジャーナリストに送ったEメールの中で、海外NGOのせいでサラワクが「開発不足」になったことは「国民全体に対する犯罪であり、完全に非民主主義的である」と非難している。[原注46] 二〇一三年九月、先住民族がムルムダムのための強制移住に反対して道路封鎖を行なった時、ショットヴェイトはその行為を「外国人の扇動による弊害」と言った。[原注47]

ショットヴェイトはサラワクのダム事業にまつわる汚職について、一切自分の責任を認めない。そして、「最も厳格な基準に適合した透明性が確保されている」かどうかをチェックせずに契約を結んだことなど、ただの一度もないと主張し続けている。[原注48]

しかし事実はまったく違う。ショットヴェイトがCEOになってからの三年間で、サラワク・エナジーはチャヤ・マタ・サラワクやナイム・ホールディングス、サラワク・ケーブルなどの企業――いずれもタイブ一族と関係の深い企業だ――とダム建設事業に関わる六億八九〇〇万リンギット（約二億ドル）の契約を交わした。[原注49] 二〇一三年五月のマレーシア総選挙（第一〇章参照）のあと、サラワク・ケーブルはさらに六億一八〇〇万リンギット（一億八五〇〇万ドル）の契約を取りつけている。同社の会長は、タイブの息子アブ・ベキルだ。[原注50]

こうした批判に曝され、ショットヴェイトは逆にそれらを捏造だの事実誤認だのと非難したが、どこが捏造でどこが間違っているのかを指摘することはできていない。「私は不道徳なことなどしたことはないし、汚職に関与したこともない。サラワクに来る前にも関与したことがないし、サラワクにいる間もない。そしてこれからも絶対にない」。二〇一三年六月、ショットヴェイトはブルーノ・マンサー基金にそう書いてよこした。一方、二〇一三年九月にはタイブ政権への奉仕が認められ、サラワク知事からショットヴェイトに名誉ある爵位「ダトゥク」（サー）の称号が授与された。[原注51]

タイブの海外支援者たち

サラワク・エナジーのCEOトシュテイン・ダーレ・ショットヴェイトは、タイブとの強い結びつきを利用して荒稼ぎする海外ビジネスマンの一人にすぎない。他にも弁護士、金融専門家、会計士、そしてショットヴェイトと同じようなエンジニアの資格を持つ会社経営者などがいる。二〇一一年末、ブルーノ・マンサー基金は「ストップ木材汚職」キャンペーンの一環で、九カ国三〇人の名前の入ったブラックリストを「指名手配」と書いたポスターに仕上げた。彼らはそれぞれ、金融や技術などの分野でタイブに貢献し、タイブ政権を支え、正当化の手伝いをしてきた。「タイブの海外支援者」リストはノルウェー人ショットヴェイトと共に、九人のオーストラリア人、六人のカナダ人、四人のイギリス人、その他一〇人の名前を挙げている。リストの中の最も著名な人物は、モナコのアルベール二世大公だ。彼がタイブと一緒に公の席に姿を見せることで、タイブがいっぱしの国際人であるかのように印象づけられる。二〇〇八年四月、アルベール二世はサラワクを公式訪問している。その時、モナコから自分の取引銀行の人間と、イギリス系ギリシヤ人不動産トレーダーのアキレス・カラキスを連れてきていた。カラキスはその時、モナコ公国アルベール二世財団（アルベール二世が環境保護の目的で二〇〇六年に設立した団体）の理事だった。[原注52]ところがこの訪問は、アルベール二世にとって厄介な問題へと発展した。タイブだけでなく、カラキスもその原因だった。七億五〇〇〇万ポンド（一一億ドル）の不動産を手に入れるために銀行の支払保証書を偽造した罪で、二〇一三年一月、ロンドンの裁判所はカラキスに七年の実刑判決を下したのだ。[原注53]サラワクへの訪問は、おそらく駐英モナコ大使イヴリン・ジェンタ（ジュネーブの時計ブランドのデザイナー、故ジェラルド・ジェンタの妻）が計画したものだろう。[原注54]イヴリン・ジェンタは二〇一〇年、タイブ政権がスポンサーとなってモナコで開催された「イスラミック・ファッションショー」でも中心的役割を演じた。二〇一〇年八月九日、アルベール二世がロスマ・マンソール（マレーシア首相の妻）の手から自分の環境基金への一〇万ユーロの寄附金を受け取った際、タイブとマレーシア首相ナジブ・ラザクは一緒にステージに立っていた。[原注55]

タイブ支援者リストのアメリカ人の中で一番の大物は、元FBI長官ロバート・ミュラーだ。彼の名が入っているのは、タイブ一族の汚職に目をつぶってFBI本部事務所をタイブ一族の所有するビルに移したからである（第一章参照）。ミュラーはこの問題に関して何度も問い合わせを受けているが、FBIが回答したことは一度もない。

オーストラリア人の大物には、ジェームズ・マクワがいる。マクワはアデレード大学の元副理事長で元学長だ。タイブが一九六一年に法学をおさめたアデレード大学は、敬愛すべきOBであり気前の良いパトロンである彼に名誉博士の学位を授与した上に、二〇〇八年には大学のキャンパスの中庭に彼にちなんだ名前までつけた（第四章参照）。マクワ教授は、タイブの「二一カ国が良い関係を保ち、その結びつきをより強化するための不断の努力」を称えている。[原注56]

タイブや彼の取引相手たちにとってショットヴェイトやマクワは、国際経済・政治の世界と横領政治家が横行する犯罪界との間の門番として、重要な役割を果たしている。タイブの海外支援者たちは、タイブから巨額な金を個人的に受け取ることもあれば、「チャリティ」の名目で受け取ることもある。いずれも見返りとして求められるのは、タイブの犯罪行為に目をつぶることだ。

失われるサラワクの川

雨林の国サラワクが貯水池やオイルパーム・プランテーションの広がる「緑の荒廃地」へと急速に様変わりしたことで、ボルネオのユニークな生物多様性は破壊され、先住民族は天然資源を利用する権利を奪われた。誰でも利用できる森――「貧者の資本」――は失われつつあり、一握りの木材王や政治エリートのコントロールの下、プランテーションやエネルギープロジェクトに占領されつつある。

この数十年の間、ペナン人などの先住民族コミュニティは、タイブ政権によって奪われようとする生活手段を守ろうと戦った。最初は道路封鎖、そしてこの十年は裁判で戦うケースも増えてきた。サラワク先住民族弁護士協会（Sarawak Indigenous Lawyers' Association: SILA、第六章参照）に所属する弁護士がその支援をしている。これまでに二〇〇件以上の訴訟が起こされ、数十件については判決が下されている。先住民族に有利な判決である場合も少なくない。

しかし問題は、タイブがそうした判決を尊重するかどうかということだ。特に難しい問題は、耕作地だけでなく、もっと広大な共有林（プラウ・ガラウ）やロングハウスの建つ共有地（ペマカイ・メヌア）が先住民族のテリトリーとして認められるかどうかということだ。二〇一二年末にタイブ政権のある大臣がそれらの地域を先住民族の土地とは認めないと宣言し、先住民族弁護士バル・ビアンはそれを強く批判した。二件の訴訟の判決が出たあとだったので、バル・ビアンは政府の裁判所軽視を非難した。それらの判決は、共有林とロングハウスの建つ共有地に対する先住民族の慣習権を認めなければならないというものだった。[原注57]

また、先住民族の土地を「公共の利益」のための事業に活用するという屁理屈で収用し、タイブの仲間に明けわたすこともある。ダム建設事業には、まさにこの屁理屈がぴたりと合う。この手を使えば貯水池用の土地だけでなく、その流域の土地をいくらでも収用することができる。バクンダム周辺で、まさにそれが行なわれた。シン・ヤンやリンブナン・ヒジャウなどの企業は、バクンダム周辺の広大な森の伐採ライセンスとプランテーション・ライセンスを得ていた。マレーシア政府はその流域の森をダムのために保全すると言っていたが、上記二社は人知れず三〇万ヘクタール以上のプランテーション・ライセンスを取得していたのだ。[原注58] 弁護士バル・ビアンは、タイブ政府が行なっている他のダム建設事業も、先住民族の土地収用の口実に使われるのではないかと懸念している。[原注59]

バクンダムによる移住は、先住民族に深刻な貧困を招くなどマイナスの影響をもたらした。近年のダム建設事業によっても同じことが起きると、彼らは完全に気づいている。特に、ケニャ人、カヤン人、ペナン人が数多く暮らすバラム地域では、二〇一一年末以降、抵抗運動が激しさを増し、その運動はブルーノ・マンサー基金やインターナショナル・リバーズ、ザ・ボルネオ・プロジェクト、ノルウェー熱帯雨林財団などの国際組織の支援を受けている。

ザ・セーブ・サラワク・リバーズ・ネットワーク（SAVEリバーズ）とバラム川保全委員会（Baram

Protection Action Committee）は、自然を破壊するダム建設への反対キャンペーンや情報提供イベント、声明の発表などを通して共闘している。不屈の運動家たちは、彼らのホームページに次のように記している。「貯水池と水力発電所は発展ではなく貧困をもたらす」。「サラワクのダム事業は、すでに一万二〇〇〇人を生活の場から追い出した。バクンダムとバタンアイダムの移住センターでは、多くの先住民族が貧困のうちに生活している。仕事もなければ、耕作可能な土地も不足している。教育や保健のサービスも満足に受けられない」[原注60]。

ダム反対運動のリーダーはピーター・カラン。以前はシェルで働いていた元エンジニアで、敬虔なカトリックだ。穏健だが強い意志を持つカランは、ダム計画で利益を得るのは誰かと問われれば、即座にこう答える。「サラワクのダム建設で利益を得るのは支配者だけだ。私たち先住民族にとっては、生活を脅かすだけでなく、文化遺産も脅かす存在だ」[原注61]。

タイブのダム建設事業のプロパガンダ・イベントとして、サラワク・エナジーが二〇一三年五月にクチンで国際水力発電会議を開催することになっていたため、ピーター・カランとブルーノ・マンサー基金は、国際水力発電協会（ＩＨＡ：The International Hydropower Association）に抗議文を送付した。サラワク・エナジーと水力発電ロビー団体ＩＨＡは、先住民族代表のカランとアニナ・エベルリ（ブルーノ・マンサー基金のスタッフ）を即座に出席者リストからはずした。二人とも、一七五〇ドルという高額な参加料を支払っていたにもかかわらず、だ。カランはＩＨＡとサラワク・エナジーの行為について近くの警察署に刑事告訴した[原注62]。国際的批判が高まったため、その後、カランとエベルリは会議への出席を認められた。タイブ政権が派遣した出席者たちは、カランらの発言を妨害しようと試みたが、なんとか会議で批判的な

意見を述べることができた。[原注63]

六〇カ国から参加した代表団が、エアコンの効いた会議場で水力発電の「持続的な」利用によってもたらされる進歩について議論を展開する一方、会議場の外にはタイブのダム建設事業に反対する三〇〇人の先住民族が集結し、こぶしを握りしめて「ストップ・バラムダム」、「バクンダムはいらない」、「先住民族の権利を尊重せよ」などと書かれた旗を掲げた。彼らはIHA総裁リチャード・テイラーに対し、サラワク・エナジーのダム建設計画に関わるのをやめ、タイブの舎弟トシュテイン・ダーレ・ショットヴェイトをIHA理事から退任させるよう要求した。[原注64] ダムに反対する者たちは特に、タイブ一族が所有する会議場（ボルネオ・コンベンション・センター・クチン）で会議をしていることに腹を立てていた。この会議場の取締役には、タイブの息子アブ・ベキルとタイブの姉ラジア・ジェネイドがおさまっていた。[原注65]

自分の主催したクチンの水力発電会議が、マスコミによる懐疑的な報道と参加者による批判的なスピーチで幕を開けようとは、タイブも想像していなかっただろう。会議の終盤、フランス通信社は「スキャンダルにまみれたマレーシア指導者に怒りが巻き起こる」と、状況をズバリ言い当てたタイトルの記事を配信した。この記事は、東南アジア中を駆け巡った。これほどはっきりとした報道は、望むべくもない。[原注66]

先住民族の土地の権利を求めるサラワクの弁護士たちやSAVEリバーズのキャンペーン・マネージャーたち（特にマーク・ブジャン、フィリップ・ジャウ、ピーター・カランなど）には、まだまだすべきことがたくさんある。一般の人が彼らの運動に好意的な反応を示してくれる限りは、彼らがタイブの自然破壊計画を阻止し、かつての「麗しきサラワク」をプランテーションと貯水池だけの緑の荒廃地に変貌させまいとする運動にも、まだ望みはあるかもしれない。

第十章

汚職なき熱帯雨林

33年間も権力の座にいたタイブは、2014年初頭に州首相を辞任し、サラワク州知事になった。だがこれは、真の変化の兆しなのだろうか？　サラワクにおける汚職と環境破壊のスケールはあまりにも大きい。国際社会はタイブ一族が関わってきたこの犯罪の数々を、認識しなければならない。もう一つの希望の兆し、ペナン人による自治地区「ペナン・ピースパーク」の方は、少しずつ実現しつつある。

岐路に立つサラワク

この章を執筆しているのは、クレア・ルーカッスルと私がタイブ不動産帝国の内部告発者ロス・ボイヤートの話を聞きにカリフォルニアに行ってから四年後のことである。彼の手から大量の文書を受け取って以来、さまざまなことがあった。ブルーノ・マンサー基金は、マレーシアの木材取引に関わる汚職への反対運動「ストップ木材汚職」、ボルネオのダム建設計画への反対運動「ストップ・ダム汚職」などを展開した。どちらも国際的な反響を呼んだ。タイブの州首相就任三十周年の二〇一一年春、ブルーノ・マンサー基金はオタワ、シアトル、サンフランシスコ、ロンドン、ベルン、シドニー、アデレード、ヒューオンビル（タスマニア）で世界的な抗議行動を企画した。[原注1] 二〇一一年十二月、カナダのテレビ局グローバル・テレビジョンは、タイブらのマネーロンダリング疑惑を世界ではじめて詳細に報道した。[原注2] その一年後、ブルーノ・マンサー基金が発表したタイブ一族のビジネスに関する分析報告書に、マレーシア国民は強い反応を示した。[原注3]

クレア・ルーカッスルは、ブログ『サラワク・レポート』で独自の調査を発信し、短波ラジオ局ラジオ・フリー・サラワクを設立してサラワク奥地の先住民族に政府の影響を受けないニュースを配信した。[原注4] この貢献に対し、二〇一三年五月にウィーンの国際新聞編集者協会から名誉ある「自由メディア先駆者賞」がルーカッスル、そして彼女の秘密の報道チーム、ピーター・ジョン・ジャバン（通称「パパ・オランウータン」）とクリスチナ・スンタイに送られた。[原注5] 自由報道を確立するのは非常に重要なことだ。マレーシアで

はインターネットを除く電子メディアと新聞に対して、政府の厳しい検閲があるからだ。[原注6]

マレーシア国内でも動きがあった。Ｆａｃｅｂｏｏｋ上に「Ｔａｉｂ　ｍｕｓｔ　ｇｏ」〔タイブは立ち去れ〕が発足し、三万人以上が参加している。そして今サラワクでは、これまでになく汚職について公然と、そして頻繁に語られるようになった。数年前には考えられなかったことである。クレア・ルーカッスルの『サラワク・レポート』を通じ、タイブのビジネスパートナーや内部告発者たちによってさまざまなことが暴露され、醜悪な事実が次々と明るみに出た。二〇一一年六月、マレーシアの汚職行為防止委員会（ＭＡＣＣ）はタイブの調査を開始したことを発表した。[原注7]タイブは即座に反応し、クレアを要注意人物リストに載せた。クレアが二〇一三年七月にクチンを訪れた際、空港で入国を拒否され、シンガポールへ強制送還された。[原注8]

だが最も大きな変化は、マレーシア政府内部から起こった。三十三年間権力の座にいたタイブが、二〇一四年二月にサラワク州首相を辞任し、何十年も前に叔父がそうしたようにサラワク州知事になったのだ。政府内部からの情報によれば、タイブは連邦政府によって追い落とされたのだということだ。与党連合・国民戦線は、タイブの息子アブ・ベキルが後任の州首相を選ぶ選挙に出馬することを許さなかった。新州首相には七十歳のアデナン・サテムが就任した。彼は元州特務大臣で、暫定政権として幅広い層から支持されている〔サテムは二〇一七年一月に急死。後任はＰＢＢのアバン・ジョハリ〕。タイブの知事という地位は、まったくのお飾り的ポジションと見られている。しかし彼が本当に権力を譲ったのか、それとも陰で糸を引き続けているのかは、今後も注視していかなくてはならない。

タイブの州首相退任は、二〇一一年の地方選挙と二〇一三年の国政選挙で彼の所属政党の得票に微妙な変化が起きたあとの出来事だった。これら二つの選挙において、コントロールしやすい地方の選挙民の信任は得られたものの、政治的に重要な都市部の中流階級の票を対抗勢力に奪われた。それまでずっとタイブは地方の大量の票を金で手に入れてきた。開票において、不正を行なってきた可能性も極めて高い。特に、ダム建設事業に反対する声の大きいバラム川流域では、得票を巡る争いが激しいため、不正が行なわれたであろうと思われる。それにしてもタイブ政権の長年にわたる権力維持が、彼の政策によって多くを奪われた者たちに拠って立っていたというのは皮肉な話である。貧困のうちにある先住民族は、あまりに政府に依存しすぎているため、タイブに反旗を翻すことなどできない。「だんな様には決してさからうな」とは、タイブの忠実な下僕ジェームズ・マシングの言葉だ。[原注9] そしてこの言葉は、多くのサラワク先住民族の心に深く刻み込まれた信仰のようなものだったろう。

一九六三年にイギリスの占領が終わった直後から、タイブは大臣の座に五十一年間、そして州首相の座に三十三年間も居座り続けた〔州首相 state chief minister も大臣に含まれる〕。彼の政権はあまりにも安定していた。そして、あまりにも腐敗していた。だがサラワクにも変化の兆しが現われている。そもそも七十八歳の彼が、永遠に生き続けられるわけでもないのだ。

タイブが州首相から降ろされたということは、連邦政府がタイブ一族だけにサラワク経済資源の旨い汁を吸わせることをもはや許さないということだ。ナジブ・ラザク首相も、自分の政権がタイブの票にますます依存せざるを得なくなっていたことを苦々しく思っていたにちがいない。二〇一三年五月の総選挙で、サラワクの二五議席がなければ、ナジブは長年のライバル、アンワル・イブラヒム〔野党人民正義党の指導者〕に敗北していただろう（与党連合・国民戦線が全国で獲得した議席は一三三）。この時マレーシアの五十余年の歴史ではじめて、多くのマレーシア人が野党に投票した。野党と与党で獲得議席に差がほとんどなかったため、サラワクがマレーシアの未来を決定する決戦場となった。今後、連邦政府と州政府との間で、さらなる争いが起こることは必至だ。

タイブは、資源と情報をコントロール下におくことで、従属のネットワークの上に統治システムを構築した。サラワク奥地の大部分は依然としてまともな道路もなければ、教育・保健施設もろくに整備されていないが、それは意図的な戦略なのだろう。地方の人々が高い教育を受け、経済的に自立すれば、支配者の施しに依存する度合いは低くなる。タイブはこれまで何度も、選挙公約として道路建設を掲げてきたが、それが実現する気配はまったくなかった。

タイブの権力基盤を徐々に確実に侵食してきたものが二つある。一つめは最も簡単に手に入る天然資源——価値の高い熱帯木材と、オイルパーム・プランテーションに適した土地——がほとんど枯渇したことだ。そのことで、タイブ政権は利潤を得にくくなり、政治仲間にも分け前を与えられなくなった。そうして別の儲け口を探し始めた。やみくもなダム建設事業は、新たに莫大なバックマージンを得ようとした結果だ。しかし同時に、バラムダムを巡る激しい反対運動に見られたように、ダム建設事業は新たな抗争を生み出した。

二つめ、そしてもっと重要なことは、デジタル革命がタイブ政権を脅かしたという点だ。それによって、有力者たちが徐々に情報をコントロールできなくなっていったのだ。奥地の人々が携帯電話を持ち、インターネットに接続できるようになったことで、タイブは貧しい地方の支持基盤を失った。人々が情報を得るほど、操作は難しくなっていく。さらに、情報が急速にグローバル化していったため、タイブ独裁政権が海外からの監視の目を逃れることが難しくなっている。

そうしたことを脅威に感じたタイブは、二〇一三年五月サラワク州議会で、政府の問題に対する彼の対処の仕方を外国人が批判してくることについて次のように批判した。「州政府も私も、海外NGO、海外の記者・放送局に対して何の説明責任もない。サラワク州行政に関する問題に対し、彼らが私の責任を問おうとするのを許すこともできない。彼らが私について書き立てることに答える、もしくは反応するということは、彼らがわが国の問題に参加、あるいは干渉する権利があると認めたのと同じことだ」。そしてタイブは、海外NGOがサラワクを再植民地化しようとしていると批判した。その中でタイブは、ブルーノ・マンサー基金、クレア・ルーカッスルの『サラワク・レポート』やラジオ・フリー・サラワク、そしてグローバル・ウィットネスを名指しで攻撃した。彼は、それらが「サラワク政府とタイブの評判を落とす」ために「悪意に満ちた批判を」する団体だと言った。彼はこう続ける。「彼らは、サラワク州の政治を正し、いわゆる先住民族の惨状を何とかしたいと主張する。だが彼らのしていることを公平な目で慎重に分析するなら、彼らの隠された意図がはっきりと浮かび上がる。彼らの目的は、サラワクの政情不安を招くことであり、民主的な手法で選出された議会によってマレーシア・デー〔イギリスから独立した日〕以来ずっと達成され続けてきた経済成長と発展の勢いを殺ぐことにある。……私に言わせれば、これは再植民地化の隠れ蓑にすぎない」[原注10]。政権が腐敗していると批判の声が高まることで、繊細なタイブさんが傷ついたとおっしゃるのなら、私たちがそこまで批判する根拠を以下に示そうではないか！

なぜサラワクの問題に関心を持たなければならないのか

一体なぜ、サラワクにこんなにも関わるのか？　これはマレーシア人が解決すべきマレーシアの問題ではないのか？　私たちはこの問題から目を背け、たとえばＦＢＩやアデレード大学のように振舞うべきなのか？

いや、そうすべきでないれっきとした理由がある。

○第一に、タイブ政権はサラワクの先住民族の人権、たとえば先住民族の権利に関する国際連合宣言（ＵＮＤＲＩＰ）[原注11]にうたわれている権利を、絶えず組織的に侵害し続けてきた。彼らの土地の権利、彼らのことを彼ら自身で決める権利、彼らの文化が尊重される権利などの基本的権利が侵害されなかった日は一日もない。ＵＮＤＲＩＰには、先住民族の土地を公的目的で利用する場合に、影響を受けるコミュニティの自由意思による、事前の、十分な情報に基づく同意（ＦＰＩＣ：free, prior and informed consent）が必要であると規定されているが、サラワクの支配者たちはほとんどの場合、事前説明も透明性もないところで先住民族の広大な土地の用途を決定する。

特に問題なのは、マレーシアが独立を果たしてから五十年以上たった今でも、多くの先住民族に身分証明書がなく、サラワクの住民の約三分の一は選挙人名簿に名前が登録されていないために、有権者としての基本的権利を行使できないということだ。[原注12]　マレーシアは、個人の自由を保護する重要な人権条約である市民的及び政治的権利に関する国際規約（ＩＣＣＰＲ）を批准していない、世界でも数少ない国の一つである（つまり、サウジアラビア、ミャンマー、北朝鮮などのお仲間ということになる）[原注13]。人権を侵害している国に対しては、国際社会が詳細な調査を行なう責任があり、その国の為政者に説明を求める責任がある。

〇第二に、汚職――そして、それに伴うマネーロンダリング――は、世界中のほとんどの国において法律で罰せられる行為であり、国境を越えて取り締まられる数少ない犯罪の一つである。つまり、ある国の個人または企業は、別の国における汚職行為についても説明を求められ得るということだ。たとえば二〇一一年末、アルストム〔フランスの鉄道車両メーカー〕のスイス支社が、マレーシア、ラトビア、チュニジアの官僚への贈賄の罪で、二五〇〇万スイスフラン（二七〇〇万ドル）の罰金を支払い、三六四〇万スイスフラン（四〇〇〇万ドル）の利益を没収された[原注14]。二〇一三年八月、スイス司法長官はマレーシアのサバ州における熱帯木材貿易での賄賂がＵＢＳシンガポール支店と香港支店でマネーロンダリングされた疑いがあるとして、同行に対する犯罪捜査を開始した（第七章参照[原注15]）。

マレーシア（その他一六六カ国）は、腐敗の防止に関する国際連合条約（ＵＮＣＡＣ）を批准しており、国際法の下で汚職と戦うことになっている。二〇〇三年に国連総会で可決されたこの条約の前文には、汚職が「民主主義と倫理上の価値ならびに正義を害し、持続的な発展および法の支配を危うくすることで、社会の安定および安全に対してもたらされる脅威」[原注16]と定義されている。条約の条文は、たとえば公務員による横領、影響力に係る取引、職権の濫用、不正な蓄財について、特に取り締まるべき行為として規定している[原注17]。

皮肉なことに、シアトルのFBI事務所——タイプが所有するビルに入っている——のホームページには、汚職の危険性がはっきりとこう記されている。「政府内の汚職は、わが国の国境や隣人の安全を守る方法から、法廷で下される評決、道路や学校の質に至るまで、あらゆる問題において影響を及ぼすことで、わが国の民主主義と国家安全保障を脅かす。汚職によって年間何十億ドルもの税金が無駄になる」[原注18]。サラワクの経験に照らして言えば、汚職は環境に対しても大変な脅威となるとつけ加えた方が良いだろう。伐採企業から受け取る賄賂を選挙資金として蓄える政治家たちは、たとえ最後の木が切り倒されそうになったとしても、雨林を保護しようなどとは絶対に思わないだろう。

サラワクの汚職によるダーティな金は数十億ドルにものぼり、世界的に影響を及ぼしている。タイブが違法に得た利益は、ほとんどがマレーシア国外に流出した。いや、今も流出し続けている。この金の流れが、多くの国において違法行為に結びつき、市場をゆがめているのではないかと疑うべきであろう。そしてその多くの部分が、合法性の疑わしい国際金融機関や法律家、建設会社などの手にわたっているに違いないのだ。公明正大な経営をし、腐敗した独裁者との取引を拒否する事業家に比べると、こうしたグローバル・プレーヤーたちは不当に有利な立場にいる。カナダ、アメリカ、イギリス、オーストラリアにおけるタイブ一族の不動産投資は数億ドルにものぼり、それらの国々の不動産市場の信頼性に傷をつけている。アメリカ人会計士ロス・ボイヤート（第一章参照）のケースでは、タイブ一族がストーカー行為を仕組んで、かつて彼らのために働いた人間を自殺に追い込んだと考えるに足る証拠がある。オーストラリアで報告されている事件では、タイブ一族の元ビジネス・パートナーで建設業者のファロク・マジードが脅迫され、姿を消している。[原注19] タイブの弟オンは、オーストラリア課税当局に対して数百万ドルの不正申告をしたとされている[原注20]〔ファロク・マジードは二〇〇七年にオン・マームドを訴え、係争中の二〇一一年に失踪した〕。

マレーシアからの違法資金の流出はタイブ一族に限った話ではない。アメリカの団体グローバル・ファイナンシャル・インテグリティの試算によれば、マレーシアは世界有数の資産流出国である。二〇一〇年だけで、マレーシアからの違法資金流出は六四〇億ドルにのぼる。二〇〇一年から二〇一〇年までの十年間では、二八五〇億ドルと見積もられている。[原注21] マレーシアは、恥ずべき世界ランキングで中国（二兆七〇〇〇億ドル）、メキシコ（四七六〇億ドル）に次いで第三位ということになる。これほどの規模の違法資金流出なら、国際金融システムや金融機関の信頼性に大きな影響を及ぼすことだろう。

○第三に、ボルネオの雨林には膨大な種類の固有動植物種が生息し、太古から続くユニークな生物圏が形成されている。その生物圏と、そこに適応して暮らす先住民族の文化を破壊したのは、タイブ政権、そしてタイブ自身である。一八五五年にナチュラリスト探検家アルフレッド・ラッセル・ウォーレスが、チャールズ・ダーウィンと同時期に生物種の進化への洞察を得たのがここサラワクだったのは、まったくの必然である（第二章参照）。ボルネオの生物多様性は、地球で最も重要な自然の宝である。こうした動植物種や千年もの歴史を持つ雨林文化の運命を、一人の暴君の気まぐれに任せてしまって良いのだろうか？

サラワクの雨林は、タイブの仲間たちの手にゆだねるには、あまりに重要すぎる自然遺産である。しかしそれもすでに、タイブ一代で取り返しのつかないほどのダメージを受けた。たとえばサラワク低地の泥炭湿地林の大部分は、すでに破壊されてしまった。そこはテングザル、オランウータン、インドネシアヤセザル（世界で最も希少なサル目の一種）の生息地である。[原注22] 泥炭湿地林は、特に大きな炭素の貯蔵庫で、破壊すれば大量の温室効果ガスが大気中に放出される。サラワクの森林破壊は急速に進行している。二〇〇五年から二〇一〇年の間のわずか五年間で、サラワクの泥炭湿地林の三分の一は切り倒されてしまった。かつて雨林の国だったサラワクは、マレーシアに併合されて五十余年たった今、原生林を見つけることが難しくなっている。[原注23]

タイブは、常に政治権力を追い求め、一族のうしろ盾となってきた。これまでに何度も公約してきた持続可能な開発の実現も環境・社会問題と経済的利益の両立も、実際にはまったく眼中にない。

もちろんサラワクの森林管理において、タイブが国際法の中心理念である天然資源に関する国家主権の原則を主張することは間違いではない。さらに、マレーシアの一九六三年憲法は、ボルネオ島の二州サラワクとサバが、その天然資源の利用に関して完全に自治権を持つとうたっている。しかしだからと言って、彼が思うがままに森林を破壊し、州の土地を自分の一族や政治仲間にばらまいて良いことにはならない。

国際的環境法の重要な原則の一つに、環境は「すべての人の共有物だが、負っている責任は人によって異なる」というものがある。私たちは皆、地球の環境に責任を負っているが、責任や権力を負っている場所において特に責任があるということである。発展途上国や新興工業国は、環境破壊の修復費用を誰が負担すべきなのかという問題に持っていこうとする（その責任は、これまでずっと環境を破壊してきた裕福な先進国に負わされることになる）。しかしその原則が、反対の方向にも適用される。つまり極めて生物多様性が豊かで、世界的に見てその生物多様性の重要性が高い国は、その保護に特に力を入れるべきということだ。

この責任は、熱帯雨林を擁するマレーシアなどの国が負うことになる。特にマレーシアは産油国であるため資金も豊富であり、その責任を果たすように国際社会からもっと圧力を加えられるべきであろう。ＷＷＦとマレーシア、インドネシア、ブルネイの三カ国の政府によって二〇〇七年に調印された「ハート・オブ・ボルネオ」宣言で、人類にとってのボルネオの雨林の価値が認められた。[原注24]しかしその実効性となると、心もとない。マレーシア連邦政府は、司法制度によって道を阻まれながらも、タイブが思うさま雨林を破壊することを許してきた。

及び腰の国際社会

タイブ帝国の存在は、マレーシアの法体系の不備、そして国際法体系の不備の結果である。タイブは、サラワクでの政治権力、そして連邦政府にとっての重要人物としての地位のおかげで、長い間マレーシアで「申し分のない」地位を享受し、国内法も国際法もかまわず好き勝手に振舞ってきた。マレーシア人権委員会ＳＵＨＡＫＡＭ（Suruhanjaya Hak Asasi Manusia Malaysia）〔一九九九年人権委員会法に基づいて連邦議会が設置した機関〕などから、先住民族の土地の権利を尊重しないと批判されても、タイブはあくまで無視してきた。マレーシア汚職行為防止委員会がタイブに関する調査を行なっても、彼は「小賢しいデタラメだ」などと言い、協力はしないと公言した。[原注25]

与党連合・国民戦線（独立以来、ずっと与党）がサラワク州議会と連邦議会で権力の座にいる限り、そして司法が政治家に逆らえない限り、タイブがマレーシアで地位を脅かされることはないだろう。問題は、国際社会と国際司法システムが新興工業国の支配者の大胆な犯罪を問えるかどうか、そして問う気があるかどうかだ。

二〇一一年、「ストップ木材汚職」キャンペーンの一環で、ブルーノ・マンサー基金はカナダ、オーストラリア、イギリス、ジャージー、ドイツ、アメリカ、スイスなどの政府に手紙を出し、それらの国とタイブとのビジネス上および個人的なつながりについての具体的な証拠を提示した。そして政府の長や担当大臣に対し、調査の上、それらの国にあるタイブ一族の資産を凍結するよう求めた。アメリカ以外の各国政府は、関係省庁にその情報を送ると約束した。しかし概して、回答は厳しい内容だった。

当時カナダ財務大臣だったジェームズ・フレアティは提供された情報に対して感謝の意を表し、カナダが国際的汚職防止に積極的に加わっていてG20腐敗対策行動計画にも参加していると強調した。[原注26] 別便で、カナダ王立騎馬警察からブルーノ・マンサー基金の熱帯雨林と先住民族の保護の活動に敬意を表する手紙も来た。しかし、残念ながらタイブに関する意見は何も言えないとも書かれていた。[原注27]

オーストラリア外務省とオーストラリア連邦警察からの返事には、国際連合腐敗防止条約に真摯に取り組んでいるが、タイブのケースについては、行動を起こすには証拠が不十分であると書かれていた。そしてブルーノ・マンサー基金に対し、オーストラリアにあるタイブの資産が不正な資金で購入されたという動かぬ証拠を提示してほしいと言ってきた。[原注28]

イギリスの外務・英連邦大臣ジェレミー・ブラウンは、マレーシア汚職行為防止委員会の調査に注視し続けると書いた手紙をよこした。イギリスはマレーシアとマネーロンダリング取り締まりに関して緊密に連携するといった内容の国際犯罪防止協議書に調印したばかりだった。[原注29]

チャンネル諸島にあるイギリス王室属領ジャージーの金融監督庁は、ドイツ銀行への苦情（タイブの会社ソゴ・ホールディングスを通じてマネーロンダリングをした疑い）ならドイツ銀行ジャージー支店に直接持っていったらどうかと回答してきた。[原注30]

一見すると、最も前向きな回答をしたのはドイツのように感じる。連邦財務省は、ドイツ銀行とタイブ一族との取引に対し、マネーロンダリングに関するドイツ法に抵触していないかどうか調査を開始したというのだ。[原注31] だがこの調査を委託されたドイツ連邦金融監督庁ＢａＦｉｎ（Bundesanstalt für Finanzdienstleistungsaufsicht）も、ドイツ政府が介入するに足る十分な証拠がないと結論づけた。[原注32]

こうなると、状況は明らかだ。どこの国の政府も、汚職くらいで他の主権国家の政府の支配者との関係を悪くする気はさらさらないということだ。自国の重要な利益が損なわれでもしない限り、外国の事案に介入するための条件はとても厳しい。マレーシア連邦政府やマレーシア司法当局がタイブに好き勝手をさせている限り、どこの国もアクションを起こすつもりはなさそうだ。

各国政府が行動を起こさないのに、汚職や環境犯罪と戦う権限を持つ国際機関が行動を起こす余地はほとんどない。それは、インターポール（世界最大の国際警察組織である国際刑事警察機構）からの手紙にははっきりと書かれていた。ブルーノ・マンサー基金はマレーシアの検察庁と警察に送った手紙のコピーをインターポールに送り、タイブと一三人の親族を指名手配リストに載せて、逮捕してほしいと要請した。フランスのリヨンに本部のあるインターポールは、違法伐採などの環境犯罪と戦うプログラムを実行中だ。[原注33] インターポールはこう返信してきた。「インターポールは、各国の窓口である国家中央事務局（ＮＣＢ）の要請や、国内の所管官庁の決定がなければ活動できないということをご承知おきください。個人に対する犯罪捜査を要請なさりたい場合には、その国の警察あるいは検察庁に連絡していただければ幸いです」。[原注34]

ブルーノ・マンサー基金（ＢＭＦ）へのインターポールの助言は、役に立たなかった。すでにＢＭＦは、膨大な証拠品を同封して書留郵便でマレーシア検察庁に詳細な刑事告発をし、タイブ一族の犯罪捜査と逮捕を要請していたからだ。[原注35] しかしマレーシア連邦警察、マレーシア汚職行為防止委員会、連邦法務省からＢＭＦの手紙に返信が来たことは一度もない。

マレーシア、もしくはそれ以外のどこかの国が行動を起こさない限り、インターポールなどの国際機関は手が出せないのだ。

違法伐採への近年の取り組み

違法伐採や汚職が大問題になっている国は、マレーシアばかりではない。世界銀行は違法伐採された木材の取引額を年間一〇〇億から一五〇億ドルと見積もっている。[原注36] インターポールの環境犯罪プログラム・ディレクター、デヴィッド・ヒギンズによれば、そんなものではない。彼は違法伐採の木材取引を年間三〇〇億ドルと見積もっている。[原注37] そんなにも膨大な量の木材が、原産地国政府に知られずに切り倒され、輸送されているとは考えにくい。タイブ政権下のサラワクのように、多くの国で森林監督官庁の官僚や政治家が熱帯林伐採で利益を得ていると考えるのが妥当であろう。パプアニューギニア、インドネシア、ソロモン諸島が良い例だ。[原注38]

インターポールは国連環境計画（ＵＮＥＰ）と共同で、二〇一二年に違法伐採と取り組む新たなプログラムを開始した。インターポールは、それを次のように説明している。「違法伐採に関わる犯罪は、生物多様性を破壊し、森林資源に依存する人々の生活を脅かし、気候変動の直接的な原因となる。違法伐採は汚職、暴力、殺人にすら結びつく場合があるため、この種の犯罪は一国の安定と安全保障にも影響を与えかねない」[原注39]。

この論法は、違法伐採のみならず、純粋な経済的動機による、完全に合法で、非難すべき点のないように見える伐採にも当てはまる。しかし熱帯雨林略奪には、違法伐採と合法伐採を区別する明確な境界線はない。伐採ライセンスやプランテーション・ライセンスの発行基準に透明性がなく、サラワクのように多額な賄賂を支払わなければそれらを取得できない場合、合法か違法かを問うことにはほとんど意味がないのだ。

国連薬物・犯罪事務所（UNODC）も同じ見解だ。UNODCは東アジア・太平洋地域での組織的な国際犯罪の脅威を分析し、ほとんどすべての違法伐採木材は、原産地国において合法伐採木材となる（つまり「ロンダリング」される）という結論に至った。そうして違法伐採木材は公然と輸出されていく。さらに違法伐採は、「ほとんどの場合、合法的取引に携わり、世界中に株主のいる名の知れた企業によって行なわれている。伐採が違法となるのは、許認可に贈収賄が絡んだ場合、保護生物種が関与している場合、あるいは伐採ライセンスで認められていない場所が伐採された場合である」[原注40]。

この定義にもとづけば、サラワクから輸出された木材の約半分が違法だとUNODCは算定している。そして東アジア・太平洋地域で違法伐採率が最も高いのは、パプアニューギニア、ソロモン諸島、カンボジア、ミャンマーであるとも述べている（パプアニューギニアは九〇％、その他の国はそれぞれ八五％）。いずれも、サラワクの伐採業者が現在ビジネスをしている国、もしくはかつてビジネスしていた国である

タイブ一族が所有するマレーシア大企業 14 社（2011 年現在）

企業名	純資産（リンギット）	タイブ一族の持株率	タイブ一族の純資産（リンギット）
チャヤ・マタ・サラワク（CMS）※1	2,451,501,000	56.8%	1,392,452,568
アチ・ジャヤ・ホールディングス※2	550,075,412	100%	550,075,412
タ・アン・ホールディングス※1	1,397,121,272	35.30%	495,978,051
カスタデヴ※2	1,578,782,271	25%	394,695,567
レンバー・ラクヤット※2	286,454,208	99.50%	285,021,937
ペルカパラン・ダマイ・ティムール※2	387,017,150	60%	232,210,290
ナイム・ホールディングス※1	1,076,687,000	16%	172,269,920
サラワク・プランテーション※1	495,446,000	30.45%	150,863,307
サンヤン・ホールディングス※2	109,567,757	86.25%	94,502,190
タイタニアム・コンストラクション※2	94,142,694	60%	56,485,616
KBE（マレーシア）※2	91,153,662	60%	54,692,197
サラワク・ケーブル※1	142,950,414	32%	45,744,132
SIG ガス※1	93,612,796	18%	16,850,303
スマータグ・ソリューションズ※1	34,447,350	30.60%	10,540,889
合計（リンギット）			3,952,382,379
合計（ドル）			1,253,928,419

出典）Companics Commission of Malaysia
※1　株式公開
※2　株式非公開

（第八章参照）[原注41]。

そういうわけで長年の努力と交渉にもかかわらず、マレーシアは欧州連合の森林法・施行・ガバナンス及び貿易（FLEGT）行動計画の自主的二カ国間同意（VPA）〔二〇〇三年に策定された木材合法性認証制度〕の認証を得ることができない。FLEGT・VPAとは、違法伐採された木材の輸入を阻止するために考案された制度である。認証を得られなかった主な原因は、サラワクの怪しげな状況、そしてマレーシア政府が先住民族団体やNGOと平等な立場で協議することを拒絶したことが挙げられる[原注42]。

欧州連合のFLEGT行動計画は、違法伐採と戦う上で大きな希望である。欧州連合は二カ国間交渉と長期的な技

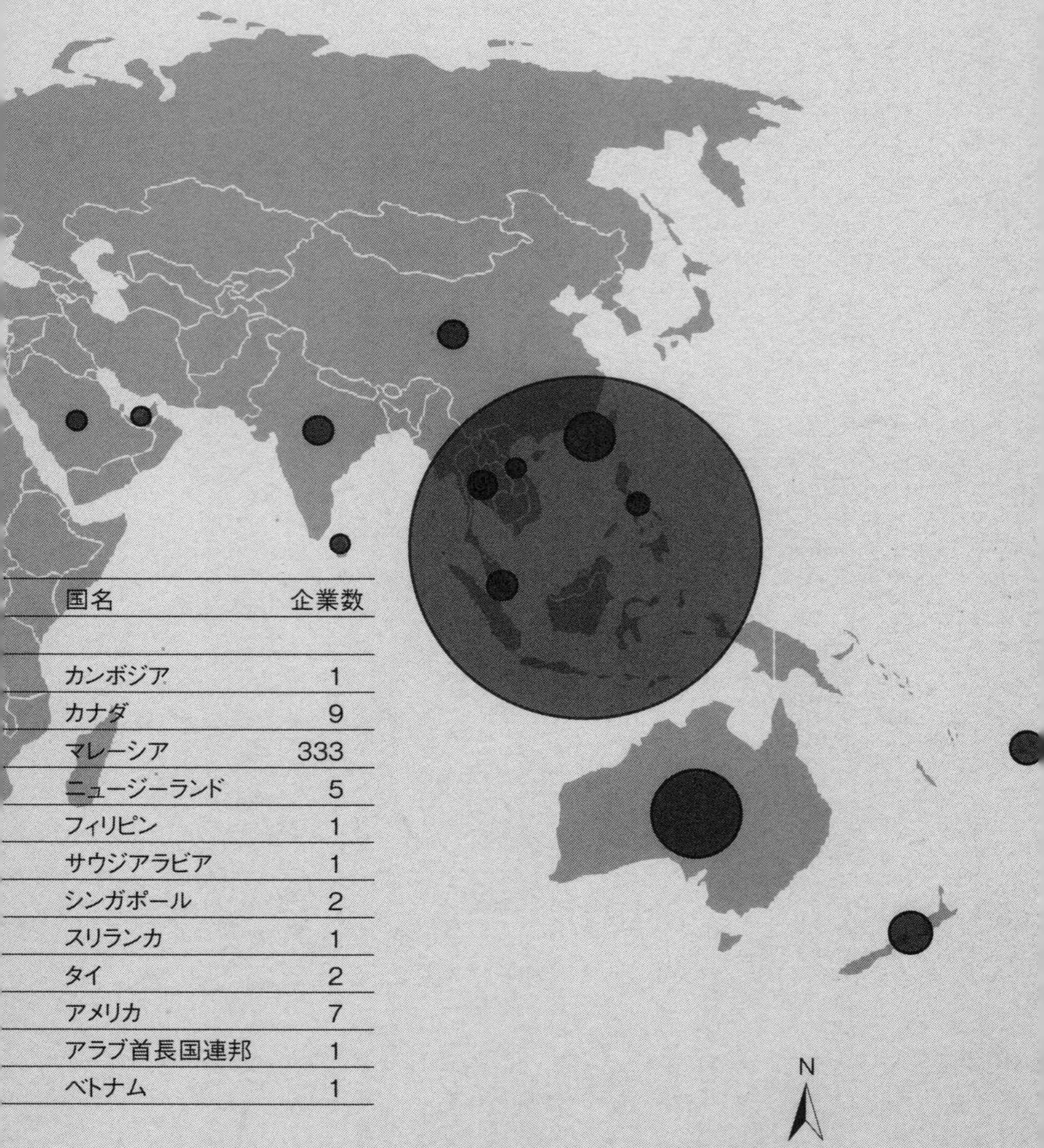

国名	企業数
カンボジア	1
カナダ	9
マレーシア	333
ニュージーランド	5
フィリピン	1
サウジアラビア	1
シンガポール	2
スリランカ	1
タイ	2
アメリカ	7
アラブ首長国連邦	1
ベトナム	1

出典: BMF 2011 (www.stop-timber-corruption.org)

タイプがコントロールする企業

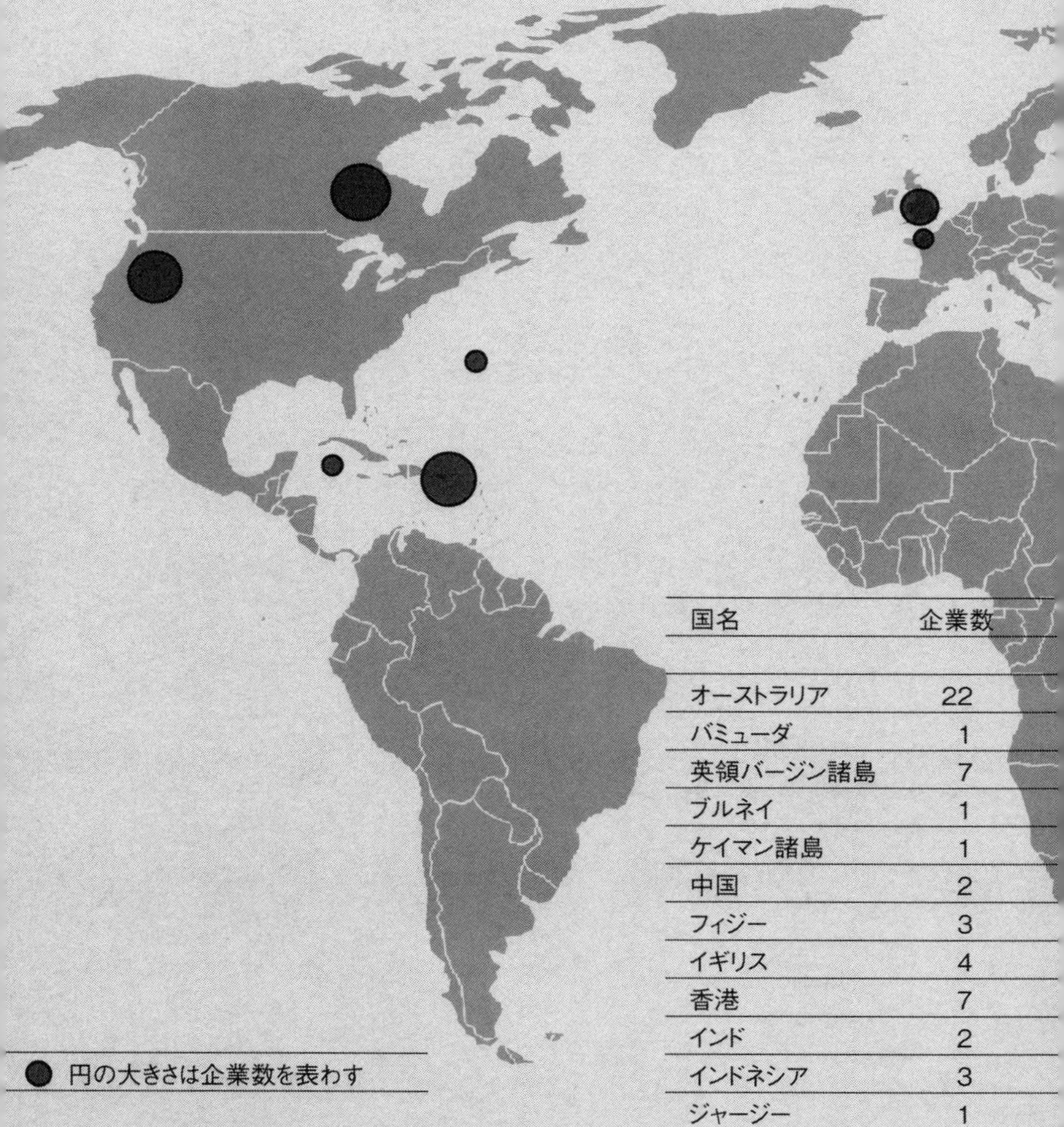

● 円の大きさは企業数を表わす

国名	企業数
オーストラリア	22
バミューダ	1
英領バージン諸島	7
ブルネイ	1
ケイマン諸島	1
中国	2
フィジー	3
イギリス	4
香港	7
インド	2
インドネシア	3
ジャージー	1

術支援を通して熱帯の国々の木材部門を改革させ、合法的木材輸出を実現させることを意図している。それと引き換えに、参加各国は欧州連合の木材市場に優先的にアクセスできる特権を与えられる。[原注43] 二〇一三年春に施行された欧州の新木材規制は、木材貿易に新たなデューデリジェンスを規定しており、それまでより違法木材が輸入しづらくなるようにデザインされている。[原注44]

近年、アメリカやオーストラリアなどの経済大国も、違法木材の輸入を防ぐために罰則を設けた新しい法律を制定している。しかしアメリカの改正レーシー法（二〇〇八年）やオーストラリア違法伐採法（二〇一二年）[原注45]（完全施行は二〇一四年）が違法木材貿易に対してどの程度効果的なのか、まだわからない。偽造証明書が多い中で特に困難なのは、原産地国で違法伐採木材を摘発すること、そして輸出後に違法伐採による木材か合法伐採による木材かを区別することの二つである。

世界的に熱帯木材の需要が高い中で、こうした違法伐採への対抗手段は雨林の保護に有効なのだろうか？　最近行なわれた環境調査で、収穫サイクルが三十から四十年というのはあまりにも短すぎるし、伐採道路を作るだけで森林の生態系には長期にわたって悪影響が及ぶというのに、熱帯木材を取引する業界に果たして森林を維持する能力があるのかという疑問が投げかけられた。オーストラリアの調査チームの予測によれば、熱帯広葉樹の生産量はやがてピークを迎え、その後まもなく過剰伐採のために生産量の伸びは鈍化するということだ（つまり、原油がたどったのと同じ道ということだ）。[原注46]

ＩＴＴＯ（国際熱帯木材機関）が二〇一一年に発表した報告書を見ると、楽観的になれる材料はあまりなさそうだとわかる。ＩＴＴＯは、熱帯地域の森林の持続的な存続を目指す国際機関である。国連のあと押しで設立されたＩＴＴＯは、一九九〇年に「二〇〇〇年目標」を発表し、すべての熱帯木材輸出を二〇〇〇年までに持続可能な森林から生産された木材だけにするという意欲的なゴールを掲げた。[原注47]そして二十年後、ＩＴＴＯは林業に供される世界中の熱帯林四億三〇〇〇万ヘクタールの一〇％以下でしか持続可能な森林管理が実現していないことを認めざるを得なかった。[原注48]

ペナン人の最後の希望

ではボルネオの雨林にはもう希望が残されていないのだろうか？　タイブ支配下のサラワクの歴史を見ていると、「開発」とはどうしても森林破壊と先住民族の文化の終焉を伴うもののように思えてしまう。しかし、必ずしもそれが「開発」のすべてというわけではない。特にタイブが広めた「開発」は、一握りのエリートにのみ利益をもたらし、どう考えても持続可能と表現し得るような代物ではなかった。さらに、サラワクは一人の人間とその一族とが国全体の天然資源を独占し、自分たちが裕福になるためだけに利用した極端な例でもある。

ブルーノ・マンサーが六年間ペナン人と共に暮らし、一九九〇年にサラワクからスイスに戻った時、雨林の伐採はそれまで以上に急速に奥地に迫っていた。マンサーはペナン人のための戦いに生涯をかけると誓った。彼は雨林の友人たちの支援のためにブルーノ・マンサー基金を設立した。

第一回総会で、マンサーは伐採企業が急速に侵入しつつあるボルネオの状況がどれほど切迫しているかを説明した。「サラワクの状況は最悪だ。この調子で事態が進行していったら、あと六～七年のうちに原生林は姿を消すだろう。一日に一二平方キロメートルがチェーンソーの餌食になっている」とマンサーは警告した。「海外から何か行動を起こさなければ、この状況を打開できない」[原注49]。

その二十年以上のち、サラワクの状況はさらにひどくなった。まったく、惨憺たる状況だ。タイブ政権は持続可能でない木材ビジネスからオイルパームへと路線を変更し、一九九〇年代から現在までの間に一〇〇万ヘクタール以上の雨林がプランテーションへと姿を変えた。政府は二〇二〇年までにオイルパーム・プランテーションをこの二倍の二〇〇万ヘクタールにする計画だ。さらに、いわゆる「人工林」を六〇〇万ヘクタール増加させる計画が進行中だ。「人工林」とは、大規模な木材単一栽培の別名だ[原注50]。これらの計画が実現されれば、近い将来、サラワクの三分の二は単一栽培の農地で覆われ、かつての雨林の国はプランテーションの国に変貌するだろう。

今日、貧弱な保護区以外の場所で原生林を目にすることができるのは、タイブ政権の横槍にも屈しなかった先住民族ペナン人の抵抗運動の成果だ。一九九〇年代以降、彼らはタイブ政権が掲げた強制的「開発」に飽くなき抵抗を続け、ブルドーザーの侵入を許さなかった。特に、かなり前に定住していたバラム川上流地域のペナン人は組織力が強く、伐採道路の大規模封鎖を行なって一〇万ヘクタール近くの雨林をチェーンソーから守った。

これは小さな勝利にしか見えないかもしれないが、少なくとも直接の影響を受ける者たちは先祖伝来の土地に暮らし、農耕や狩猟を続けられるようになった。

「抵抗した甲斐があった」と、ペナン人首長で土地の権利裁判の原告だった故ケレサウ・ナアンが十年ほど前に私に言ったことがある。彼の村ロング・ケロンは、セルンゴ川のほとりの東ペナン人テリトリーにあり、今でも素晴らしい原生林のオアシスである。

二〇〇九年末、ロング・ケロンなど一八のコミュニティが団結し、「ペナン・ピースパーク」を設立した。バラム川上流の一六万三〇〇〇ヘクタールの雨林を彼ら自身が管理する自然保護区だ。持続可能な農耕、観光、そして森林保護によって、ペナン人がその地で自分たちのことを自分たちで決めながら、そして自分たちの文化を守りながら暮らせる。このプロジェクトで最も重要なのは、ペナン人が自らの手で自分たちの将来を決めたいと願う心だ。

ボルネオの天然の宝を次世代まで残そうと思うなら、ペナン人の森林破壊への抵抗運動は続けていく必要がある。そして、サラワクの先住民族の戦いには国際社会のサポートが是非とも必要だ。ＮＧＯだけでなく、各国政府や経済界の協力もなくてはならない。

しかし根本的な解決はマレーシア国内でしか行なえない。そしてそのための変化は、政治の世界で起こらなければならない。タイブの州首相からの退陣は、そのための重要な第一歩だ。サラワク州を正しい道に導けるか、先住民族を尊重するかは、後継者次第だ。マレーシアの司法や汚職防止機関が責任を果たす時は今だ。サラワクの「最後のラジャ」がようやく退場したのは良いことだが、彼は知事の地位などにいるべきではない。牢獄に行くべきなのだ。

謝辞

この本を出版するために、多くの方々のご協力をいただいた。中には匿名を希望されている方もいる。特に、ブルーノ・マンサー基金、Salis Verlag、Bergli Book/Schwabe AG、そして以下に記す方々に心から感謝したい。

アニナ・エベルリ、ブルース・ベイリー、バル・ビアン、エメリック・ビラード、ユルゲン・ブラーゼル、ドミニク・ブッヘリ、ジュリアン・クコンタン、ウェイド・デイヴィス、エイミー・ドッズ、トーマス・ギエル、マリオン・グレイバー、アンドレ・グシュテッテンホーファー、リチャード・ハーヴェル、サリー・ハロウェイ、ピーター・カラン、ヴェルノン・ケディット、クリストフ・ランツ、ドロテー・ランツ、トレイシー・ローリオー、ミヒャエル・ロイエンバーガー、シモン・ケリン、イアン・マッケンジー、ジョー・ジェンガウ・メラ、ジョアンナ・ミッチェル、ロバート・ミドルトン、アントニエッテ・ミュラー、カスパー・ミュラー、トリスタン・ニーダム、ハリソン・ガウ、ジョン・パーマー、エセン・ペゲ、ハイニ・ペスタロッツィ、ペグ・パット、クレア・ルーカッスル、ジョン・ルーカッスル、アスティ・レズレ、モニカ・ロス、エファ・ロッホ、ダトゥク・サレー・ジャッファルッディン、パトリック・シェール、ロルフ・シェンク、シー・チー・ハオ、エファ・シュペーン、ルネット・タン、フィリックス・トーマン、ダニエラ・トルンク、ムタン・ウルド、ヴァレンタン・フォーゲル、エリック・ヴァッカー、ジェニー・ウィーバー、ライナー・ヴァイスハイディンガー、ダニエル・ヴィルトマン、ウィー・アイク・パン、ウォン・メン・チュオ、アーヴィン・ツビンデン。

サラワク年表

紀元前 四万年頃	現サラワクのミリにあるニア洞窟で東南アジア最古の人類の痕跡
一四世紀	この頃の文献に「セラワク」の記述が見られる
一八四一年	ブルネイのスルタンによって、ジェームズ・ブルックがサラワクの「ラジャ」として統治権を与えられる
一八五五年	ナチュラリスト探検家アルフレッド・ラッセル・ウォーレスが進化の「サラワク法則」を打ち立てる
一八六八年	一代目ホワイト・ラジャ、ジェームズ・ブルックが死去し、甥のチャールズ・ブルックが後を継ぐ
一八九四年	植民地の役人チャールズ・ホーズが雨林の民族をサラワクのプナン（ペナン）人とはじめて書き記す
一九一七年	チャールズ・ヴァイナー・ブルックが三代目ホワイト・ラジャとなる
一九三六年	ミリの大工の長男アブドゥル・タイブ・マームドが生まれる
一九四一年	日本軍がサラワクを占領する
一九四六年	第二次世界大戦終戦の翌年、サラワクがイギリス植民地となる
一九五一年	のちにオックスフォード大学教授となるロドニー・ニーダムがペナン人の研究を始める
一九五六年	タイブがアデレード大学法学部に入学する
一九五七年	マラヤ連邦（現在のマレー半島）がイギリスの植民地統治から独立する
一九六二年	タイブが妻ライラと娘ジャミラを伴ってサラワクに帰国する
一九六三年	サラワクがマレーシア連邦の一部となり、タイブはサラワク州の大臣となる
一九六六年	サラワク初代州首相ステファン・カロン・ニンカンが辞職する

一九六六年	マレーシアとインドネシアが三年間の対立ののちに平和協定を締結する
一九六八年	タイブがマレーシア連邦政府の大臣となる
一九六九年	マレー半島における人種間抗争によりタウィ・スリ首相が退陣する
一九七〇年	タイブの叔父ラーマン・ヤクブがサラワク州首相になる
一九八〇年	サラワク森林破壊に先住民族がはじめて抵抗運動を起こす
一九八一年	タイブがサラワク州首相となり、叔父ラーマンはサラワク州知事となる
一九八三年	オン・マームドが兄タイブのためにカナダに不動産会社サクトを設立する
一九八四年	原生林のノマド・ペナン人と暮らすためにブルーノ・マンサーがサラワクに来る
一九八五年	タイブが森林省を廃止し、すべての伐採・プランテーションのライセンスをコントロール下におく
一九八六年	ドイツの雑誌「ゲオ」がブルーノ・マンサーとペナン人の森林破壊抵抗運動を報道する
一九八七年	タイブの不動産会社サクティがカリフォルニアで設立される
一九八七年	数千人の先住民族が伐採業者に道路封鎖で抵抗する
一九八七年	タイブと叔父ラーマンの権力争いが激化する（ミンコート事件）
一九八七年	オペレーション・ララング（雑草殲滅作戦）で道路封鎖をした一〇〇人以上が逮捕される
一九八九年	四〇〇〇人以上の先住民族が新たな道路封鎖に参加する
一九九〇年	ブルーノ・マンサーがスイスに帰国する
一九九二年	先住民族弁護士バル・ビアンがクチンに弁護士事務所を開設する
一九九三年	タイブ一族が州営建設会社チャヤ・マタ・サラワク（ＣＭＳ）を「逆乗っ取り」する
一九九三年	ロング・セバトゥ付近の道路封鎖で警官二〇〇人が動員され、催涙ガスを使用、子どもが一人死亡する
一九九四年	アメリカでロス・ボイヤートがタイブの不動産会社サクティの最高執行責任者となる
一九九六年	ロンドンでタイブのリッジフォード・プロパティーズが設立される
一九九七年	世界銀行が後援するペナン人のための生物圏保存地区計画をタイブが妨害する
一九九八年	シアトルでＦＢＩがタイブの所有するアブラハム・リンカーン・ビルディングのテナントとなる
二〇〇〇年	ブルーノ・マンサーがサラワクの雨林で失踪する

二〇〇一年	タイブ一族がマレーシア第四位の銀行RHBを一八億リンギット（五億ドル）で買収する
二〇〇一年	サラワクとサバの高等裁判所が歴史上はじめて原生林における先住民族の権利を認める
二〇〇四年	UBSがタイブ政権のために三億五〇〇〇万ドルの州債を発行する
二〇〇五年	ドイツ銀行がタイブ政権のために六億ドルの州債を発行する
二〇〇五年	スイスのバーセルシュタット準州民事裁判所がブルーノ・マンサーの失踪宣告をする
二〇〇六年	ロス・ボイヤートがサクティを解雇され、タイブの義理の息子ショーン・マーレイが後任となる
二〇〇七年	クレディ・スイスが香港証券取引所でマレーシアの木材企業サムリングの株を上場する
二〇〇八年	アデレード大学がキャンパス内の広場にタイブにちなんだ名前をつける
二〇一〇年	タイブが選挙活動中に「私は一生かかっても使い切れないほどの金を持っている」と発言する
二〇一〇年	トランスペアレンシー・インターナショナルが「汚職の記念碑」と称したバクンダムが完成する
二〇一一年	タイブ一族が二五の国およびオフショア金融センターで四〇〇社以上の株を保有していることがわかる
二〇一一年	マレーシア汚職行為防止委員会（MACC）によりタイブの調査が始まる
二〇一一年	ゴールドマン・サックスがタイブ政権のために八億ドルの債券を発行する
二〇一二年	スイス検察庁がUBSのマレーシアにおけるマネーロンダリング疑惑を調査する
二〇一二年	ブルーノ・マンサー基金がタイブ一族の資産を二〇〇億ドルと見積もる
二〇一三年	クチンでタイブ政権の水力発電計画に数百人の先住民族が抵抗運動を起こす
二〇一三年	ラジオ・フリー・サラワクがウィーンの国際新聞編集者協会の自由メディア先駆者賞を受賞する
二〇一四年	タイブが三十三年間在任したサラワクの州首相を退任し、サラワク州知事に任命される

原注38 United Nations Office on Drugs and Crime, *Transnational Organized Crime in East Asia and the Pacific, A Threat Assessment*, April 2013.

原注39 Interpol, "INTERPOL launches Project LEAF to combat illegal logging worldwide," media release, June 5, 2012, http://www.interpol.int/News-and-media/News-media-releases/2012/N20120605Bis

原注40 United Nations Office on Drugs and Crime, *Transnational Organized Crime*, April 2013, 90.

原注41 同上 95.

原注42 FERN, *Forest Watch Special—VPA Update* (November 2012), 4.

原注43 EU の FLEGT プロセスについては以下の秀逸なテーマ別ホームページを参照されたい。The British Royal Institute of International Affairs (Chatham House), www.illegal-logging.info

原注44 以下も参照されたい。ec.europa.eu/environment/eutr2013/index_de.htm

原注45 Parliament of Australia, "Illegal Logging Prohibition Bill 2012," http://www.aph.gov.au/%20Parliamentary_Business/%20Bills_Legislation/%20Bills_Search_Results/%20Result?bId=r4740

原注46 Philip Shearman, Jane Bryan, and William F. Laurance, "Are we approaching 'peak timber' in the tropics?," *Biological Conservation* 151, no. 1 (2012), 17 ff.

原注47 Duncan Poore, and Thang Hooi Chiew, *Review of Progress towards the Year 2000 Objective*, International Tropical Timber Council (November 2000).

原注48 Jürgen Blaser et al., "Status of Tropical Forest Management 2011." ITTO Technical Series, no. 38, International Tropical Timber Organization (Yokohama, 2011); 以下も参照されたい。Swiss State Secretariat for Economic Affairs (SECO), "Das globale Engagement zum Schutz des Tropenwaldes muss gesteigert werden," press release, June 7, 2011, http://www.seco.admin.ch/aktuell/00277/01164/01980/index.html?lang=de&msg-id=39477

原注49 1991 年 12 月 7 日、スイスのレ・ポメラで開催されたブルーノ・マンサー基金第 1 回総会議事録。Bruno Manser Fund archive, Basel.

原注50 "6 mln ha of planted forest by 2020," *Borneo Post*, March 26, 2013.

原注20　Mark Baker "Tycoon dodges millions in land tax," ***Age***, April 28, 2013, http://www.theage.com.au/national/tycoon-dodges-millions-in-land-tax-20130427-2ilmn.html

原注21　Dev Kar and Sarah Freitas, ***Illicit Financial Flows from Developing Countries 2001–2010***, Global Financial Integrity (December 2012), http://www.gfintegrity.org/wp-content/uploads/2014/05/Illicit_Financial_Flows_from_Developing_Countries_2001-2010-HighRes.pdf

原注22　IUCN Red List, Presbytis chrysomelas, 2013年6月10日にアクセス。http://www.iucnredlist.org/details/39803/0

原注23　SarVision, ***Impact of oil palm plantations on peatland conversion in Sarawak 2005–2010***, Summary report (January 25, 2011), 11 ff. 以下も参照されたい。Global Witness, ***Sarawak's Forests: Myths & Reality*** (May 2013).

原注24　以下も参照されたい。 http://wwf.panda.org/what_we_do/where_we_work/borneo_forests/borneo_rainforest_conservation/declaration.cfm

原注25　Nigel Aw, "MACC plays down Taib's 'naughty, dishonest' remark," ***Malaysiakini***, June 29, 2013.

原注26　2011年9月14日付のカナダ財務大臣ジェームズ・フレアティからブルーノ・マンサー基金への手紙。

原注27　2011年7月26日付のカナダ王立騎馬警察からブルーノ・マンサー基金への手紙。

原注28　2011年9月28日付のオーストラリア政府、オーストラリア外務貿易省からブルーノ・マンサー基金への手紙、2011年10月28日付のオーストラリア連邦警察からブルーノ・マンサー基金への手紙。

原注29　2011年11月8日付の外務・英連邦大臣からブルーノ・マンサー基金への手紙。

原注30　2011年10月6日付のジャージー金融サービス委員会委員長ジョン・ハリスからブルーノ・マンサー基金への手紙。

原注31　2011年9月5日付のドイツ連邦財務省第七総局A3（決済システム・マネーロンダリング防止）第七部局のサラ・メルツバッハからブルーノ・マンサー基金へのEメール。

原注32　2012年3月8日付のドイツ財務省政務官ハートムット・コシックからドイツ連邦議会議員トーマス・ガンプケ博士への手紙。

原注33　インターポールのホームページの環境犯罪欄も参照されたい。http://www.interpol.int/Crime-areas/Environmental-crime/Environmental-Compliance-and-Enforcement-Committee/Pollution-Crime-Working-Group

原注34　2011年12月20日付のインターポール事務総局法務部からブルーノ・マンサー基金への手紙。

原注35　2011年12月13日付のブルーノ・マンサー基金からMACC（マレーシア汚職行為防止委員会）、マレーシア司法長官、警視総監への手紙。http://www.stop-timber-corruption.org/resources/Taib_Arrest_Letter_1.pdf

原注36　Goncalves Pereira et al., ***Justice for Forests. Improving Criminal Justice Efforts to Combat Illegal Logging***, World Bank Study (Washington DC, 2012), vii.

原注37　Statement by David Higgins, Head of the Interpol Environmental Crime Programme, cited from Environment News Service, "Interpol Arrests 194 in Illegal Logging Sting," February 20, 2013.

21 bil empire," *Malaysiakini*, September 19, 2012; Pushparani Thilaganthan, "Taib is worth RM45b, believe it or not," *Free Malaysia Today*, September 19, 2012.

原注4　以下も参照されたい。www.sarawakreport.org, www.radiofreesarawak.org

原注5　International Press Institute, "IPI hands 2013 awards to two women journalists killed in Syria and independent Malaysian radio station," news release, May 2, 2013.

原注6　世界報道自由ランキングでマレーシアは145位と下位に位置している。Reporters without borders, Press Freedom Index 2013, http://en.rsf.org/spip.php?page=classement&id_rubrique=1054

原注7　"Taib Mahmud being investigated, says MACC," *Star (Malaysia)*, June 9, 2011.

原注8　Gerry Mullany, "Malaysia Denies Entry to Journalist," *New York Times*, July 4, 2013.

原注9　以下も参照されたい。"Masing's wife received millions in contracts," *Free Malaysia Today*, March 13, 2012.

原注10　Statement by Ketua Menteri Sarawak (Y.A.B. Pehin Sri Haji Abdul Taib bin Mahmud), Hansard of the Sarawak State Assembly, May 29, 2013. このスピーチの修正版は以下で閲覧可能。http://www.cm.sarawak.gov.my/en/media-centre/speeches/view/dun-sitting-may-2013-yab-pehin-sri-haji-abdul-taib-mahmud-winding-up-speech11　国連先住民族の権利に関する宣言については以下を参照されたい。http://undesadspd.org/IndigenousPeoples/DeclarationontheRightsofIndi-genousPeoples.aspx

原注12　NGOマレーシア選挙監視ネットワーク（Malaysian Election Observers Network）の2010年の試算によれば、サラワクの約48万人が選挙人名簿に登録されていない。このうち80パーセントは農山村部に居住している。同NGOのB・K・オンから著者への2011年3月11日のEメールによる。

原注13　以下も参照されたい。http://treaties.un.org/Pages/ViewDetails.aspx?src=TREATY&mtdsg_no=IV-4&chapter=4&lang=en

原注14　Monika Roth, "Aufsichtsrechtliche Vorgaben für Banken und Art. 102 StGB: Ein Diskussionsbeitrag zu den beiden Alstom-Entscheiden der Bundesanwaltschaft," *Jusletter* (June 18, 2012); Monika Roth, "Compliance darf weder Papiertiger noch lahme Ente sein: Zwei Alstom-Entscheide in der Schweiz," *ZRFC*, no. 4 (2012), 174 ff.

原注15　Schweizer Radio DRS, "Bundesanwaltschaft ermittelt gegen die UBS," August 31, 2012, http://drs.srf.ch/www/de/drs/nachrichten/wirtschaft/359851.bundesanwaltschaft-ermittelt-gegen-die-ubs.html

原注16　Preamble to the United Nations Convention against Corruption, Classified Compilation of Swiss Federal Law, SR 0.311.56.

原注17　Articles 17, 18, 19, and 20 of the United Nations Convention against Corruption, Classified Compilation of Swiss Federal Law, SR 0.311.56.

原注18　FBIシアトル・フィールド・オフィスのホームページ。2013年6月10日にアクセス。http://www.fbi.gov/seattle/about-us/what-we-investigate/priorities

原注19　Clare Rewcastle, "Where is Farok Majeed and How Wealthy is Onn Mahmud?," *Sarawak Report*, March 18, 2011, http://www.sarawakreport.org/2011/03/where-is-farok-majeed-and-how-wealthy-is-onn-mahmud

原注54　特にジェンタ夫妻はタイブの姪エリア・ジェネイドの結婚式に招待されている。“Elia's Wedding,” ***Star (Malaysia)***, November 11, 2007.

原注55　Islamic Fashion Festival 2010, Monaco, August 9, 2010, http://www.youtube.com/watch?v=3O4nJuoh4_M　イヴリン・ジェンタは2011年にマレーシア国王から「ダトゥク」の称号を与えられた。

原注56　Robyn Mills, “New court honours Chief Minister,” ***Adelaidean***, December 2008, http://www.adelaide.edu.au/adelaidean/issues/30821/news30825.html

原注57　Joseph Tawie, “Sarawak defying court on NCR, says PKR,” ***Free Malaysia Today***, November 26, 2012.

原注58　Friends of the Earth, ***Malaysian palm oil—green gold or green wash? A commentary on the sustainability claims of Malaysia's palm oil lobby, with a special focus on the state of Sarawak*** (October 2008), 38 and 54 ff.

原注59　Bruno Manser Fund, “Sarawak's natives must stand up for their rights and fight for them,” Interview with PKR president Baru Bian, January 2010, http://www.bmf.ch/en/news/?show=193

原注60　SAVE Rivers, About Sarawak Dams, http://www.savesarawakrivers.com/about-the-dams

原注61　以下も参照されたい。Interview with Peter Kallang, ***Tong Tana***, Bruno Manser Fund, March 2012.

原注62　Environment News Service, “Sarawak Native Leader Barred from Hydropower World Congress,” May 20, 2013, http://ens-newswire.com/2013/05/20/sarawak-native-leader-barred-from-hydropower-world-congress

原注63　International Institute for Sustainable Development, “Summary of the Fourth International Hydropower Association World Congress on advancing sustainable hydropower, 21–24 May 2013,” http://www.iisd.ca/hydro/iha2013/html/crsvol139num10e.html

原注64　Lian Cheng, “Group protests building of more mega dams,” ***Borneo Post***, May 23, 2013, http://www.theborneopost.com/2013/05/23/group-protests-building-of-more-mega-dams

原注65　会議場のホームページの取締役欄を参照されたい。http://www.bcck.com.my/about

原注66　Agence France Presse, “Outrage grows over scandal-tainted Malaysian leader,” ***South China Morning Post***, May 23, 2013.

第十章　汚職なき熱帯雨林

原注1　さらに詳しい情報は以下を参照されたい。www.bmf.ch キャンペーン・サイト www.stop-timber-corruption.org, www.stop-corruption-dams.org

原注2　この放送は以下で視聴可能。http://www.youtube.com/watch?v=JObNkSds3lA 以下も参照されたい。The Global Television website: http://globalnews.ca/news/185008/family-trees-2

原注3　Bruno Manser Fund, ***The Taib Timber Mafia: Facts and Figures on Politically Exposed Persons from Sarawak, Malaysia***, (Basel, 2012). さらに詳細な情報は以下を参照されたい。“Groundbreaking study details Taib's US$

2008–2020," China-ASEAN Power Corporation & Development Forum, October 28–29, 2007, Nanning, China.

原注36 Agence France Press (AFP), "Malaysian government approves 700 kilometre undersea cable," April 26, 2009, http://www.bmf.ch/en/news/?show=147

原注37 Bruno Manser Fund, *Sold Down the River,* 17, 28.

原注38 Bruno Manser Fund, ***Complicit in Corruption: Taib Mahmud's Norwegian Power Man***, (Basel, May 2013), 16.

原注39 Bruno Manser Fund, "Sarawak Dams to Flood 2,300 km^2 of Rainforests, Displace Tens of Thousands of Natives," media release, May 17, 2013, http://www.bmf.ch/en/news/?show=344

原注40 Jack Wong, "SEB plans another five power plants," ***Star (Malaysia)***, October 18, 2012.

原注41 以下を参照されたい。Priority Sector "Oil-based Industries," SCORE のホームページ, http://www.recoda.com.my/priority-sectors/oil-based-industries

原注42 サラワク・エナジーの株は100パーセントサラワク州財務大臣が保有している。Companies Commission Malaysia, documents pertaining to Sarawak Energy, September 8, 2011.

原注43 Bruno Manser Fund, ***Sarawak Dams***.

原注44 Torstein Dale Sjøtveit, "My Hometown, Rjukan," April 16, 2013, http://sarawakenergy.wordpress.com/2013/04/16/my-hometown-rjukan

原注45 Torstein Dale Sjøtveit, "Sarawak Energy Torstein Dale Sjøtveit Long Wat Murum 4," March 25, 2013, http://sarawakenergy.wordpress.com/2013/03/26/my-visit-to-long-wat/sarawak-energy-torstein-dale-sjotveit-long-wat-murum-4

原注46 2013年5月14日のトシュテイン・ダーレ・ショットヴェイトからのEメール。Bruno Manser Fund archive, Basel.

原注47 Sarawak Energy, "Work Resumes at Murum Hydroelectric Plant," news release, September 30, 2013, http://www.sarawakenergy.com/index.php/news-events-top/latest-news-events/latest-media-release/461-work-resumes-at-murum-hydroelectric-plant

原注48 同上

原注49 Bruno Manser Fund, ***Complicit in Corruption***.

原注50 ***Sun Daily***, October 30, 2013.

原注51 "Torstein receives honorary 'Datuk'," ***New Sarawak Tribune***, September 15, 2013.

原注52 モナコ大公アルベール二世のサラワク公式訪問について。"H.S.H. Prince Albert II's visit to Asia," news release, April 2008, http://www.presse.gouv.mc/304/wwwnew.nsf/1909$/40ba823445829043c125742d002c5e2egb?OpenDocument&2Gb;Clare Rewcastle, "Billions Abroad!—Questions about Taib's Contacts with Foreign Property Tycoons," ***Sarawak Report***, January 27, 2011; カラキスは2008年11月にアルベール二世から「グリマルディ勲章」を授与された。

原注53 Simon Bowers, "Bogus Mayfair property tycoon convicted of £750m fraud," ***Guardian***, January 16, 2013; Serious Fraud Office, "Achilleas Kallakis and Alexander Williams jailed," news release, January 17, 2013.

原注19　Swiss-Impex, import statistics, The Swiss Directorate General of Customs, customs tariff position 1511, 2004 to 2012.

原注20　Rhett A. Butler, "E.U. OKs biofuels produced from certified palm oil," ***mongabay (online)***, November 28, 2012.

原注21　Neste Oil Corporation, "Neste Oil commits to using solely certified palm oil by the end of 2015," news release, June 4, 2009.

原注22　2010年11月にシンガポールで操業を開始した製油所だけで7億5000万ドルかかっている。以下を参照されたい。Neste Oil Corporation, "Singapore renewable diesel refinery," http://www.nesteoil.com/default.asp?path=1,41,537,2397,14090; "Rotterdam renewable diesel refinery," http://www.nesteoil.com/default.asp?path=1,41,537,2397,14089

原注23　Neste Oil Corporation, ***Annual Report 2012***, 128.

原注24　Rainforest Foundation Norway, "World's largest sovereign wealth fund divests from palm oil companies," news release, March 15, 2013.

原注25　以下も参照されたい。Clare Rewcastle, "We release the land grab data!," ***Sarawak Report***, March 19, 2011.

原注26　Bruno Manser Fund, "Oil palm plantation land leased to Taib linked companies in Sarawak," January 19, 2012, http://www.stop-timber-corruption.org/resources/Mapping_Taib_s_Land_Grabs___NEW_Blatt1_1.pdf; "Summaries of Companies linked to Taib which have been leased palm oil land in Sarawak," http://www.stop-timber-corruption.org/resources/Companies_linked_to_Taib_which_have_been_leased_palm_oil.pdf

原注27　Clare Rewcastle, "Deepening Scandal—Taib's Land Grabs Exposed!," ***Sarawak Report***, December 3, 2010, http://www.sarawakreport.org/2010/12/deepening-scandal-taibs-land-grabs-exposed/

原注28　Global Witness, "Inside Malaysia's Shadow State," film (16:25 minutes), 2012, http://www.malaysiashadowstate.org; http://www.youtube.com/watch?v=_1RRNggnM6A

原注29　アンプル・アグロは、ラーマンの6人の娘が所有するサテラス・ホールディングスの100パーセント子会社。Companies Commission of Malaysia, files on Ample Agro Sdn Bhd, Company Number 821926-T; Sateras Holdings Sdn Bhd, Company Number 67886-D, accessed March 19, 2013.

原注30　http://www.malaysiashadowstate.org, film, minute 05:55.

原注31　Bruno Manser Fund, "Malaysian authorities urged to close Taib's land-grab firms," media release, March 25, 2013.

原注32　Bruno Manser Fund, ***Sold Down the River. How Sarawak Dam Plans Compromise the Future of Malaysia's Indigenous Peoples*** (Basel, September 2012), 12.

原注33　ダムの公式ホームページを参照されたい。www.bakundam.com

原注34　Benjamin K. Sovacool and L.C. Bulan, "Meeting Targets, Missing People: The Energy Security Implications of the Sarawak Corridor of Renewable Energy (SCORE)," ***Contemporary Southeast Asia*** 33 (2011): 56 ff.

原注35　Bruno Manser Fund, "Leaked document details of Sarawak's excessive hydropower plans," media release, June 2008, http://www.bmf.ch/en/news/?show=101　Sarawak Energy, "Hydropower Projects in Sarawak

原注1　以下も参照されたい。Stephen Then, "Plantation workers nabbed for staging hijacking, robbery," *Star (Malaysia)*, April 19, 2009.

原注2　Emily B. Fitzherbert et al., "How will oil palm expansion affect biodiversity?," *Trends in Ecology and Evolution* 23 (2008): 529 ff.

原注3　同上

原注4　たとえばスイスでは、2008年3月以降、食用油にはトランス脂肪酸が2パーセント以上含有されてはいけないという規則を定めている。The Swiss Federal Office of Public Health (FOPH)　May 28, 2013. 以下も参照されたい。Migros-Genossenschafts-Bund, "Migros: Gebäck mit weniger als 2 Prozent Transfettsäure," news release, September 6, 2007; Andreas Grämiger, "Ungesund und sehr gut versteckt," *saldo*, no. 9, May 12, 2004.

原注5　United States Department of Agriculture, Economic Research Service, World vegetable oils supply and distribution.

原注6　The Rainforest Foundation, *Seeds of Destruction: Expansion of industrial oil palm in the Congo Basin; Potential impacts on forests and people* (London, 2013).

原注7　Fitzherbert et al., *Oil palm*.

原注8　Jan Willem van Gelder, *Greasy palms—European buyers of Indonesian palm oil*, (Friends of the Earth, 2004).

原注9　Marcus Colchester, Thomas Jalong, and Wong Meng Chuo, "Sarawak: IOI Pelita and the community of Long Teran Kanan," pre-publication text for public release, September 2012, 9 ff.

原注10　ロング・テラン・カナンのバヤ・シガーの発言。Colchester, Jalong and Wong, 2012, 9.

原注11　"Malaysia's 40 richest,"*Forbes*, 2012, http://www.forbes.com/lists/2012/84/malaysia-billionaires-12_Lee-Shin-Cheng_HZCA.html

原注12　RSPOのホームページを参照されたい。http://www.rspo.org

原注13　Angus Stickler, "Borneo tribes 'driven from land'," *BBC News*, http://news.bbc.co.uk/2/hi/asia-pacific/8424156.stm

原注14　Milieudefensie and Friends of the Earth International, *Too Green to be True: IOI Corporation in Ketapang District, West Kalimantan* (March 2010).

原注15　Roundtable on Sustainable Palm Oil (RSPO), "Announcement on IOI by RSPO Grievance Panel: Breach of RSPO Code of Conduct 2.3 & Certification Systems 4.2.4c," April 5, 2011, http://www.rspo.org/news_details.php?nid=34&lang=1

原注16　"IOI in talks to buy Achi Jaya for RM 800mil to RM900mil," *Malaysiakini*, April 17, 2013; Intan Farhana Zainul, "IOI Corp brushes off acquisition rumours," *Star (Malaysia)*, June 14, 2013.

原注17　2013年3月13日、WWFスイス国際プロジェクト部長マティアス・ディーマーとの個人的なやり取りによる。

原注18　Lian Pin Koh and David S. Wilcove, "Is oil palm agriculture really destroying tropical biodiversity?," *Conservation Letter* 1 (2008): 60 ff.

原注65 タイブがアメリカに保有する不動産会社サクティ・インターナショナルのためにこのような行為を行なっていたことを示す証拠がある（第一章参照）。同じことが、タイブの政党の党員でありタ・アンの大株主であるワハブ・ドラーについても推測できる。

原注66 Bruno Manser Fund, *Taib Timber Mafia*, 24 ff.

原注67 Global Witness, ***Pandering to the loggers: Why WWF's Global Forest and Trade Network isn't working*** (July 2011), 8–11.

原注68 http://www.taann.com.my/bs-timber.html , http://www.taann.com.my/bs-reforestation.html

原注69 Huon Valley Environment Centre, ***Behind the Veneer: Forest Destruction and Ta Ann Tasmania's lies***, (September 2011), 10, 25. 設立後５年間、タ・アン・タスマニアは国民の税金から補助金という形で 1030 万オーストラリアドル（940 万ドル）を受け取っていた。さらに、タ・アンの製材所の経営をしている国営企業に対し、2300 万オーストラリアドル（2170 万ドル）が間接的補助金の形でわたっていたことをつけ加えなくてはならない。

原注70 Nick Clark, "Ta Ann in $10m loss," ***Mercury***, July 20, 2013; "Notorious Sarawak Timber Company receives Australian taxpayer handout", news release of the Bob Brown Foundation, May 9, 2014.

原注71 "Hydro Tasmania to Withdraw from Sarawak Dam-Building Program," ***Environment News Service***, December 5, 2012.

原注72 Tony Burke, Simon Crean, and Joe Ludwig, "Supporting the Tasmanian Forestry Agreement," joint news release by the Hon Tony Burke MP, the Hon Simon Crean MP, and Senator the Hon Joe Ludwig, January 31, 2013.

原注73 http://observertree.org/2013/03/07/bushfire-forces-exit-from-observertree-mirandas-epic-tree-sit;Hannah Martin, "Miranda's epic tree-sit ends," ***Mercury*** (online edition), March 7, 2013.

原注74 http://observertree.org/2013/06/24/media-release-the-world-celebrates-the-success-of-community-action-to-protect-forests　以下も参照されたい。http://whc.unesco.org/en/list/181

原注75 Andrew Darby, "Tony Abbott's bid to delist Tasmania's world heritage forests tipped to fail," ***Sydney Morning Herald***, February 4, 2014; "Logging on: Tony Abbott reignites an environmental battle," ***Economist***, March 22, 2014. 以下も参照されたい。ABC News: "UNESCO Rejects Coalition's Bid to Delist Tasmanian World Heritage Forest", June 24, 2014.

原注76 Greenpeace, ***Logging the Planet: Asian Companies marching across our last forest frontiers*** (May 1997), Greenpeace submission to: External commission about foreign logging companies in the Amazon. An overview of Asian companies, in particular Malaysian companies.

原注77 同上 4 ff.

原注78 Forests Monitor and World Rainforest Movement, ***High Stakes: The Need to Control Transnational Logging Companies; a Malaysian Case Study*** (August 1998).

原注79 Figueiredo Tautz and Carlos Sergio, "The Asian Invasion. Asian Multinationals Come to the Amazon," ***Multinational Monitor*** 18 (1997). 以下も参照されたい。Greenpeace, ***WTK and the Deni: A Malaysian logging giant and indigenous people in the Amazon*** (2003).

Department, ***2008 Human Rights Report: Equatorial Guinea***, http://www.state.gov/j/drl/rls/hrrpt/2008/af/118999.htm

原注47 "Teodorin Obiang, le fils gâté qui siphonne son pays," ***Courrier International***, April 12, 2012. 2011年、複数のフランスのNGOがオビアンを訴えた時、フランスの警察がパリにおいてテオドリンの所有するたくさんの豪華なリムジンを押収した。Xavier Harel and Thomas Hofnung, "Le Scandale des biens mal acquis: Enquête sur les milliards volés de la Françafrique" (Paris, 2011), 7 ff.

原注48 2012年、アメリカ合衆国司法省は「テオドリン」オビアンを提訴し、彼のアメリカにおける資産が押収された。以下を参照されたい。United States of America vs. One White Crystal-Covered 'Bad Tour' Glove and others, Second Amended Verified complaint for Forfeiture in rem, US District Court for the Central District of California, June 11, 2012.

原注49 Karsenty, ***Overview***, 18.

原注50 Emeric Billard, "Nouveaux acteurs, vieilles habitudes: L'implantation des opérateurs forestiers asiatiques au Gabon à l'heure de la transition vers la gestion durable." Thèse pour obtenir le grade de docteur du Muséum national d'Histoire naturelle (Ph.D. thesis, Paris, 2012), 43; Karsenty, ***Overview***, 14 ff.

原注51 しかし新大統領の就任後、ガボンでは政策が大きく転換されたようである。

原注52 Kerstin Canby et al., ***Forest Products Trade between China & Africa: An Analysis of Imports and Exports***, Forest Trends and Global Timber (London, 2008), 21 ff.

原注53 Samling Global Limited, ***Global Offering, Global Coordinator: Credit Suisse (Hong Kong) Limited***, (Hong Kong, February 23, 2007), 115 ff.

原注54 Brown, ***Governments***.

原注55 カンボジアにおけるサムリングについては以下を参照されたい。Global Witness, ***The Untouchables: Forest crimes and the concessionaires – can Cambodia afford to keep them?***, briefing document, (December 1999), 10 ff.; ***Just Deserts for Cambodia***, 1997.

原注56 Global Witness, "Logging anarchy continues despite border closure," news release, March 3, 1997.

原注57 以下も参照されたい。Global Witness, ***Untouchables***, 10 ff.

原注58 Global Witness "SL International guilty of illegal forest exploitation-official," media release, May 23, 1997.

原注59 Asian Development Bank Sustainable Forest Management Project, ***Cambodian Forest Concession Review Report*** (2000).

原注60 カンボジアへの関与に関するサムリング・グローバルの声明。Bruno Manser Fund archive, Basel.

原注61 Trixie Carter, "Logging company told to pack up and leave," ***Solomon Star***, December 29, 2009.

原注62 www.observertree.org

原注63 www.taann.com.my/corporate-profile

原注64 2011年末、セパウィは親会社タ・アン・ホールディングスの株を9.37パーセント保有していた。また、タ・アンの株を間接投資の形で26.1パーセント保有していた。Ta Ann Holdings Berhad, ***Annual Report 2011***, 213 ff.

Southeast Asia Between 1970 and 1999 (PhD, University of Washington, 2001), 160.

原注28 同上 161 ff.

原注29 たとえば1ヘクタールあたり80立方メートルの材木が収穫されるとすると、1立方メートル当たりの純売上高が85ドル（費用を1立方メートル当たり45ドルとする）の場合、サラワクの原生林150万ヘクタールの伐採で102億ドルの売り上げとなる。

原注30 Joe Studwell, *Asian Godfathers. Money and Power in Hong Kong & South-East Asia* (London, 2008), 50 ff.

原注31 2013年1月23日、ウォン・メン・チュオが著者に語った内容。Bruno Manser Fund archive, Basel.

原注32 Alfred Russel Wallace, *Der Malayische Archipel* (Frankfurt, 1983) 402. アルフレッド・ラッセル・ウォーレス『マレー諸島』宮田彬訳、新思索社、1995年

原注33 WWF, *Final Frontier: Newly discovered species of New Guinea* (1998–2008) (WWF Western Melanesia Programme Office, 2011).

原注34 Thomas E. Barnett, *The Barnett Report: a summary of the report of the Commission of Inquiry into aspects of the timber industry in Papua New Guinea* (Asia-Pacific Action Group, 1990). 本書執筆中の状況については、以下を参照されたい。Transparency International, *Forest Governance Integrity Baseline Report Papua New Guinea* (2011).

原注35 James Chin, "Contemporary Chinese Community in Papua–New Guinea: Old Money versus New Migrants," *Chinese Southern Diaspora Studies* 2 (2008): 120 ff.

原注36 Greenpeace, *Rimbunan Hijau Group: Thirty Years of Forest Plunder* (Amsterdam, 2006), 3.

原注37 Greenpeace, *Partners in Crime. Malaysian loggers, timber markets and the politics of self-interest in Papua New Guinea* (Amsterdam, 2002).

原注38 Radio Australia, *Big win against illegal logging in PNG*, June 27, 2011, http://www.radioaustralia.net.au/international/radio/onairhighlights/big-win-against-illegal-logging-in-png

原注39 Greenpeace, *Rimbunan Hijau*, 4 ff.

原注40 World Bank, "Weak Forest Governance Costs us over US$ 15 Billion A Year," news release, no. 2007/86/SDN, September 16, 2006.

原注41 Greenpeace, *Rimbunan Hijau*, 4 ff.

原注42 John Vidal, "Forest campaigners deplore knighthood for Asian logging magnate," *Guardian*, July 1, 2009.

原注43 リンブナン・ヒジャウのホームページ。Milestones—Overview, http://www.rhg.com.my/about/mstone.html

原注44 以下も参照されたい。Alain Karsenty, *Overview*, 45; Bénédicte Chatel, "Bois tropicaux et conflit sur les terres: la Malaisie un exemple pour l'Afrique?" *Les Afriques*, no. 185, (January 12, 2012): 12.

原注45 International Union for Conservation of Nature (IUCN) and China Wood International Inc., *Scoping study of the China-Africa timber trading chain* (Beijing, 2009).

原注46 以下も参照されたい。Peter Maass, "Who's Africa's Worst Dictator?," *Slate online magazine* (www.slate.com), June 24, 2008; United States State

Kaieteur News, May 30, 2007.

原注11 Bruno Manser Fund, "Guyana's Head of State condemns Samling," media release, October 19, 2007, http://www.bmf.ch/en/news/?show=77

原注12 Bulkan and Palmer, ***Illegal logging***, 7.

原注13 同上 8.

原注14 "WWF has 'disconnected' from Barama," ***Stabroek News***, January 11, 2009.

原注15 「世界の熱帯林破壊のホットスポット」としてのサラワク、そしてサラワクの木材汚職の役割については以下を参照されたい。Jane Bryan et al., "Extreme Differences in Forest Degradation in Borneo: Comparing Practices in Sarawak, Sabah, and Brunei," ***PLoS ONE*** 8, no. 7, (2013), doi:10.1371/journal.pone.0069679.

原注16 Global Witness, In the future, there will be no forest left (London, 2012), 7.

原注17 リンブナン・ヒジャウ・グループのホームページを参照されたい。http://www.rhg.com.my

原注18 以下も参照されたい。Alain Karsenty, ***Overview of Industrial Forest Concessions and Concession-based Industry in Central and West Africa*** (Montpellier, 2007).

原注19 以下も参照されたい。Forest Trends, Logging, ***Legality and Livelihoods in Papua New Guinea: Synthesis of Official Assessment of the Large-Scale Logging Industry*** (2006), 10 ff, http://www.forest-trends.org/documents/files/doc_105.pdf

原注20 "Malaysia's 40 Richest," ***Forbes***, 2010, http://www.forbes.com/lists/2010/84/malaysia-rich-10_Yaw-Teck-Seng-Yaw-Chee-Ming_GSVV.html; "Singapore's 40 Richest, " ***Forbes***, 2010, http://www.forbes.com/lists/2010/79/singapore-10_Yaw-Chee-Siew_WX0Y.html; http://www.forbes.com/lists/2012/84/malaysia-billionaires-12_Abdul-Hamed-Sepawi_N73D.html

原注21 Bruno Manser Fund, ***The Taib Timber Mafia: Facts and Figures on Politically Exposed Persons (PEPs) from Sarawak, Malaysia*** (Basel, 2012)

原注22 Steven Runciman, ***The White Rajahs***, (Cambridge, 2009) [Original 1960], 208 ff.

原注23 同上

原注24 "The great Foochow factor," ***New Straits Times***, March 21, 2011. 福州出身の中国系マレーシア人が経営する企業には、KTS、WTK, リンブナン・ヒジャウ、シン・ヤン、タ・アンがある。対照的に、サムリングの所有者ヨウ一族は、中国の広州出身である。

原注25 リンブナン・ヒジャウのホームページ。http://www.rhg.com.my/about/earlyyears.html

原注26 ジェームズ・ウォンは、釈放後に本名ジェームズ・ウォン・キン・ミン名義で本を執筆し、その中で自分の経験を綴っている。James Wong Kim Min, ***The Price of Loyalty*** (Singapore, 1983).

原注27 これは、ジブ出身ジャーナリストのSKラウが "Immortal-Tiger-Dog" というタイトルで1990年代半ばに執筆した内容である。以下も参照されたい。David Walter Brown, ***Why Governments Fail to Capture Economic Rent: The Unofficial Appropriation of Rain Forest Rent by Rulers in Insular***

原注48　同上

原注49　2013年9月24日のスイス司法長官の記者発表。2013年9月23日付のスイス検察庁からカルロ・ソマルガとブルーノ・マンサー基金への手紙も参照されたい。Bruno Manser Fund Archive, Basel.

第八章　森林破壊を追って

原注1　Bruno Manser Fund and Society for Threatened Peoples, *Credit Suisse asked to pay back profits of Samling listing*. 2007年5月3日の記者会見用資料。http://www.bmf.ch/en/news/?show=51　以下も参照されたい。Janette Bulkan and John Palmer, *Lazy days at international banks: How Credit Suisse and HSBC support illegal logging and unsustainable timber harvesting by Samling/Barama in Guyana, and possible reforms*. Report to Chatham House (Royal Institution for International Affairs, London, UK), FLEGT update meeting, July 10, 2007, http://www.illegal-logging.info/uploads/Samling_Barama.pdf

原注2　2007年5月3日、チューリッヒにおけるクレディスイス、サムリング、NGO代表団の会合でのデヴィッド・ウィルソン首長の報告。David Wilson, "Akawini Village calls for support to end 'bad faith' agreement with Barama," 2007年5月3日にチューリッヒにおける記者会見で行なわれたスピーチ。

原注3　ガイアナに関するWikipediaも参照されたい。http://en.wikipedia.org/wiki/Guyana

原注4　ガイアナの人口のその他に属する人々は、自らを混血であると言っている。以下を参照されたい。Guyana Bureau of Statistics, *2002 Population and Housing Census*, Guyana National Report, http://www.statisticsguyana.gov.gy/census.html

原注5　2007年5月3日、チューリッヒにおけるクレディスイス、サムリング、NGO代表団の会合でのジャネット・バルカンの発言。

原注6　Janette Bulkan and John Palmer, *Illegal logging by Asian-owned enterprises in Guyana, South America*. Briefing paper for Forest Trends' Second Potomac Forum on Illegal Logging & Associated Trade (Washington DC, February 14, 2008), 5. 2013年までにアジア企業にコントロールされる中・大規模伐採ライセンスは、79パーセントに増加した。Bulkan, 2014, in press.

原注7　Janette Bulkan, "Failures by Credit Suisse to implement its own commitments," 2007年5月3日、チューリッヒにおけるブルーノ・マンサー基金と被抑圧民族協会の記者会見に提供された資料より。

原注8　WWF, "Barama and WWF to Influence Global Markets through Responsible Forest Management in South America," news release, March 27, 2006.

原注9　"FSC audit of SGS leads to suspension of largest tropical forest logging certificate," FSC Watch, January 18, 2007, http://www.fsc-watch.org/archives/2007/01/18/FSC_audit_of_SGS_leads_to_suspension_of_largest_tropical_logging_certificate

原注10　Tusika Martin, "Akawini forces Barama to withdraw from concession,"

原注29 Democratic Action Party, ***Democratising Sarawak's Economy: Sarawak DAP's Alternative Budget 2010*** (Kuching, 2009), 4.

原注30 Dev Kar and Sarah Freitas, ***Illicit Financial Flows From Developing Countries: 2001–2010***, Global Financial Integrity (Washington DC, 2012), 16.

原注31 2012年当時は、ドイツ銀行マレーシア最高責任者レイモンド・イェオ、ドイツ銀行シンガポールのニレシュ・ナヴランカ、ドイツ銀行シンガポールの元アジア太平洋グローバルファイナンス部長だったイタリア系オーストラリア人ルイジ・フォルトゥナート・ギラルデロ。Companies Commission Malaysia, Company file on K & N Kenanga Holdings Berhad, September 8, 2011; K & N Kenanga Holdings Berhad, ***Annual Report 2011***.

原注32 ドイツ銀行は子会社ドイチェ・アジア・パシフィック・ホールディングスを通じてケナンガ・ドイチェ・フーチャーズの株を27パーセント直接保有している。さらにK＆Nケナンガ・ホールディングスの10.4パーセントの株を、投資持株会社を通じて保有している。Companies Commission of Malaysia, Company Records on Kenanga Deutsche Futures Sdn Bhd. 2011年8月9日にアクセス。

原注33 K & N Kenanga Holdings Berhad, ***Annual Report 2011***, 13.

原注34 K & N Kenanga Holdings, ***Annual Report 2011***, 13.

原注35 K & N Kenanga Holdings, ***Annual Report 2011***, 65.

原注36 San Francisco Superior Courts, Ross J Boyert vs. Sakti International Corporation, Complaint by Ross J Boyert, February 6, 2007, 3.

原注37 ソゴ・ホールディングスは、サクト、タイブの娘ジャミラ、その他の家族のメンバーと、1995年12月31日、ある融資契約に合意した。Land Registry Office, Ottawa, Charge/Mortgage of Land, LT994559, August 19, 1996.

原注38 Jersey Companies Registry, Annual Return of Sogo Holdings Limited, Company No. 43148, January 1, 2013.

原注39 Bruno Manser Fund, "Anti-Money Laundering Authority investigating Deutsche Bank," media release, September 12, 2011.

原注40 2012年3月8日付のドイツ財務省政務官ハームット・コシックからドイツ連邦議会議員トーマス・ガンプケ博士への手紙。Bruno Manser Fund archive, Basel.

原注41 ドイツ銀行個人企業顧客サービス（株）南バーデン区域担当から著者への2013年5月27日付のEメール。Bruno Manser Fund archive, Basel.

原注42 ブルーノ・マンサー基金からスイス連邦大統領ミシュリン・カルミー・レイへの2011年3月17日付の手紙。

原注43 スイス連邦大統領ミシュリン・カルミー・レイからブルーノ・マンサー基金への2011年4月8日付の手紙。

原注44 Ang Ngan Toh, "Taib: I have no secret bank account," ***Malaysiakini***, June 22, 2011.

原注45 Bernama, "Taib under MACC probe," June 9, 2011.

原注46 Hafiz Yatim, "Taib is richest person in Malaysia, says Shahnaz," ***Malaysiakini***, October 2, 2012.

原注47 シャーナズは1995年から2004年1月までCMSの取締役の一人で、タイブの弟オン・マームドに次ぐ地位だった。Cahya Mata Sarawak, ***Annual reports*** (1995 to 2004).

Basel.

原注13 スイス司法長官からモニカ・ロス（弁護士）への2012年8月29日付の手紙。Bruno Manser Fund archive, Basel.

原注14 Clare Rewcastle, "Barging into Profit—The Chia Family Sue Yayasan Sabah For RM 84.4 million In Monopoly Row," ***Sarawak Report***, April 19, 2012.

原注15 Tony Chan, "In Malaysia, Sarawak has a Cash Register on the Port," ***Malaysiakini***, November 14, 2007.

原注16 Pereira Goncalves et al., ***Justice for Forests: Improving Criminal Justice Efforts to Combat Illegal Logging***, World Bank study (Washington DC, 2012), 1.

原注17 Clare Rewcastle, " 'Hold on Trust For Aman'—More Devastating Evidence from The ICAC Investigation," ***Sarawak Report***, April 15, 2012.

原注18 2014年3月5日、スイス放送協会のテレビニュース番組10vor10に対してUBSが文書で回答したもの。

原注19 口座番号(134) 1678556 00の閉鎖に関するドイツ銀行個人企業顧客サービス（株）デュースブルク支店からブルーノ・マンサー基金への2004年10月8日付の手紙。

原注20 ドイツ銀行個人企業顧客サービス（株）クオリティ・マネージメントからブルーノ・マンサー基金への2005年1月6日付の手紙。

原注21 UBS Investment Bank, Sarawak Corporate Sukuk Inc., US$ 350,000,000 Trust Certificates due 2009. ***Issue prospectus***, December 17, 2004, 67.

原注22 "LFX market cap reaches USD 12 billion with the listing of Sarawak International Incorporated Notes," ***LFX News (Labuan)***, August 4, 2005.

原注23 UBS Investment Bank, "Sarawak Corporate Sukuk Inc.: US$ 350,000,000 Trust Certificates due 2009," ***Issue prospectus***, December 17, 2004. この債券はバーレーンにあるUBSの子会社ノリバと合同で発行されている。同社は2006年にUBSグループに完全統合された。以下も参照されたい。"UBS absorbs Noriba in the Group," media release, March 14, 2006.

原注24 2011年と2012年、ゴールドマン・サックスはエクイザー・インターナショナルとSSGリソーシズの2社に各8億ドルを融資した。両社はサラワク政府のコントロール下にある。以下も参照されたい。"Goldman flexes its muscle on rare Malaysian bond," ***IFR Asia*** 705, July 9, 2011; Jonathan Rogers, "Sarawak defies weak market," ***IFR Asia*** 766, September 29, 2012.

原注25 Matt Wirz and Alex Frangos, "Goldman Sees Payoff in Malaysia Bet—Firm has pocketed over $200 Million from Bond Deals, but Also Provided Fuel in a Political Fight," ***The Wall Street Journal***, May 1, 2013; Matt Wirz, "Goldman and Malaysia: BFF From Way Back," ***The Wall Street Journal***, May 3, 2013.

原注26 Tony Thien, "Sarawak CM defends state investment in troubled 1st Silicon," ***Malaysiakini***, December 16, 2004.

原注27 Joseph Tawie, "Bad investment leaves Sarawak RM2.5 billion poorer," ***Free Malaysia Today***, October 20, 2010.

原注28 同上 "Where has RM 11bil gone, Taib?," ***Free Malaysia Today***, January 2, 2013; "We could have had more roads, schools, hospitals, " ***Free Malaysia Today***, January 3, 2013.

kebangsaan bagi menyiasat dakwaan penderaan seksual terhadap wanita kaum penan di Sarawak," September 2009.

原注24 以下も参照されたい。Sean Yoong, "The Associate Press: Malaysia gov't report: Loggers raped Borneo girls," ***Washington Post online***, September 9, 2009.

原注25 Penan Support Group, FORUM-ASIA and Asian Indigenous Women's Network (AIWN), "A Wider Context of Sexual Exploitation of Penan Women and Girls in Middle and Ulu Baram, Sarawak, Malaysia." An Independent Fact-Finding Mission Report by the Penan Support Group, FORUM-ASIA and Asian Indigenous Women's Network (AIWN) (Petaling Jaya, 2010).

原注26 シャリカット・サムリング・ティンバーのゼネラル・マネージャー、チン・タット・トンからサムリングのすべての従業員に2010年7月9日に行なわれた指導。Bruno Manser Fund archive, Basel.

第七章　オフショアビジネス

原注1 Beat Schmid, "Ökologen kritisieren CS," ***Sonntagszeitung***, March 11, 2007.

原注2 Hong Kong Stock Exchange, "Samling Global Limited," February 23, 2007.

原注3 同上 "Samling Global Limited: IPO Allotment Results," March 6, 2007; Börse Berlin, "Announcement concerning the delisting von Samling Global Ltd.," June 15, 2012.

原注4 Hong Kong Stock Exchange, "Samling Strategic Corporation and Samling Global Limited: Proposal to privatise Samling Global Limited," April 30, 2012.

原注5 Norwegian Ministry of Finance, "Three companies excluded from the Government Pension Fund Global," press release, August 23, 2010, http://www.regjeringen.no/en/dep/fin/press-center/Press-releases/2010/three-companies-excluded-from-the-govern.html?id=612790

原注6 Global Witness, ***In the future, there will be no forests left*** (London, November 2012), 3.

原注7 Clare Rewcastle, "Samling at 'Epicentre' of Sub-prime Crash!," ***Sarawak Report***, September 3, 2010. サン・チェイス・ホールディングとマウンテンハウスのホームページも参照されたい。 http://www.sunchaseholdings.com/pages/featured_investments/national_land_fund.htm; http://www.mountainhouse.net/development_team/trimark.php

原注8 Clare Rewcastle, "$1 Dollar Mansion?," ***Sarawak Report***, August 25, 2010.

原注9 Companies Commission Malaysia, Perdana ParkCity Sdn Bhd, November 6, 2012; Perkapalan Damai Timur Sdn Bhd, October 4, 2011.

原注10 この話は、内部告発者リンの証言とブルーノ・マンサー基金所有のUBSの文書をもとにしている。

原注11 Clare Rewcastle, "Malaysian Foreign Minister Named in MACC Investigation into Sabah Timber Corruption," ***Sarawak Report***, April 5, 2012.

原注12 以下を参照されたい。Criminal-law complaint lodged by Bruno Manser Fund with Public Prosecutor's Office III of Canton Zurich against UBS AG and person or persons unknown, May 25, 2012, Bruno Manser Fund archive,

述書にサインした。コピーは以下で閲覧可能。Bruno Manser Fund archive, Basel.

原注11 Samling Global Limited, "Samling Global Sets Record Straight on Long Benalih Issue," media release, September 13, 2007.

原注12 TK Bilong Oyoi and TK Kelesau Naan to Mr. Leongchin Cheun, Manager Kelesa Camp, July 22, 2007, Bruno Manser Fund archive, Basel.

原注13 ***Discovery of the remains of Kelesau Na'an (deceased)***, Penan Community Report, Bruno Manser Fund archive, Basel.

原注14 Richard Lloyd Parry, "Jungle Tribal Leader Kelesau Naan Took on The Loggers: It May Have Cost Him His Life," ***Times/Times Online***, January 4, 2008.

原注15 SUARAM, "Circumstances surrounding late Long Kerong Headman's death require transparent and accountable Police probe," media release, March 18, 2008, Bruno Manser Fund archive, Basel.

原注16 Hilary Chiew, "Violated by loggers: Teenage schoolgirls have become the latest target of unscrupulous timber workers," ***Star (Malaysia)***, October 6, 2008.

原注17 Tony Thien, "Taib: Stop the 'lies' about Sarawak," ***Malaysiakini***, October 9, 2008.

原注18 Desmond Davidson, "Sarawak Deputy Chief Minister dismisses claims by Bruno Manser Fund," ***New Straits Times***, September 24, 2008; Philip Kiew, "Jabu blames Bruno for Penans' backwardness," ***Borneo Post***, December 11, 2008.

原注19 Puvaneswary Devindran, "Assemblyman questions credibility of Bruno Manser Foundation," ***Borneo Post***, November 13, 2008.

原注20 Companies Commission of Malaysia, Kristal Harta Sdn Bhd, Company No. 279832-U; Hanib Corporation Sdn Bhd., Company No. 482186-V; Tribune Press Sdn. Bhd, Company No. 719095-V. 2011年9月にアクセス。以下も参照されたい。Bruno Manser Fund, ***The Taib Timber Mafia: Facts and Figures on Politically Exposed Persons (PEPs) from Sarawak, Malaysia*** (Basel, 2012), 32.

原注21 Companies Commission of Malaysia, Borneo Post Sdn Bhd, Company No. 35650-V, 2011年9月15日にアクセス。メディアに影響力を持つもう一人の人物は、リンブナン・ヒジャウの設立者（第八章参照）木材王ティオン・ヒュー・キンである。彼のメディア・チャイニーズ・インターナショナル・グループは、マレーシアの中国語日刊紙『星洲日報』の他、マレーシア、中国、香港、インドネシア、カナダ、アメリカにメディアを持つ。同社のホームページも参照されたい。www.mediachinesegroup.com

原注22 2008年12月、ウン・イェン・イェン大臣はこの問題を報告したことに対し、ブルーノ・マンサー基金に感謝の意を示した。マレーシア政府の他の省庁は、ブルーノ・マンサー基金からの手紙に回答しなかった。以下も参照されたい。Bruno Manser Fund, "Confidential Report for the Royal Malaysian Police, Sexual Investigation Unit," November 28, 2008; Ministry of Women, Family and Community Development to the Bruno Manser Fund, December 18, 2008.

原注23 政府の調査報告書はマレー語のみ。"Laporan jawatankuasa bertindak peringkat *communities in Sarawak* (Sibu, 2000), 9.

原注51　同上 46 ff.

原注52　同上 43–44.

原注53　Ruedi Suter, "Bruno Manser will sich in Malaysia stellen," *Online Reports*, April 7, 1998, http://archiv.onlinereports.ch/1998/ManserMalaysia.htm

原注54　ブルーノ・マンサー基金共同設立者ロジャー・グラフへのインタビュー。Bruno Manser Fund, *Tong Tana*, December 2011.

原注55　Ruedi Suter, "Das unerklärliche Verschwinden von Bruno Manser," *Online Reports*, November 19, 2000, http://archiv.onlinereports.ch/2000/ManserVermisstHintergrund.htm

原注56　Peter Knechtli, "Der Erfolg in Sarawak ist unter Null," *Online Reports*, May 10, 1999, http://archiv.onlinereports.ch/1999/ManserAugenzeuge.htm

第六章　ブルーノ・マンサーの遺産

原注1　1997年末カナダ最高裁判所は、ブリティッシュコロンビア州のデルガムーク（先住民族の首長）が漁労や狩猟などための使用権だけでなく、憲法が認める土地の公共権を持つとの判決を下した。この裁判は、先住民族の土地の権利に関する問題のターニングポイントとされている。以下も参照されたい。BC Treaty Commission: *Delgamuukw. A Lay Person's Guide to Delgamuukw* (Vancouver, 1999), www.bctreaty.net/files_3/pdf_documents/delgamuukw.pdf

原注2　High Court (Kuching), "Nor Anak Nyawai & Ors v Borneo Pulp Plantation Sdn Bhd & Ors., suit no. 22-28 OF 1999-I," *Malayan Law Journal* 6 (2001): 241 ff.

原注3　"Justice Ian Chin tells of threats and indoctrination attempt," *Star (Malaysia)*, June 11, 2008.

原注4　20年後、ある国際専門家団体がサッレー・アバスの解任は憲法違反だったことをつきとめた。以下も参照されたい。Jacqueline Ann Surin, "Eminent panel finds sacking of Salleh Abas and two others 'unjustified' and 'unconstitutional'," *Nutgraph*, August 29, 2008.

原注5　"Sarawak doesn't recognise community mapping," *New Straits Times*, November 4, 2001.

原注6　UNDRIP（先住民族の権利に関する国際連合宣言）は、長年の交渉の末、2007年9月13日にニューヨークの国連総会で採択された。www.un.org/esa/socdev/unpfii/documents/DRIPS_en.pdf

原注7　Bruno Manser Fund, "Report slams Sarawak logging on native lands," media release, April 15, 2010; Carol Yong, *Logging in Sarawak and the Rights of Sarawak's Indigenous Communities*, a report produced for JOANGOHUTAN by IDEAL, April 2010.

原注8　"Ian Urquhart, 1919–2012," Obituary, *Telegraph*, September 20, 2012.

原注9　Ian Alexander Norfolk Urquhart, "Teknonyms of the Baram River," *Sarawak Museum Journal* VIII (1958): 383–393; "Baram Teknonyms—II," *Sarawak Museum Journal* VIII (1958): 735–740; "Some Sarawak Kinship Terms," *Sarawak Museum Journal* IX (1959): 33–46.

原注10　2005年末、イアン・ウルクハートはペナン人の土地の権利訴訟のため宣誓供

原注27　同上 192.
原注28　同上 194.
原注29　James Ritchie, ***Sarawak: A Gentleman's Victory for Taib Mahmud*** (Petaling Jaya, 1987).
原注30　以下も参照されたい。Salleh Jaffaruddin, ***Pricking Conscience*** (unpublished manuscript, Kuala Lumpur, 2011). 特に「ミンコート事件」を扱った第三章。
原注31　2012年9月に行なわれたラーマン・ヤクブの友人へのインタビュー。
原注32　Azman Ujang, "Truly memorable 80th birthday," ***Star*** *(Malaysia)*, January 1, 2008.
原注33　タイブのボモについては以下を参照されたい。Clare Rewcastle, "Taib's Secret Bomoh," ***Sarawak Report***, October 23, 2010; "Raziah's Blond Bomoh Bewitched Taib," ***Sarawak Report***, March 22, 2011.
原注34　2012年9月21日にツォリコフェンで行なわれたユルゲン・ブラーゼルへのインタビュー。
原注35　以下も参照されたい。Jürgen Blaser, ***Transboundary Biodiversity Conservation: The Pulong Tau National Park, Sarawak State, Malaysia***, ITTO Project Supervisory Mission, 1–9 March 2006—PD 224/03, http://www.tropicalforests.ch/PD_224_03.php
原注36　Aeria, ***Politics***, 169 ff.
原注37　同上 167.
原注38　同上 170.
原注39　同上 169.
原注40　同上 173.
原注41　同上
原注42　同上 172.
原注43　以下も参照されたい。Neilson Ilan Mersat, ***Politics and Business in Sarawak*** (*1963–2004*) (Ph.D., Canberra: Australian National University, 2005) .
原注44　Manser, ***Voices***, 197.
原注45　Suter, ***Manser***, 180.
原注46　The Registry of Societies Malaysia のホームページ , Introduction to the Department, http://www.ros.gov.my/index.php/en/maklumat-korporat/pengenalan-jabatan
原注47　Lim Kit Siang, "The re-arrest of Anderson Mutang Urud under the Emergency Ordinance after he was released on a court bail is a gross abuse of powers by the government and a blot on the human rights record of Malaysia." Opinion of the parliamentary opposition leader, Lim Kit Siang, March 4, 1992, http://bibliotheca.limkitsiang.com/1992/03/04/the-re-arrest-of-anderson-mutang-urud-under-the-emer%C2%ACgency-ordinance-after-he-was-released-on-a-court-bail-is-a-gross-abuse-of-powers-by-the-government-and-a-blot-on-the-human-rights-record-of-ma
原注48　マレーシア首相マハティール・モハマド博士からブルーノ・マンサー基金への1992年3月3日付の手紙。Bruno Manser Fund archive, Basel.
原注49　Wade Davis et al., ***Nomads of the Dawn: The Penan of the Borneo Rainforest***(San Francisco, 1995), 140.
原注50　以下も参照されたい。IDEAL (Institute for Development and Alternative Lifestyle), ***Not Development, but Theft: The testimony of Penan***

されている。Bruno Manser, *Voices from the Rainforest: Testimonies of a Threatened People* (Berne, 1992), 280. ブルーノ・マンサー『熱帯雨林からの声』橋本雅子訳、野草社、1997 年

原注7　Ross, *Timber Booms*, 146. FAO は依然としてこの調査を非公開としており、閲覧を希望するブルーノ・マンサー基金を拒絶している。

原注8　K.S. Jomo et al., *Deforesting Malaysia: The Political Economy and Social Ecology of Agricultural Expansion and Commercial Logging* (London, 2004), 172.

原注9　Mission established pursuant to resolution I (VI), *The Promotion of Sustainable Forest Management: A Case Study in Sarawak, Malaysia*, Report Submitted to the International Tropical Timber Council (Bali, 1990), 71.

原注10　Forest Department Sarawak, Log Production And Forest Revenue 2000–2012, http://www.forestry.sarawak.gov.my/page.php?id=1030&menu_id=0&sub_id=28

原注11　*New Straits Times*, April 10, 12, 1987. 以下に引用されている。Aeria, *Politics*, 165, 272 ff.

原注12　Aeria, *Politics*, 165.

原注13　Daniel Faeh, *Development of Timber Tycoons in Sarawak: History and Company Profiles* (Basel, 2009).

原注14　ジェームズ・ウォン・キン・ミンは多彩な経歴を持っている。1963 年にはサラワク州の最初の内閣で大臣となり、のちに連邦議会議員となった。短い間だが、野党の議会リーダーにもなった。1974 年 10 月、陰謀を企てた容疑により逮捕され、のちに復帰した。以下も参照されたい。James Kim Min Wong, *The Price of Loyalty* (Singapore, 1983).

原注15　2012 年 9 月 4 日にミリで行なわれたハリソン・ガウ・ラインへのインタビュー。

原注16　この抵抗運動は、以下にも記されている。Evelyne Hong, *Natives of Sarawak : Survival in Borneo's Vanishing Forests* (Pulau Pinang, 1987).

原注17　Manser, *Voices*, 263.

原注18　「雑草殲滅作戦」については以下も参照されたい。Barry Wain, *Malaysian Maverick. Mahathir Mohamad in Turbulent Times* (London, 2009), 65 ff.

原注19　以下からの引用。Ruedi Suter, *Bruno Manser: Die Stimme des Waldes* (Berne, 2005), 35 ff.

原注20　Bruno Manser, *Diaries from the Rainforest*, Diary 12 (Basel, 2004), 149.

原注21　Rolf Bökemeier, "Ihr habt die Welt—lasst uns den Wald!," *GEO*, no. 10 (October, 1986), 12 ff; Suter, *Manser*, 147 ff.

原注22　ブルーノ・マンサー基金の共同設立者ロジャー・グラフへのインタビュー。Bruno Manser Fund, *Tong Tana*, December 2011.

原注23　以下も参照されたい。Suter, *Manser*, 133 ff, 141 ff.

原注24　Faisal S. Hazis, *Domination and Contestation: Muslim Bumiputera Politics in Sarawak* (Singapore, 2012), 124.

原注25　同上 132. 別の視点で行われた以下の報告も参照されたい。Michael Leigh, "Money Politics and Dayak Nationalism: The 1987 Sarawak State Election," Muhammad Ikmal Said and Johan Saravanamuttu, eds., *Images of Malaysia* (Kuala Lumpur, 1991).

原注26　Leigh, *Money Politics*, 191.

原注35　Milne and Ratnam, *Malaysia*, 318.
原注36　以下も参照されたい。James Wong, *The Price of Loyalty* (Singapore, 1983), 5.
原注37　Milne and Ratnam, *Malaysia*, 318. 以下も参照されたい。Leigh, *Rising Moon*, 116.
原注38　Kumar, *Taib*, 17.
原注39　*Vanguard*, October 9, 1967. 以下に引用されている。Leigh, *Rising Moon*, 115.
原注40　Leigh, *Rising Moon*, 115.
原注41　Milne and Ratnam, *Malaysia*, 318, 329. 以下も参照されたい。Leigh, *Rising Moon*.
原注42　Ritchie, *Abdul Taib Mahmud*, 55.
原注43　Kumar, *Taib*, Foreword by Tunku Abdul Rahman Putra Al-Haj Bapa Malaysia. vii.
原注44　以下も参照されたい。*Sarawak Tribune*, November 16, 1969. 以下に引用されている。 Leigh, *Rising Moon*, 132.
原注45　ミリの油田の生産量は1929年にピークに達した。1945年までには全生産量（8000万バレル）の90パーセント近くを生産し終わっていた。1972年に油田は閉鎖された。以下も参照されたい。Mario Wannier et al., *Geological Excursions around Miri, Sarawak* (Miri, 2011), 18.
原注46　Leigh, *Rising Moon*, 133.
原注47　Faisal S. Hazis, *Domination and Contestation: Muslim Bumiputera Politics in Sarawak* (Singapore, 2012), 92.
原注48　同上 93.
原注49　Wee Chong Hui, *Sabah and Sarawak in the Malaysian economy* (Kuala Lumpur, 1995), 43. 以下に引用されている。Hazis, *Domination and Contestation*, 93. 1980年初頭の為替レートは46ドル＝100リンギット。
原注50　ビンツルーのLNG（液化天然ガス）工場はペトロナス、シェル、三菱商事の合弁企業である。生産されたLNGのほとんどは日本向け。以下も参照されたい。Peter Hills and Paddy Bowie, *China and Malaysia: Social and economic effects of petroleum development* (Geneva: International Labour Office, 1987), 104.

第五章　吹き矢とブルドーザー

原注1　Ontario Ministry of Consumer and Commercial Relations, Records on Sakto Development Corporation.
原注2　ICRIS CSC Companies Registry, The Government of the Hong Kong Special Administrative Region, Regent Star Company Ltd, *Certificate of Incorporation* (November 22, 1983).
原注3　同上 Regent Star Company Ltd., *Annual Return 1984*, Richfold Investment Ltd., *Annual Return 1984*.
原注4　Bruno Manser Fund, *The Taib Timber Mafia: Facts and Figures on Politically Exposed Persons (PEPs) from Sarawak, Malaysia* (Basel, 2012), 16 ff.
原注5　Mark Baker, "Tycoon dodges millions in land tax," *The Age*, April 28, 2013.
原注6　Sarawak Timber Industry Development Corporation（1988）以下に引用

of Australia.

原注12 Michael D. Leigh, *The Rising Moon: Political Change in Sarawak* (Sydney, 1974), 30 ff.

原注13 トゥンクはのちに、政治基盤を築き上げてやった自分への忠誠心が足りないと、ラーマンについて不平を述べている。以下も参照されたい。Kumar, ***Taib***, 4.

原注14 Leigh, ***Rising Moon***, 31.

原注15 Vernon Porritt, ***British Colonial Rule in Sarawak, 1946–1963*** (Kuala Lumpur, 1997), 45 ff.

原注16 以下も参照されたい。Alastair Morrison, *Fair Land Sarawak: Some recollections of an Expatriate Official* (Ithaca, 1993).

原注17 James Ritchie, *Abdul Taib Mahmud: 41 Years in the News* (Kuching 2005), 15.

原注18 2012年9月にクチンで行なわれたインタビュー。

原注19 Mohammad Tufail Bin Mahmud, Cik Hanifah Taib, and Ritchie, James, eds., “Responsible Brother,” *Happy Wedding Anniversary Abang Taib and Kak Laila*, 13 January 1999 (Kuching, 1999).

原注20 以下も参照されたい。Morrison, ***Fair Land Sarawak***, 147 ff.

原注21 Ho Ah Chon, ***Datuk Stephen Kalong Ningkan, First Chief Minister of Sarawak*** (Kuching, 1992). 以下も参照されたい。“Remembering Dad: Tan Sri Stephen Kalong Ningkan,” ***Borneo Post***, April 3, 2010, http://www.theborneopost.com/2010/04/03/remembering-dad-tan-sri-stephen-kalong-ningkan

原注22 Kumar, ***Taib***, 15.

原注23 国務長官、財務長官、司法長官の座はイギリス人が占めていた。以下も参照されたい。Leigh, ***Rising Moon***, 83.

原注24 同上 88–94.

原注25 Ho, ***Stephen Kalong Ningkan***, 73.

原注26 Ritchie, ***Abdul Taib Mahmud***, 34.

原注27 ***Sarawak Tribune***, July 4, 1966. 以下に引用されている。Leigh, ***Rising Moon***, 105.

原注28 Leigh, ***Rising Moon***, 111.

原注29 タイブはスリについて1991年に「(彼は) 当時サラワクが直面していた数多くの問題を処理するにはタフさが足りなかった」と述べている。以下も参照されたい。Kumar, ***Taib***, 16.

原注30 R.S. Milne and K.J. Ratnam, ***Malaysia—New States in a New Nation: Political Development of Sarawak and Sabah in Malaysia*** (London: Frank Cass, 1974), 345.

原注31 同上

原注32 *Sabah Times*, June 15, 1967. 以下に引用されている。Milne and Ratnam, ***Malaysia***, 317.

原注33 David Walter Brown, ***Why Governments Fail to Capture Economic Rent: The Unofficial Appropriation of Rain Forest Rent by Rulers in Insular Southeast Asia Between 1970 and 1999*** (Ph.D. thesis, University of Washington, 2001), 313.

原注34 Michael L. Ross, ***Timber Booms and Institutional Breakdown in Southeast Asia*** (Cambridge, 2001), 64, 71 ff.

原注26 Harun bin Abdul Majid, ***The Brunei Rebellion: December 1962; The Popular Uprising***, www.bruneiresources.com/pdf/nd06_harun.pdf 以下も参照されたい。Alastair Morrison, ***Fair Land Sarawak: Some Recollections of an Expatriate Official*** (Ithaca, 1993), 141 ff.

原注27 1962年6月、閣僚ノーマン・ブルックへの極秘のメモに、マクミラン首相がイギリス軍の東南アジアにおける弱点を強調し、特にシンガポールにおける安全保障問題をマレーシアの州となるシンガポールに移行させることを最も緊急性の高い課題としている。Prime Minister's personal minute, no. 161/62, to Sir Norman Brook, June 21, 1962, The National Archives, London.

原注28 Ah Chon Ho, ***Datuk Stephen Kalong Ningkan: First Chief Minister of Sarawak*** (Kuching, 1992), 1.

第四章　サラワクのマキャヴェリ

原注1 Aeria, ***Politics***, 164. 以下も参照されたい。Siva Kumar G, "The family's genealogy", ***Taib, a vision for Sarawak*** (1991), xiv.

原注2 Kumar, ***Taib***, 12.

原注3 Kylar Loussikian, "Student protest over Taib Mahmud Plaza in Adelaide," ***Australian***, September 13, 2013; "YAB Datuk Patinggi Tan Sri (Dr) Haji Abdul Taib bin Mahmud," ***The Colombo Plan for cooperative economic development in South and South East Asia 1951–2001: The Malaysian-Australian Perspective.*** A commemorative Volume to celebrate the 50th Anniversary of the Colombo Plan (Adelaide, 2001), 29.

原注4 "New court honours Chief Minister," *Adelaidean*, December 2008, http://www.adelaide.edu.au/adelaidean/issues/30821/news30825.html

原注5 Australian Securities and Investments Commission (ASIC), Documents on Sitehost Pty Ltd, Australian Company Number 062312743. 2010年3月25日にアクセス。

原注6 ライラ（Laila またはLejla）・シャレキ（1941～2009）とその両親、アブ・ベキル・シャレキ（1914～2004）とジャミラ・シャレキ（1916～1952）は、1949年11月22～23日、国際難民機関（IRO）の難民船SSオックスフォードシャー号でアデレードの港に到着した。同船は、1949年10月22日にナポリを出港した。http://www.immigrantships.net/v6/1900v6/oxfordshire19491123_01.html 2012年8月10日にアクセス。シャレキ一家の経歴に関する文献は、オーストラリア国立公文書館でも閲覧することができる。

原注7 ポーランドとリトアニアに600年以上前に移住したリプカ・タタール人に関しては、以下を参照されたい。**Jurgita Šiaučiūnaitė-Verbickienė**, "The Tatars," Grigorijus Potašenko, ed., ***The Peoples of the Grand Duchy of Lithuania*** (Vilnius, 2002), 73 ff

原注8 Adas Jakubauskas, "Abu Bekiras Chaleckis (1914–2004)," Obituary, ***Lietuvos totoriø bendruomeniø sàjungos laikraðtis*** 74, no. 3 (2004).

原注9 ライラの母は1952年2月25日に王立アデレード病院で死去した。訃報は以下で発表された。***Advertiser (Adelaide)***, February 26, 1952.

原注10 コロンボ計画奨学生ヒッジャス・カツリについては以下を参照されたい。National Archives of Australia, A 1501, A2839/1.

原注11 以下の写真も参照されたい。No. A 2840/1, series A 1501, National Archives

原注3　1841年にサラワク政府をラジャ・ムダ・ハシム（当時のサラワクの統治者）から割譲され、1842年にブルネイ王によって彼の代理人に任命された。以下を参照されたい。Reece, ***Name of Brooke***, 284 ff.

原注4　Faisal S. Hazis, ***Domination and Contestation: Muslim Bumiputera Politics in Sarawak*** (Singapore, 2012), 28.

原注5　Runciman, ***White Rajahs***, 156.

原注6　彼は1907年のパンフレット ***Queries, Past, Present and Future*** の中で、帝国主義について明確に批判している。

原注7　Anthony Brooke, ***The Facts about Sarawak*** (Bombay, 1946), 32. Reece, ***Name of Brooke*** に引用されている。

原注8　オーストラリア人歴史家ボブ・リースは、これを以下のように考えた。「19世紀末までに作られたブルック家統治の神話を正当化できる点は、ブルック家がサラワクはサラワクの人々のもので、ブルック家はサラワクの人々の利益のために単なる管財人として働いているにすぎないと考えていたことである」。Reece, ***Name of Brooke***, 11.

原注9　Reece, ***Name of Brooke***, 98 ff.

原注10　Reece, ***Name of Brooke,*** 194.

原注11　同上 200. この件に関係したダトゥ・パティンギの名誉のために言い添えるなら、彼の他にも買収されたダトゥがいるが、のちに賄賂1万2000ドルをサラワク州に返還したのは彼だけだった。1946年11月に死去するまでには、彼はサラワクのイギリス譲渡に対する抵抗のシンボルになっていた。

原注12　同上 236.

原注13　同上 221.

原注14　「私たちはブルック家とラジャに対する心からの忠誠心を至るところで目にした。ラジャの作った家族的な政府に、皆が感謝していた」。Gammans, ***Parliamentary Mission to Sarawak*** (June 1946), 18.

原注15　Reece, ***Name of Brooke***, 267.

原注16　同上 270.

原注17　同上 276 ff.

原注18　2011年3月3日に『ニュージーランド・ヘラルド』、3月9日に『テレグラフ』に訃報が掲載された。アンソニーの息子ジェームズを総裁として、今日、ブルック財団がブルック王家の遺品を保存している。www.brooketrust.org　ギタ・ブルックとアンソニー・ブルックの立ち上げたホームページも参照されたい。 http://www.angelfire.com/journal/brooke2000

原注19　James Ritchie, ***Temenggong Oyong Lawai Jau: A Paramount chief in Borneo*** (Kuching, 2006), 43.

原注20　Speech of Temonggong [sic] Oyong Lawai Jau, MBE, QMC, January 1962, 24. Bodleian Library of Commonwealth and African Studies at Rhodes House, Oxford, Mss, 109.

原注21　同上 25

原注22　同上

原注23　同上 26.

原注24　Statement by Penghulu Jok Ngau, Note on [Cobbold] Commission Hearing, Long Akah, March 13, 1962. The National Archives, London.

原注25　Report of the Commission of Enquiry, *North Borneo and Sarawak* (London, 1962), 2.

ac.uk/nature-online/collections-at-the-museum/wallace-collection/closeup.jsp?itemID=138&theme=Evolution

原注13 Alfred Russel Wallace, *Tropical Nature and other Essays* (London, 1878), 20 ff. アルフレッド・ラッセル・ウォーレス『熱帯の自然』谷田専治・新妻昭夫訳、ちくま学芸文庫、1998年

原注14 Charles Hose, *A Descriptive Account of the Mammals of Borneo* (London, 1893).

原注15 以下も参照されたい。Charles Hose, *The Pagan Tribes of Borneo*, 2 vols (London, 1966).

原注16 Charles Hose, *Natural Man*. With an introduction by Brian Durrans. (London, 1987), vii.

原注17 同上 39.

原注18 Charles Hose, "The Natives of Borneo," *The Journal of the Anthropological Institute of Great Britain and Ireland* 23 (1894),156-172: 158.

原注19 Hose, *Pagan Tribes*, vol. 2, 180.

原注20 Hose, *Natives of Borneo*, 157 ff.

原注21 Ter Ellingson, *The Myth of the Noble Savage* (Berkeley, 2001), 36. ジョン・ドライデンの劇 *The Conquest of Granada* (1672) の中の次の一説が引用されている。"I am as free as nature first made man, Ere the base laws of servitude began, When wild in woods the noble savage ran."

原注22 以下も参照されたい。Jean-Jacques Rousseau, *Schriften zur Kulturkritik*. Introduced, translated and published by Kurt Weigand (Hamburg, 1983), 71, 79, 89.『人間不平等起源論　付「戦争法原理」』板倉 裕治訳、講談社学術文庫、2016年 他。

原注23 Hose, *Natural Man*, 1987, vii.

原注24 Tom Harrisson et al., eds., *Borneo Jungle: An account of the Oxford University Expedition of 1932* (Singapore, 1988).

原注25 ペナン人の研究をしたカナダ人言語学者イアン・マッケンジーは、ニーダムの学術論文が西ペナン人と東ペナン人が異なった種族だというユニークな証拠を提示しているが、この観察結果から論理的結論を導き出せていないと指摘している。

原注26 この表現はアメリカ人人類学者ピーター・ブローシャスが考え出した。

原注27 Rodney Needham, *The social organisation of the Penan, a southeast Asian people* (Ph.D., Oxford, 1953).

原注28 2006年9月7日付の手紙の中でニーダムが著者に書いた内容。

原注29 イアン・マッケンジーが述べた言葉は、のアンドリュー・グレッグ監督映画 "The Last Nomads" (ARTE/CBC, 2008), Documentary film, 53 min. およびバーゼルにおけるイアン・マッケンジーへのインタビューより。

第三章　ホワイト・ラジャ

原注1 Steven Runciman, *The White Rajahs: A History of Sarawak from 1841 to 1946* (Cambridge, 2009) [Original 1960], 35 ff.

原注2 R.H.W. Reece, *The Name of Brooke: The End of White Rajah Rule in Sarawak* (Kuala Lumpur, 1982), 3.

2010.

原注31　2002年、彼はCMSの社長に就任した。Cahya Mata Sarawak, ***Annual Report 2002***, 27.

原注32　本書で用いる為替レートは2014年1月のものである。

原注33　Utama Banking Group, ***Annual Report 2005***, Profile of Directors, 3; Stephanie Phang, "RHB Chairman Fails to win Central Bank Approval for 2nd Term," ***Bloomberg***, August 3, 2005. 1991年から1993年の間にタイブ一族がウタマ・バンキング・グループを取得した記録については以下を参照されたい。Andrew Aeria, ***Politics, Business, the State and Development in Sarawak 1970–2000*** (Ph.D. thesis, University of London, 2002), 154 ff.

原注34　Action by Unanimous Written Consent of the Holders of all Outstanding Shares of Sakti International Holdings Inc., October 27, 2006, Boyert documents, Bruno Manser Fund archive.

原注35　Ross J Boyert vs. Sakti International Corporation Inc., Case Number CGC-07-460255, San Francisco Superior Courts, February 6, 2007.

原注36　"Grief, tears and death" はイタリアのマフィア担当検事ピエトロ・グラッソのインタビュー記事のタイトル。Walter De Gregorio, ***Das Magazin***, no. 30&31 (2010): 20.

第二章　失われた楽園

原注1　著者は2005年7月8日にペナン人首長アロン・セガへのインタビューを行なった。このインタビューにコメントし、本章のためにペナン人に関する情報を提供してくれたイアン・マッケンジーに感謝する。

原注2　***Eugeissona utilis*** は ***Arecaceae***（ヤシ科）に属する。ペナン人はウヴット以外にも、ジャカー（***Arenga undulatifolia***）などデンプンを含んだ6種類のサゴヤシを利用する。

原注3　***Antiaris toxicaria*** は ***Moraceae***（クワ科）に属する。

原注4　***Goniothalamus tapis*** は ***Annonaceae***（バンレイシ科）に属する。

原注5　ゲティマンは、ブルーノ・マンサーが ***Diaries from the Rainforest*** の中で解毒剤と述べている。イアン・マッケンジーは、ゲティマンと同様の効果を持つ複数の植物を見たと述べている。イアン・マッケンジーは、ゲティマンがプラセボ効果以上の効能を本当に持つのか、疑問視している。この問題について科学的調査が存在するかどうか著者にはわからない。

原注6　以下も参照されたい。Ian Mackenzie, "The Eagle Augurs War," ***My Life as a Nomad, the Memoirs of Galang Ayu*** (unpublished).

原注7　Alfred Russel Wallace, ***The Malay Archipelago***,（1869年ドイツ語版をもとにした改訂版）(Frankfurt, 1983), 36. アルフレッド・ラッセル・ウォーレス『マレー諸島』宮田彬訳、新思索社、1995年34ページ

原注8　同上70. 和訳書78ページ

原注9　同上55. 和訳書62ページ

原注10　同上64. 和訳書72ページ

原注11　***Rhacophorus nigropalmatus***

原注12　Alfred Russel Wallace, "On the law which has regulated the introduction of new species," ***Annals and Magazine of Natural History*** (September 1855). ロンドン自然史博物館のホームページから引用。http://www.nhm.

details/ashburian198200ashb

原注18 1987年に設立されたサクト・プロパティ・マネージメント・コーポレーションは、1992年にオーキッド・コーポレーションに、1994年にシティ・ゲート・インターナショナル・コーポレーションに改称した。Industry Canada; Ontario Ministry of Consumer and Commercial Relations.

原注19 サクト・グループには、サクト・デベロップメント・コーポレーションの他、サクト・コーポレーション（1997年設立）、タワー・ワン・ホールディング・コーポレーション、タワー・ツー・ホールディング・コーポレーション、アデレード・オタワ・コーポレーション、サクト・マネージメント・サービシズ・コーポレーション、プレストン・ビルディング・ホールディング・コーポレーション、1041229オンタリオ・インクがある。これらの会社はすべて、ジャミラ・タイブとショーン・マーレイが経営している。Industry Canada; Ontario Ministry of Consumer and Commercial Relations.

原注20 2002年、サクトのホームページには営業開始1年目について「1983年8月に営業を開始し、サクトは400戸以上の居住ユニットを取得した」とあった。http://web.archive.org/web/20020208104337/ ; http://sakto.com/company.html 以下も参照されたい。Clare Rewcastle, "Exclusive—Taib's Foreign Property Portfolio," ***Sarawak Report***, June 17, 2010.

原注21 プレストン・ストリート333の建物はゼロックス・ビルディングとして知られるようになった。http://www.emporis.com/building/xeroxbuilding-ottawa-canada

原注22 Sakto Development Corporation, Balance Sheet as at August 31, 1990. Microfiche collection, Western Libraries, Ontario.

原注23 Sakto Development Corporation, Balance Sheet as at August 31, 1992. Microfiche collection, Western Libraries, Ontario.

原注24 たとえば1996年、サクトはタイブ一族と香港のリッチフォールド・インベストメントLtd、ジャージーのソゴ・ホールディングスLtdから2000万カナダドルの融資を受けている。Charge/Mortgage of Land, LT994558 and LT994559, Ottawa-Carleton Land Registry Office, August 19, 1996.

原注25 Stephen Sigurdson, Executive Vice President and General Counsel, Manulife Financial, to Bruno Manser Fund, May 2, 2014; Instruments no. OC903223, OC903269, OC903294, OC248221, OC318707, Ottawa-Carleton Land Registry Office.

原注26 Kathrin May, "Pacific Rim investment in Canada," ***Ottawa Citizen***, January 17, 1989.

原注27 以下も参照されたい。Clare Rewcastle, "Taibs' Lucrative Links with Ontario Government," ***Sarawak Report***, June 18, 2010.

原注28 2003年にマーレイ・アンド・マーレイは、79カ国に支店を持ち2900人を雇用する国際的建築会社IBIグループに買収された。

原注29 ショーンの姉サラ・マーレイは、建築家のニコラス・カラジャニスの妻である。本書執筆時点、2人はオタワのニコラス・カラジャニス建築事務所を共同経営していた。同事務所はショーン・マーレイとジャミラ・タイブが居住するロッククリフ・パークの豪邸などを設計した。http://ncarchitect.ca

原注30 ライラ・タイブの家族の歴史の詳細については、本書第四章に記述がある。アブ・ベキル・シャレキはオタワで再婚し、2004年に90歳で死去した。以下も参照されたい。"Haji Chalecki: In memoriam," ***Ottawa Citizen***, March 11,

原注

第一章　金の動きを追え

原注1　タイブ一族の資産については、ブルーノ・マンサー基金の以下の報告書を参照されたい。***The Taib Timber Mafia: Facts and Figures on Politically Exposed Persons (PEPs) from Sarawak, Malaysia (Basel, 2012).***

原注2　Jane E. Bryan et al., "Extreme Differences in Forest Degradation in Borneo: Comparing Practices in Sarawak, Sabah, and Brunei," ***PLoS ONE*** 8, no. 7 (2013), doi:10.1371/journal.pone.0069679.

原注3　クレア・ルーカッスルはロス・ボイヤートからわたされた報告書と彼へのビデオインタビューの大部分をブログ『サラワク・レポート』で発表している。http://www.sarawakreport.org/　一部はブルーノ・マンサー基金「ストップ木材汚職」キャンペーンのページでも公開されている。http://www.stop-timber-corruption.org/resources/

原注4　ロス・ボイヤートがサクティに入る前に、サンフランシスコのタイブ所有のあるビルが強制競売にかけられ、300万ドルの投資が無駄になった。2006年11月20日付のロスからタイブへの手紙を参照。http://www.sarawakreport.org/2010/10/taib-handed-rockefeller-100-million-whistleblowers-letter/

原注5　Kevin C. Limjoko, "The Philippines' Lost Opportunity," ***The Bugatti Review*** 7, no. 4 (undated, c. 2007).

原注6　James Ritchie, "A wedding to remember," ***New Straits Times***, August 4, 1991.

原注7　"Sarawak CM's son may be charged for assault", ***Malaysiakini***, April 30, 2003.

原注8　City-Data, "Property valuation of California Street, San Francisco," http://www. city-data.com /san-francisco/C/California-Street-2.html

原注9　Ross J Boyert vs. Sakti International Corporation Inc., Case no. CGC-07-460255, San Francisco Superior Courts, February 6, 2007.

原注10　King County, Washington, Recorders Office, Instruments no. OPR1224022 and OPR199112301455, December 26/27, 1991.

原注11　FBIシアトルのホームページ。http://www.fbi.gov/seattle/about-us/what-we-investigate/priorities

原注12　1994年12月8日のロス・ボイヤートの日記より。Boyert documents, Bruno Manser Fund archive, Basel.

原注13　Murray and Murray Associates Inc., MG 28, III 117, Finding Aid, Library and Archives Canada.

原注14　The Ashburian, *Yearbook of Ashbury College 1982*, 28, http://archive.org/details/ashburian198200ashb

原注15　同上 41, 174.

原注16　Elmwood School, ***Report to the Community (2010–2011)***, 24.

原注17　The Ashburian, ***Yearbook of Ashbury College 1982***, http://achive.org/

訳者解説

鶴田由紀

本書は、二〇一四年二月にスイスの出版社によってドイツ語で出版された *Raubzug auf den Regenwald: Auf den Spuren der malaysischen Hozmafia* の英語版の日本語訳です。英語版は同年の十一月に、スイスの別の出版社によって出版されました。著者はドイツ語版・英語版ともに、ルーカス・シュトラウマン氏です。

本書にはマレーシアの政治状況や民族名が随所に登場し、馴染みのない方にはわかりにくい部分もあると思います。訳者である私は、残念ながらマレーシアの政治状況、文化、民族などに関してほとんど素人です。しかし本書をお読みいただく上である程度の解説はどうしても必要であろうと思いますので、専門家の方のお叱りを覚悟で、無謀ながら、にわか勉強にもとづく若干の解説を試みたいと思います。

サラワクの民族について

マレーシアは多民族国家ですが、サラワクもまたマレー半島と異なる民族構成の他民族地域です。

イバン人はサラワクの先住民族です。海ダヤク人とも呼ばれ、沿岸部に定住して漁業や農耕を生業としていた民族です。主にキリスト教を信仰しています。サラワク最大の民族集団であり、かつて首狩りをしていたことでも知られています。ちなみにダヤク人とは、もう少し大きな民族分類のカテゴリーで、イバン人の他、陸ダヤク人と呼ばれるビダユー人や、ペナン人などのオラン・ウル（川の上流に住む人の意、本書では奥地の人と訳されています）が含まれます。

メラナウ人は、海岸や川沿いに住むサラワクの先住民族です。イバン人と違って、民族集団としては人口の数パーセントと比較的少数派です。主にイスラム教を信仰しています。

オラン・ウルと呼ばれるカテゴリーには、ペナン人、カヤン人、ケニャ人、ケラビット人、ルン・バワン人などの少数民族が入ります。その名の通り、山岳部や川の上流に住む人々のことで、ほとんどがキリスト教徒です。

マレー人について

本書で頻繁に登場するマレー人は、マレーシア人全体を表わす言葉ではありません。鶴見良行さんの著書『マラッカ物語』（時事通信社、一九八一年）によれば、もともとマレー人（マラヤ人）は特定の民族を示す言葉というより、七世紀以降にマレー半島、インドネシア、フィリピンの沿岸部で交易をする人々をさす言葉として広がったそうです。したがってマレー人は、沿岸部で交易をしていた人々の子孫ということになります。宗教は主にイスラム教を信仰しています。

マレー半島全体で人口の多数派を占めるマレー人は、一九六〇年代に経済的に優位に立っていた華人とは対立関係にありました。本書にあるように、一九六九年五月十三日、華人とマレー人との間に激しい暴動が起きたのですが、これをきっかけにマレーシア全体でブミプトラ（土地の子）を優遇する経済政策がとられることになりました。ブミプトラにはマレー人だけでなく少数民族も含まれることになっていますが、実質的にはマレー人優遇政策であると言われています。イスラム教であることも重要なようです。イバン人も、基本的にはブミプトラに含まれるのだと思いますが、サラワクにおいて多数派民族イバン人は、イスラム教徒のマレー人やメラナウ人にとって目障りな存在であり、連邦政府やタイブたちがあの手この手で追い落としに躍起になっていたのは、本書の示す通りです。

ペナン人のカタカナ表記について

本訳書では、the Penanを「ペナン人」と表記してあります。日本でサラワク先住民族の支援をされている多くの運動家の皆さんが、彼らを「プナン人」と表記されているのは訳者も承知しています。本書第二章でチャールズ・ホーズがサラワクのノマドをthe Punanと呼んでいたが、それは誤りで、正しくはthe Penanであり、発音は［pə-nan］だとロドニー・ニーダム氏は言っています。Penanのeの発音は、おそらく正確には「ペ」でも「プ」でもないのだろうと思います。日本語の母音は五つしかないので、the Punanを「プナン人」と表記するならば、the Penanを「ペナン人」と表記するしかなく、やむを得ず「ペナン人」と表記しました。長年、the Penanの人々を支援されている方々には申し訳ないのですが、この点をどうぞご了承ください。

オリンピックに向けた日本の対応について

二〇二〇年夏の東京オリンピック・パラリンピックの開催を前に、新国立競技場のコンクリート型枠に違法伐採された熱帯木材が使われる可能性があると懸念されています。同競技場の建設では違法伐採された熱帯木材の使用を排除できないことが明るみに出たと、『毎日新聞』（二〇一六年十月六日）が報じました。同競技場整備事業の事業主体である日本スポーツ振興センター（ＪＳＣ）はグリーン購入法にもとづいて木材を調達することにしていますが、グリーン購入法が求めている原産地国での合法証明書だけでは不十分という批判が出ているというのです。

東京オリンピック・パラリンピック組織委員会は、合法証明書に加えて先住民族の権利や生態系の保全などについて、事業者に確認と書面の記録を求める調達基準を採用するように要求しましたが、ＪＳＣは方針を変えませんでした。

ブルーノ・マンサー基金によれば、同団体を含む四〇を超える国際ＮＰＯは二〇一六年十二月に国際オリンピック委員会（ＩＯＣ）に対し、新国立競技場の建設に違法で持続不可能な熱帯雨林木材が使われる可能性が高いことに懸念を示し、違法伐採木材を使用しないよう要望する文書を提出しました。

また二〇一七年五月には、日本の熱帯林行動ネットワークやブルーノ・マンサー基金など国際ＮＰＯ七団体が、スイスとドイツの日本大使館に一四万筆の署名と共に、新国立競技場建設に違法伐採された熱帯材の使用をやめるように求める要望書を提出しました。これは同年四月にサラワクの伐採企業シン・ヤンの製品（合板）が新国立競技場の建設現場でコンクリート型枠として使用されていることがわかったことを受けたものです。

出典：https://www.fairwood.jp/news/pr_ev/2016/161206_pr_ngoletterIOC_jp.pdf
（国際オリンピック委員会への公開書簡）
http://www.jatan.org/archives/4075
（２０２０年東京オリンピックの不祥事疑惑）

訳者あとがき

私は一九九〇年代にマレー半島におけるオイルパーム・プランテーションの拡大に興味を持って調べたことがあります。当時、合成洗剤に関心があり、その原料であるパームオイルに行きあたったのですが、あれから三十年近く経過し、どういうご縁か、本書の翻訳を通じて再びこの問題に関わることになりました。

本書には、気候変動や再生エネルギーについて調べていて、偶然出会いました。本書は、一見マレーシアの問題だけを取り上げているように見えますが、実はサラワクの熱帯雨林を通じた世界的な腐敗をみごとに白日の下に曝しています。熱帯木材取引を巡る不正や汚職をこれほどわかりやすい形で示した素晴らしい本を訳すことができて、本当に光栄に思います。

真実は、バラバラになったパズルのピースのように私たちの目の前に現われます。一つ一つのピースをどう関連づけるか、どのようにつなぎ合わせれば真実の全貌が見えるのか、そして真実の一部に見えるピースが本当に真実の一部なのか、それぞれのピースを見ただけではわかりません。しかしピースの一つ一つは、私たちに何かを警告しています。もし真実のピースを一つも見落とすことなく、パズルの正しい位置に当てはめられれば、私たちのように何の力のない者でも、もしかすると真実の姿を知ることができるかもしれない。そんなことを考えながら、本書を訳しました。本書によって私たちが一歩でも真実に近づくことができるなら、拙い翻訳をまた一つしたことにも少しは意味があったかもしれないなと思います。

最後に、ブルーノ・マンサー氏に哀悼の意と心からの感謝を捧げます。お会いしたこともない者がこんなことを言うのは僭越ですが、マンサー氏の存在こそが紛れもない真実の結晶した姿であろうと思うのです。私たちの住むこの世界で、どんなまやかしに真実の姿が隠されようとも、マンサー氏の数々の行動は間違いのない真実として語り継いでいかなければと思います。

二〇一七年七月　熊本にて

鶴田　由紀

写真クレジット

Australian Greens p.178 （No.11）
Bruno Manser Fund p.158（上）, p.159（右下）, p.162, p.163（下）, p.166, p.167, p.173（上と左下）, p.178（No. 2 ～ 9）p.179
Linus Chung p.172 , p.173(右下)
Julien Coquentin p.152,p.153, p.154, p.155, p.156, p.163（上）,p.176,p.180
Glen Gaffney, Shutterstock p.159（左下）
Hedda Morrison / NationalGallery of Australia, Canberra p.9
Huon Valley Environment Centre p.179（No.1）
Angelo Musco/photonature.it p.158（下）
Rodney Needham カバー , p.70 ～ 75
Clare Rewcastle / Sarawak Report p.178（No.12）
Szefei, Shutterstock p.159（上）

＊ Hedda Morrison と Rodney Needham の写真以外は、原著においてすべてカラー写真ですが、日本語版ではモノクロになっています。原著の美しいカラー写真を Facebook「熱帯雨林コネクション」に掲載しましたので、ぜひご覧ください。
なお、写真はすべて禁転載です。

[著者略歴]

ルーカス・シュトラウマン（Lukas Straumann）

1969 年バーゼル近郊で生まれる。チューリッヒ大学で歴史学の phD を取得。

1996 年発足の独立専門委員会（通称ベルジエ委員会）で主任研究員として第二次世界大戦中におけるスイスの中立性を調査した（2003 年に報告書作成完了）。

フリーランスジャーナリストとして活動。著書にスイスの農業政策と化学産業について扱った *Nützliche Schädlinge*（2005 年）がある。

現在、ブルーノ・マンサー基金エグゼクティブ・ディレクター。

[訳者略歴]

鶴田由紀（つるた　ゆき）
フリーライター。1963 年横浜で生まれる。
青山学院大学大学院経済学研究科修士課程修了。

著書：『ストップ！風力発電』アットワークス、2009 年
『巨大風車はいらない原発もいらない』アットワークス、2013 年
訳書：ヴァンダナ・シヴァ『生物多様性の危機』（共訳）明石書店、2003 年、ヴィルフリート・ヒュースマン『WWF黒書』緑風出版、2015 年

熱帯雨林《ねったいうりん》コネクション
マレーシア木材マフィアを追って

2017年10月30日　初版第1刷発行　　定価2800円＋税

著　者　ルーカス・シュトラウマン
訳　者　鶴田由紀
発行者　高須次郎
発行所　緑風出版 ©
〒113-0033　東京都文京区本郷2-17-5　ツイン壱岐坂
［電話］03-3812-9420　［FAX］03-3812-7262［郵便振替］00100-9-30776
［E-mail］info@ryokufu.com［URL］http://www.ryokufu.com/
装　幀　斎藤あかね
地図・図表 © 2014 Salis Verlag AG, Zurich
表紙デザイン　Christoph Lanz, moxi ltd, Biel, Switzerland
イラスト　Daniela Trunk, Zug, Switzerland
図表作成　Johanna Michel, Bern, Switzerland
制　作　R 企 画　　印　刷　中央精版印刷・巣鴨美術印刷
製　本　中央精版印刷　　用　紙　中央精版印刷・大宝紙業　　E1200

Printed in Japan　　ISBN978-4-8461-1719-1　C0036

◎緑風出版の本

■全国どの書店でもご購入いただけます。
■店頭にない場合は、なるべく書店を通じてご注文ください。
■表示価格には消費税が加算されます。

WWF黒書
世界自然保護基金の知られざる闇
ヴィルフリート・ヒュースマン著／鶴田由紀訳

四六判上製
二五六頁
2600円

世界最大の自然保護団体WWFは、コカコーラなどの多国籍企業と結び、自然破壊の先兵として、先住民族を追い出し生活を破壊している。本書は、その実態を世界各地に取材し、出版差し止め訴訟を乗り越えて出版された告発の書。

自然保護の神話と現実
アフリカ熱帯降雨林からの報告
ジョン・F・オーツ著／浦本昌紀訳

A5判並製
三一二頁
2800円

国連などが主導する自然保護政策は、経済開発にすり寄り、肝心の野生動物が絶滅の危機に瀕している。本書は、西アフリカの熱帯雨林で長年調査してきた米国の野生動物学者の異色のレポート。自然保護政策の問題点を摘出した書。

生物多様性と食・農
天笠啓祐著

四六判上製
二〇八頁
1900円

グローバリズムが、環境破壊を地球規模にまで拡げ、生物多様性の崩壊に歯止めがかからない状況にある。本書は、生物多様性の危機の元凶に多国籍企業の活動があること、どうすれば危機を乗り越えられるかを提言する。

野生生物保全事典
野生生物保全の基礎理論と項目
野生生物保全論研究会編

A5判上製
一七六頁
2400円

野生生物の保全は、地球上の自然の保全と一体に行われるべきで、人間の社会や文化の中にきちんと位置づけてなされねばならない。本書は、野生生物の課題を地球環境問題と捉え、専門家たちが新たな保全論と対策を提起している。

フランサフリック
アフリカを食いものにするフランス
フランソワ＝グザヴィエ・ヴェルシャヴ著／大野英士、高橋武智訳

四六判上製
五四四頁
３２００円

数十万にのぼるルワンダ虐殺の影にフランスが……。植民地アフリカの「独立」以来、フランス歴代大統領が絡む巨大なアフリカ利権とスキャンダル。新植民地主義の事態を明らかにし、欧米を騒然とさせた問題の書、遂に邦訳。

鉄の壁［上巻］
イスラエルとアラブ世界
アヴィ・シュライム著／神尾賢二訳

四六判上製
五八四頁
３５００円

公開されたイスラエル政府の機密資料や、故ヨルダン王フセイン、シモン・ペレス現大統領など多数の重要人物とのインタビューを駆使して、公平な歴史的評価を下し、歴史の真実を真摯に追求する。必読の中東紛争史の上巻！

灰の中から
サダム・フセインのイラク
アンドリュー・コバーン／パトリック・コバーン著／神尾賢二訳

四六判上製
四八四頁
３０００円

一九九〇年のクウェート侵攻、湾岸戦争以降の国連制裁下の一〇年間にわたるイラクの現代史。サダム・フセイン統治下のイラクで展開された戦乱と悲劇、アメリカのＣＩＡなどの国際的策謀を克明に描くインサイド・レポート。

石油の隠された貌
エリック・ローラン著／神尾賢二訳

四六判上製
四五二頁
３０００円

石油はこれまで絶えず世界の主要な紛争と戦争の原因であり、今後も多くの秘密と謎に包まれ続けるに違いない。本書は、世界の要人と石油の黒幕たちへの直接取材から、石油が動かす現代世界の戦慄すべき姿を明らかにする。

イラク占領
戦争と抵抗
パトリック・コバーン著／大沼安史訳

四六判上製
三七六頁
２８００円

イラクに米軍が侵攻して四年が経つ。しかし、イラクの現状は真に内戦状態にあり、人々は常に命の危険にさらされている。本書は、開戦前からイラクを見続けてきた国際的に著名なジャーナリストの現地レポートの集大成。